小肯尼迪和妈妈阿洁

基贝拉充满希望的少年——肯尼迪

小杰西卡在丹佛市

小杰西卡

肯尼迪和弟弟妹妹们在基贝拉的家中
从左到右分别是：（后排）利兹、杰姬、肯尼迪
（前排）科林斯、杰斯敏和维克多

杰西卡在基贝拉的第一晚

SHOFCO 最早的办公室

基贝拉房间里的肯尼迪
他曾与杰西卡住在此处

杰西卡和肯尼迪
摄于杰西卡从斯瓦西里族的穆斯林村庄返回时

杰西卡、阿洁（左）以及
比阿特丽斯姨姨（右）

杰茜卡的弟弟妹妹跟肯尼迪的弟弟妹妹们在乡村的“婚房”外
（前排）沙得拉克、科林斯、维克多（搂着希拉里）、杰斯敏、拉斐尔
（后排）麦克斯、肯尼迪、杰茜卡

杰茜卡跟肯尼迪在丹佛市

拉斐尔的犹太成人礼
从左到右：肯尼迪、杰西卡、拉斐尔、大卫、海伦、麦克斯

肯尼迪在卫斯理大学毕业时
和帕特西里教授夫妇合影

杰西卡在基贝拉散步

基贝拉女子学校的第一批六十名学生站在街道上

肯尼迪和尼可拉斯·克里斯多夫
站在基贝拉 SHOFCO 水塔顶上

肯尼迪和乔治在基贝拉街上

肯尼迪和杰西卡的新婚 party
从左到右分别是：乔治、利兹、乔丁、汤姆、肯尼迪、
杰西卡、拉斐尔、麦克斯、达芙妮、内森

婚礼上杰西卡和肯尼迪在跳舞

基贝拉女子学校的一个女生
在摆 pose

基贝拉女子学校里一个学生在跳绳

肯尼迪、杰西卡和乔治为基贝拉和
马萨瑞 SHOFCO 成员的球赛庆祝

FIND ME UNAFRAID

街角的奇迹

〔肯〕肯尼迪·欧戴德——著
〔美〕杰西卡·波斯纳——著
王楠——译

浙江人民出版社

图书在版编目（CIP）数据

街角的奇迹 /（肯）肯尼迪·欧戴德，（美）杰茜卡·波斯纳著；王楠译. -- 杭州：浙江人民出版社，2017.1
书名原文：Find Me Unafraid
ISBN 978-7-213-07691-6

Ⅰ. ①街… Ⅱ. ①肯… ②杰… ③王… Ⅲ. ①成功心理－通俗读物 Ⅳ. ①B848.4-49

中国版本图书馆CIP数据核字（2016）第275692号

浙江省版权局
著作权合同登记章
图字：11-2016-446

街角的奇迹
（肯）肯尼迪·欧戴德 （美）杰茜卡·波斯纳 著
王楠 译

出版发行 浙江人民出版社（杭州市体育场路347号 邮编310006）
责任编辑 陈巧丽
责任校对 戴文英
封面设计 所以设计馆
电脑制版 书情文化
印　　刷 北京旭丰源印刷技术有限公司
开　　本 710毫米×1000毫米 1/32
印　　张 12.5
字　　数 272千字
插　　页 5
版　　次 2017年1月第1版
印　　次 2017年1月第1次印刷
书　　号 ISBN 978-7-213-07691-6
定　　价 45.00元

如发现印装质量问题，影响阅读，请与市场部联系调换。
质量投诉电话：010-82069336

献给我的家人
和 SHOFCO 运动

即便被地狱牢牢禁锢
我也不会畏缩或者号哭
在命运的重重打击之下
我满头鲜血，却从不屈服

在这充满怒火和泪水之地
恐怖之影隐现上空
尽管多年以来经受威胁和恐吓
我仍然永不畏惧，一往无前

——节选自威廉·埃内斯特·亨利[①]的《永不屈服》

① 威廉·埃内斯特·亨利（Willaim Ernest Henley, 1849—1903）：维多利亚时期英国诗人，自幼体弱多病，患有肺结核，一只脚被截去，一生都在奋力与病魔抗争，不向命运屈服。

目录 | Contents

第二部

序

尼可拉斯 · D. 克里斯多夫

作为一名记者和作家，我在旅途中见过很多不可思议的景象。有几处景象给我留下的印象最为深刻，其中一处是在肯尼亚首都内罗毕的基贝拉贫民窟里。第一眼看到基贝拉的时候——我该怎么说呢——这里并不是一个充满生机的地方。基贝拉挤满了密密麻麻的小破屋，每当下雨，泥土小路就会变得泥泞不堪。犯罪、失业和性侵在这里是家常便饭。肯尼亚当局对此几乎不闻不问，而西方的援助项目也没能给基贝拉带来什么改变。

然而如果你沿着一条小土路往里走，转过一个弯之后，你会突然看到一所现代化的、充满欢声笑语的学校。学校里都是活泼可爱的小学女生，她们穿着干净整洁的校服。学校门口一个巨大的牌子上写着：基贝拉女子学校。

多么好的女孩们！她们用英语叽叽喳喳聊个不停（对她们中的大多数来说，英语是排在斯瓦希里语[①]和本民族语言之后的第三种语言），她们的言谈举止既自信又大方。她们在标准化考试中的成绩出类拔萃，比很多富人学校的学生们更加优秀。这些朝气蓬勃的女孩与她们破败不堪的生活环境形成了巨大的反差——但我们相信，她们一定能建设出一个美好的基贝拉，也会把肯尼亚变得富强。

基贝拉女子学校的故事不仅仅是一个关于教育的故事，还是一个关于爱情的故事。肯尼迪·欧戴德在基贝拉贫民窟里长大；科罗拉多女孩杰西卡·波斯纳在大三时作为交换生来到肯尼亚，与肯尼迪一起在基贝拉做街头话剧的工作。这所学校就是他们两人心血的结晶。当时杰西卡坚持要和肯尼迪以及他的家人住在一起，这让他们都非常震惊，因为“从来没有白人在基贝拉住过”！杰西卡强行留在了基贝拉，看到这里的老鼠和厕所，虽然吓得要命，她还是固执地留了下来。杰西卡和肯尼迪互相学习，她还想方设法帮助肯尼迪申请到了卫斯理大学的全额奖学金（尽管肯尼迪既没有高中毕业成绩，也没有 SAT[②] 成绩）。他们又凭借着强大的意志力，一起创办了基贝拉女子学校和一个受众更加广泛的社会组织 SHOFCO（为社区点亮希望）。SHOFCO 包括一所卫生院、一个净水供应站、一些经济互助项目、一家社区报社和一个女权小组。SHOFCO 号召大家反对性侵犯，此外还做了许许多多其他的事情。现

---

① 斯瓦希里语（Swahili）：非洲的一种主要语言。

② SAT 是美国学术能力评估测试，其成绩是世界各国高中生申请美国大学入学资格及奖学金的重要参考，被称为美国高考。

在，他们已经把这种发展模式推广到了肯尼亚全国的贫民窟。

SHOFCO是一段爱情的结晶，也是一个社区发展的实例。它之所以能够取得成功，一方面是因为有一位既了解当地情况，又具有领袖气质的领导；另一方面是因为有一位来自外国的“政策专家”可以帮助他们获取海外的经济支援。他们是一个强力有效的组合。如果做SHOFCO的只有外国人，当地人可能会把他们看作钱袋子，向他们伸手索取，或者当地人可能根本不买他们的账。事实上，SHOFCO能取得成功的另一个原因是，这个组织从一开始就不是一个援助计划，而是一场号召当地人民自力更生、互帮互助的运动。肯尼迪和他的朋友们起初只是组织足球比赛，在街头表演戏剧谴责强奸行为。在这些活动顺利开展之后，他们才给这个项目设计了完整的结构，并且建立起了有效的合作关系。

我最认同的格言之一是“千里马常有，而伯乐不常有”。肯尼迪的人生经历完全印证了这句话。认识肯尼迪的人都能看出他与众不同的领导力和热情，但是就算是他这样的人也会轻易地走上歪路。他曾经想偷东西，但幸运的是，这个可怜的杧果贼被抓到后吓坏了，从此记住了教训，老老实实做人。他也曾经和地痞流氓们混在一起，因为愤怒或者失意而走上暴力的道路。但最终他把自己的才能用于创造和建设，而不是破坏。他的理想和抱负帮助他排除了前进道路上的种种障碍。有太多的人帮助过他，从童年好友到好心的意大利神父，再到卫斯理大学的招生官，等等，所有的帮助最终成就了他。看到肯尼迪，看到基贝拉女子学校中优秀自信的女孩们，我们就能想到，世界上还有很多同样优秀的孩子得不到他们需要的机会。这是他们的损失，也是整个世界的损失。

有一种理论认为，贫穷会造成恶性循环，周而复始，永不消失，一个原因是身处贫穷的人们常常感到绝望。人们感到绝望，就会自我毁灭，破罐子破摔。这意味着希望可以打破贫穷的恶性循环，这一点在太多的实例中得到了证明。在很大程度上，肯尼迪和杰西卡就是这样做的。他们给人们提供教育、水资源、医疗服务等，更重要的是，他们带给人们希望，让人们看到通向美好生活的道路，并让他们相信基贝拉和全世界的贫民窟都能变得更好。这就是为什么，我和妻子雪莉·邓恩把肯尼迪和杰西卡的故事写进了我们的书《走的人多了，就有了路》[①]：这对跨国情侣用希望与贫穷斗争，给无数的人们带去了机会！

太多时候，人道主义者和新闻工作者把全球的贫困现象描写得既凄惨又压抑。援助团体这样做，是因为他们觉得描绘出人们的惨状才能筹到钱；新闻记者这样做，是因为新闻行业的特点就是如此——顺利起飞的飞机吸引不了他们，他们只关注坠毁的飞机。但是，如果我们总是在宣传问题和困难，人们就看不到已经取得的进步，继而对这类问题感到厌倦，丧失信心。肯尼迪和杰西卡引人注目的故事正是黑暗之中的一缕阳光。不可否认，他们曾经面对无数的障碍，但是他们两个人以及SHOFCO的传奇故事都令人振奋、充满希望、扣人心弦。我希望，各位读者读完他们的故事之后，能有机会去看看他们毕生的事业，走走基贝拉泥泞曲折的小路，也许转过一个街角，你就会看到奇迹。

---

①《走的人多了，就有了路》：〔美〕尼可拉斯·D. 克里斯多夫、〔美〕雪莉·邓恩著，张孝铎译，浙江人民出版社，2016年1月版。

Part 01

第一部

引子

肯尼迪

2007 年 9 月

废弃的牛奶盒堆成的墙，是我和外面炮火之间唯一的屏障。在平时的夜晚里，基贝拉的种种噪声能轻易地穿过这种墙：雷鬼音乐[①]，女人们点着蜡烛卖菜，醉汉们相互辱骂，野狗汪汪乱叫，还有情侣在棚屋中翻云覆雨。但是此刻的基贝拉噤若寒蝉，整个贫民窟都屏住呼吸，就像暴风雨来临时一样，人们祈祷着这场子弹雨赶快结束。

我在床底颤抖着，眼前一片黑暗，而且呼吸困难。我感觉到蜘蛛爬过我的背，老鼠嗅着我的脚趾，我一动不动，害怕任何响动都会引来穿制服的人们。突然我听到一声尖叫，是个年轻女孩的声音。穿制服的人们正在举枪扫射，任何人和物一旦出现在路上，他们就会开枪。我闭上眼睛，默默祈祷那个女孩能活下来。他们来基贝拉，不是为了找她，而是为了找我。

自从昨天袭击开始后，我滴水未沾、粒米未进、饥渴难耐。我

① 雷鬼音乐（Reggae）：一种始于 20 世纪 60 年代中期的牙买加民间流行音乐。

口袋里还有两美元，这通常至少够我维持一周的生活。但是即便我离开藏身之处，也没有地方能买到食物。附近的商店要么关门了，要么被洗劫一空。通往基贝拉的路被暴徒和穿着制服的非法军警封锁了，谁都无法轻易进出。他们要把我们困死在这里。

我听到一轮接一轮的密集枪声。接下来的死寂，几乎和枪声一样令人胆战心惊。我猛地一动，头撞到了离地面极近的床板上。我的狗“猎豹”，开始在门外汪汪直叫。我在心里祈祷着：*别叫了，别把他们引来*。我僵躺着，等待着脚步声，但只有令人欣喜的寂静。三十分钟过去了，我没有听到任何枪响，便慢慢地拖着下半身从床下面爬出来。我的腿麻了，我前后甩着腿，摆脱针刺般的感觉。然后我小心翼翼地打开前门，拍拍“猎豹”的头，坚定而轻声地说：“别动。”它没有受过训练，只是附近的一条流浪狗，但是我知道，它能感觉到我的紧张。

我敲着邻居阿肯依妈妈家金属片做成的锈迹斑斑的门，没人应答。

“阿肯依妈妈，求你开开门，是我，肯。”我低声说。

她慢慢地过来打开门，一把把我拉进去。她年轻的脸庞憔悴不堪。她抱着五岁的小女儿阿肯依，在女孩脸上我看到同样的恐惧。我又饿又虚弱，幸亏阿肯依妈妈注意到了我干裂的嘴唇。她把留给女儿的粥分了一些给我，我只抿了一口，这就够了。

我们把收音机调到一个本地电台，把音量调到最小。她已经两天没见过她丈夫了。在基贝拉很多人都被枪杀了。

“子弹离我们很近。”我说。

阿肯依妈妈泪眼蒙眬地看着我。她的丈夫可能遇害了。正听着收音机，我们听到外面有人悄声说话——锡制小屋和纸板墙根本不隔音。我竖起耳朵，从他们的低语中听到，不止二三十个人被杀，死人多得数不清。我不需要再听下去了，在给阿肯依妈妈的家带来麻烦前，我向她道了谢，然后迅速回家。

几小时后，外面还是一片死寂，这时的安静却比枪声更让人感到恐怖。突然，有人在外面小声但急促地敲着门。

“肯，肯，你在吗？快醒来！是我，克里斯。”

克里斯只比我小几岁，我从他出生起就认识他了。我打开门，看到他惊恐万分的脸。他上气不接下气，在他张口前我就猜到了他要说什么。

“肯，快走！赶快离开这儿！一个人拿着你的照片正在到处打听谁看到过你，问你住哪儿。”

我让他马上离开，他点点头。他知道那些人随时会找到这儿来，因为他们有枪和钱，足以弄到需要的信息。我看着骨瘦如柴的克里斯，从心底感激他没有出卖我。哪怕基贝拉已经混乱不堪，我还是可以感受到人们是多么善良。

“猎豹”开始不停地狂吠，接着我听到了脚步声，沉重的脚步声。他们还得穿过曲里拐弯的狭窄小巷才能到这里，我算了算，我还有不到一分钟的时间逃跑。

现在我唯一想做的，就是给她写封信，告诉她我有多爱她，告诉她我应该听她的，离开这里；告诉她，我无比悔恨，因为我们有那么多事情永远没法一起经历、一起见证了。

不过，就算我和她一起离开了基贝拉，结果也许还是一样的。可能我们的那些设想无一能够实现。我们多次在深夜计划以后的新生活，但这可能只是个幼稚而浪漫的幻想罢了。她单纯地相信一切皆有可能，眼睁睁地看着她的单纯被现实消磨殆尽，我会心碎的。我很清楚现实有多么残酷：无论你如何怀揣着信念，奋力抗争，一颗呼啸而来的子弹、士兵匆忙赶来的脚步声，或者一颗被撕碎的心，都能让一切戛然而止。我们来自不同的世界，最终，在我的世界里面临的许多困难会让她感到厌烦，而我也一样会厌倦她的世界带给我的种种挑战。

在这里，在基贝拉，我有我自己的梦想。

突然，传来了一声枪响！紧接着是一声哀号。是“猎豹”的声音！他们一定在巷子里射杀了它，但是我没法去看了。我惊慌失措地逃向屋外，心怦怦地跳着。我加快脚步，用宝贵的几秒钟时间给门上了锁。我慌不择路地跑着，寻找可以藏身的角落。这时我看到有一张金属板挡在一条小巷口前，我冲过去，蜷缩在金属板后面，竭力屏住呼吸。我祈求自己发抖的身体不要碰到金属板，以免暴露出我的藏身之处。透过一个缝隙，我能看到我家的门。就在此时，军警们来到了我家门口，他们身穿军装，肩扛武器，整齐划一的装备使他们的气焰更加嚣张。

谢天谢地，慌忙之中我挤出时间上了锁。他们看到门上挂着的锁，以为我不在家，他们狠狠踹着门，高声地恐吓与咒骂着，随后又气势汹汹地离去了。为了确保他们真的走了，我不知在藏身之处又等了多久。终于，我确定自己安全了。我大口喘息着，浑身颤抖地靠在墙上，长时间的恐惧感和突如其来的解脱感交织在一起，让我几近虚脱。

接着，我匍匐着，爬到了我家后面的篱笆旁，翻过篱笆，重重地摔在地上。我的身体像一麻袋土豆似的重重落在地上，但是我感觉不到任何疼痛，就像我的躯体达到了饱和一样，由于饱受折磨，对痛苦已经麻木。我开始奔跑，尽量躲在棚屋的影子里。我不知道我的目的地是哪里，只想不顾一切地逃跑，跑到一个安全的地方。然而，找到一个安全的地方实在太难了。我边跑边跨过地上的尸体，尸体还没有被清理掉，人们都不敢面对这惨状——尸体里可能有你的家人和朋友。基贝拉是个尸横遍地的地方。我不怕满地的尸体，而是怕活着的人。

最终，当我跑到足够远的地方时，我停下来喘口气，然后掏出手机。我强迫自己定定神，开始拨号。

Chapter 01

杰茜卡

2007 年 9 月

已经下午四点了，肯尼亚的太阳还在不知疲倦地炙烤着大地。我盯着手机，盼望有电话打来。我已经在这个临时公交车站等了快两个小时。这里有许多老旧的小巴士，当地人称之为马他图（matatu），车里总是塞满了人，吃力地行驶在路上。公交车破旧不堪，混乱无序，车上的保险杠要么已经变形得无法修复，要么几乎脱落。挤在车里的人们透过车窗盯着我，眼里带着不加掩饰的疑惑，我突然觉得自己在这里很扎眼，开始不自在起来。

他在哪儿？公共汽车和马他图在我眼前来来往往，就是不见肯尼迪的影子。对于一个未曾谋面的人来说，给他打好几次电话，算不算急切过头？我家里人一直说我太强势，太心急了。我深深地吸了口气，还是忍不住又拨通了他的电话，问他还来不来。他说"马上就到"。我失望地挂了电话，因为半小时以前我给他打电话，他就是这么说的。我四处张望，想找个地方待着。之前我问一个老人，"亚当斯商场公交站"在哪儿，他一言不发，指了指一个没有标志的马路牙子。我的附近有一个加油站、一个叫“亚当斯商场”的购物中心、一个漆成鲜艳的可口可乐广告红色的报刊亭，还有公交车摇摇晃晃停靠的马路牙子。一辆马他图开过，尘土飞扬，车轮发出刺耳的声音。我感觉毛孔里满是内罗毕的灰尘，真想马上梳洗一番。但除了站在这里等他，我什么都做不了。

这是我在非洲的第五天，也是我成年后第一次离开美国。当我告诉爸妈，我想去肯尼亚交换一学期，他们看我的眼神，就像我在说火星语。肯尼亚？去欧洲不行吗，不算出国交换吗？那个讨厌野营、反感泥土、周末去爬山都要全副武装的女儿哪去了？我的爷爷奶奶警告爸妈，除非他们疯了才让我去肯尼亚。我父母当然希望能拦得住我，但是他们也非常了解自己的女儿——一个一旦下定了决心、九头牛都拉不回来的孩子。

我本来没打算出国交换。我从丹佛的一个公立高中毕业，申请上了卫斯理大学。在大学里，我发现自己需要学的东西太多了，因此我一秒钟都不愿浪费。但是大三时，我最好的朋友达芙妮决定去意大利交换一学期，我不想自己独自一人留在卫斯理。

达芙妮的父亲是加拿大人，母亲是希腊人。她明眸皓齿，身材高挑，活力四射。从小到大她一直四处旅行。她常常对我说，读万卷书不如行万里路，旅行时，有太多美好的事物是在书中体会不到的：各种各样的美食；节奏轻快的外语听起来像唱歌，哪怕你听不懂，都能被它打动；还有夏末夜晚的偷吻。世界广袤无垠，她鼓动我也去看看外面的世界。

一直以来，我都不敢去想世界究竟有多大。我严格要求自己，决心做到让每一分钟都过得有价值，因此生活在巨大的压力中。我害怕如果浪费了时间，就无法实现我的梦想，无法成就“伟大”。七岁时，我爱上了戏剧，也给自己选了一条狭窄难行的道路。从那时起我就决定，我要成为一名专业演员，也是从那时起，我就开始要求自己一定要走在“成功之路”上。在卫斯理大学，我废寝忘食，每天的日程表排得满满当当。追求完美的愿望让我几乎对外界麻木不仁。我总是担心一旦享受生活，我就会偏离自己的路线。为了放松紧张的神经，我开始和乔约会，并且尽量让自己相信，我会爱上他。一天，我在学习时休息了一会儿，和乔一起坐在图书馆书库的台阶上聊天，而我那周密的日程安排里，甚至连这样的停歇时间都没有。乔看着我说：“我希望我能像你这样，一直都知道自己想要什么。”

我突然意识到，这正是问题所在：我已经二十岁了，而我从来没有认真反思过自己七岁时订的计划。

我去了学校的外事办公室，在那里待了整整一个下午，翻看学分可转换到卫斯理大学的交换项目的资料。这些陌生的地方勾起了我的好奇：一个戛纳的文化和音乐项目、一个俄罗斯的戏剧项目，还有一个在肯尼亚首都内罗毕的卫生和发展项目——幸亏我对卫生和发展一无所知。

我决定要去内罗毕后，从两个高中同学邦妮和贝卡那里听说了肯尼迪。她们在肯尼亚参加过世界社会论坛[①]，这是一个热衷于社会活动的年轻人的大聚会。肯尼迪在论坛上发言，介绍了他创立的机构“为社区点亮希望（SHOFCO）”，组织成员还在大会上表演了一段戏剧。听说我要去肯尼亚交换，她们提议我和这个机构合作戏剧项目，并把他的电子邮箱给了我。整个夏天，我和肯尼迪一直邮件往来，他的邮件总是这样结尾：欢迎来到我的祖国，愿和平与你同在！肯尼迪身上流露出的自信和诚实，打消了我对他的戒备之心。我告诉他，我想和他的组织合作一个戏剧项目。他回复道：“在SHOFCO，我们依靠大自然的力量成就非凡，不过我们依然渴望学到更多东西。”他没有直接同意我加入，而是让我把简历发给他。我无比紧张，花了好几个小时检查和修改简历，希望肯尼迪能接受我去肯尼亚和他一起工作。

来肯尼亚之前我兴奋不已，未知的远方让我心驰神往，能够亲自去探索广阔的世界也让我心潮澎湃。而现在我独自站在这个公交车站，局促不安地等人，我开始觉得也许肯尼亚是有点**太远了**。在我的寄宿家庭，今天的早饭是一碗发酸的小米粥，我实在装不出享用的样子，逼着自己吞了几口。前两天，我的项目指导老师欧多给我们介绍了文化差异、安全问题以及他的期望。他是乌干达人，在

① 世界社会论坛（World Social Forum）：由反对经济全球化的各国非政府组织发起，并由全世界非政府组织、知识分子和社会团体代表参加的大型会议。

伊迪·阿明的独裁统治时期逃离祖国。如今他已接近古稀之年，透着一股威严之气，同时他也是一位慈祥的智者，仍带着年轻人般的活力。

欧多说："肯尼亚人总是对外国人说谎，他们并不觉得这是欺骗，只是把事实稍加修改嘛。"他提醒我们，"内罗毕的外号叫作'耐抢劫'，在这里银行抢劫和汽车劫持很常见，不过发生这种事时，如果你们躲起来应该没什么大碍。还有，当地的男人约你出去，如果你拒绝了他，他会觉得其实你是在答应他。"欧多认为，肯尼亚人发明的游戏规则是：厚脸皮者得胜。

欧多的妻子唐娜是美国人，已经在肯尼亚生活了四十年，在欧多给我们讲解时，她经常插几句嘴。唐娜是一位来自纽约的白人，信仰过天主教。她身材高大、爽朗直率、雷厉风行、思维敏捷，常把自己罩在穆穆袍[①]里，身上仿佛带着大自然的力量。她是人类学家，她的学术论文研究的是马萨伊[②]珠饰品。除了写作和教学，她还搞艺术创作：画彩色的斑马、用纱线制作黑色的圣诞树天使、设计珠宝，最近又在试着做玻璃制品。

唐娜和欧多结婚有二十年了，我从没见过像他们这样看似极不般配，却又和睦相爱的夫妻。唐娜走起路来大步流星，说起话更是快人快语；而欧多走路时则是从容信步，沉思冥想，说话时慢条斯理，用词审慎。当他否认你的观点时，措辞就像外交官一般圆融，

① 穆穆袍（Muumuu）：夏威夷女子穿的色彩鲜艳的宽大长袍，后流行于全美。
② 马萨伊（Maasai）：肯尼亚的游牧狩猎民族。

你几乎听不出来他是在否定你，同时，他的表达充满善意，让你在不知不觉间就认同他的想法。

唐娜警告我们："不要在这里结婚！每年总有一个交换生最后就在这儿结婚了，你可不要做那个学生。"

我笑着翻了个白眼。

欧多把话题从唐娜那里拉回来，他开始说起频繁发生的大学校园暴乱。在他年轻时，他是个大学暴乱的小头目。他还提到，几个月后肯尼亚将要举行总统竞选，举国民众都会热切参与其中。他警告我们到时候远离跟选举有关的任何公众集会或游行。

在我来肯尼亚仅仅几周前，一个叫作"门集克"的臭名昭著的地下帮派，在内罗毕的马赛里贫民窟砍头杀害了许多人。我爸爸在美国国家公共电台听到了这个新闻，我只好给他讲一些大道理："一个暴力事件又不能代表一个国家，再说，媒体总是喜欢渲染这种故事，迎合西方人对暴力又混乱的非洲世界的老套看法。"我爸叫我把这些自作聪明的理论带到卫斯理的课堂里去讲。

又开来一辆公交车，这是一辆天蓝色的 KBS[①] 公交车，比马他图贵得多，车辆运营也更有秩序。他是最后一个下车的人，我的直觉告诉我，他就是肯尼迪·欧戴德。他没说什么问候语，直接对我说："我们走吧。"他走得很快，我得小跑着才能跟上。看着这混乱的交

① KBS 为 Kenya Bus Service 的缩写，意为肯尼亚公交服务公司。

通和狭窄得算不上人行道的马路牙子，我只好战战兢兢地走在柏油路上。肯尼迪揽着我的肩膀，把我拉到内侧，他走在离马路更近的外侧，这样如果有横冲直撞的司机，也不会撞到我。

我们往西南方向走了一段时间，几英里外的内罗毕市区的摩天大楼渐渐模糊在视线里。我们穿过几个货物繁杂的市场，售卖的物品从鸡肉到一排排的椅子，应有尽有。突然，柏油路到头了，眼前的建筑好像都被压缩过，杂乱无章地挤在一起。我们走上一条土路，路上挤满了人，我得推开其他人才能往前走。在拥挤的人群中我尽量保持平衡，避免摔倒在泥地上。所有人都昂首阔步地朝四面八方走去，混乱中我几乎看不清任何人的脸。

我们面前杂乱无序的一大片，就是非洲最大的贫民窟之一：基贝拉。基贝拉附近有一个低级中产阶级的住宅区，那里有稳定的水电供应。把基贝拉[①]和那个住宅区隔开的，是几条铁轨。基贝拉深刻地诠释了这句谚语“铁轨的另一边”[②]。在基贝拉，成千上万的波纹铁皮房和用回收品堆成的小屋几乎层层叠叠摞在一起。穿过街区的不是路，而是由垃圾围出的小道，而这里的地势高低不平，没有铺过的路面崎岖难行，走路时很难控制平衡。基贝拉里面有市场和小商店，像是一个城中城，只是贫民窟里既没有医院和正规学校，也没有自来水及合法的电力供应。没有人知道这里到底住着多少人，

---

① 此书中，“基贝拉”单指贫民窟地区，不包括周围的低级中产阶级生活区域，比如奥林匹克、阿亚尼、卡兰贾等等。根据规定，现在这些区域都被指定为“基贝拉选区”。——原注

② 英语谚语，意为城市的贫穷落后之处。

在一个中央公园面积大小的地方，据估计生活着被完全边缘化的一百万人口。[①]

我无法相信，离那些美丽整洁的住宅、道路、食品杂货店和商场咫尺的地方，竟然是这样。基贝拉贫民窟大得一眼望不到头，这极不宜生存的地方，却拥有令人瞠目结舌的面积。眼前的景象让我讶异到无法举步，我实在无法像走在寻常街道上那样镇定自若。我怎么都想象不到，世界上真的有这样的地方。

肯尼迪过了一会儿才发现我停下了。我为自己过于明显的震惊而尴尬和脸红。肯尼迪走到我身边，我们站在一个坡上，用不同的眼光沉默地注视着这一切。当我稍微平缓一些后，我们开始继续向前走。

路边的垃圾堆积成山，看起来像是从几年前一直堆到现在；散发恶臭的死水坑常常挡住我们的路；雷鬼音乐声飘浮在空中；路边蹲着一排女人，做着临时的生意：她们的大腿上摆着纸壳做的盘子，里面盛着她们做的饭。

我们身边走过一群小男孩，七八个人，看起来都不超过六岁。他们身穿破旧不堪的红色校服，刚刚从基贝拉不正规的私人学校放学回家。他们围着一个正在炸薯条的女人，一个小男孩自豪地把钱交给女人，给他的每个朋友都分了一根薯条，只给自己留了一根。

---

① 基贝拉的人口数量，是一个颇具争议和高度政治化的问题。2009年肯尼亚政府人口普查的数据为170070人，而在2009年由非政府组织大赦国际编写的《肯尼亚，看不见的大多数：内罗毕贫民窟的两百万居民》一书中，给出的数据高达一百万人。——原注

我一动不动地看着这一帮小家伙，一口口享受着珍贵的美味，那个无私、慷慨的小男孩触动了我心中最柔软的地方，让我深深地感动。我想象着在美国会不会发生同样的场景。在这里，一个孩子有一点点宝贵的零花钱，他没有拿着钱只给自己买吃的，并在朋友们渴求的目光中把它吃完，而是带着大大的骄傲，给每个朋友都分了吃的。这群孩子吃完东西，开始沿着拥挤的小路奔跑，不一会儿，他们的身影就变成了一串红点。

每个在路上遇到我们的人都亲密地冲肯尼迪喊着："市长！市长！"我略带揶揄地看着他，他没有向我解释，只是微笑着。我猜在基贝拉，他完全是一个传奇人物。尽管我对他了解不多，但是从这些兴高采烈的问候中可以看出，年仅二十三岁的肯尼迪唤起了这片绝望之地的热情。走在他身边，有点像和一个明星走在一起。

冲我，孩子们则用英语喊着："你好吗？你好吗？"他们都知道，见到一个姆宗古（mzungu），一个白人，要用这句话打招呼。我们离开主路，跨过一条阴沟，小心翼翼地穿过几条狭窄的巷子，避免被变形的铁皮房子翘起的尖角划到，终于到达了肯尼迪的家。

他的房子长不超过三米，高不过一米八。墙上有一个糊着塑料纸的窗户，屋门是用木板改装的，根本关不严。屋子是用波纹铁皮和彩色牛奶纸盒共同围成的，房子中间挂着一条床单，把"客厅"、"厨房"和"卧室"隔开。客厅里有一张小桌子、一个破破烂烂的沙发，还有一把金属椅子。厨房就是屋子的一个角落，地上放着几个黄色塑料桶和一个小小的野营炉子。屋内没有电，角落里那几个破旧的黄色塑料桶，是这里的人们专门用来盛水的容器，里面盛的是家里唯一的水源。墙上挂着一幅马库斯·加维[①]的照片，他戴着一顶华丽的皮帽。照片旁边挂着一幅《泰坦尼克号》的电影海报，显得格格不入。这个屋子家徒四壁，书籍算是家里比较丰富的物品，有《流浪者之歌》、曼德拉的《漫漫自由路》《曼德拉自传》，以及《戴帽子的黑人：马库斯·加维跌宕起伏的一生》《希望的自白：马丁·路德·金著作及演讲集》。

他轻声说："欢迎来到我家。"

我目不转睛地看着这些书，他注意到了我的目光。

他平静地说："有两种方式能让人逃离贫穷：一种是毒品和酒精，你可以暂时逃避其中；另一种是书籍，书中的世界可以成为你的避难所。"

我点点头，书籍也一直带给我庇护和慰藉。

他笑着问："你想不想知道为什么今天我迟到了？"他的眼里闪着淘气的光芒，语气从严肃转为打趣。他那欢快的笑声十分具有感染力。

我很想知道。

"我是走过去的！"他告诉我，如果他花十五分钱乘坐马他图，他就没有钱买晚饭了。他在市中心有一份打扫卫生的工作，下班后，

---

① 马库斯·加维（Marcus Garvey，1887—1940）：牙买加裔美国政治领袖、演讲家及企业家，黑人民族主义者。他宣扬黑人优越论，提倡外地非裔黑人返回非洲，协力创建一个统一的黑人国家。尽管他所发起的运动并没有取得持久的成效，但他的信条后来成为黑人反歧视斗争的驱动力。

他步行了超过一小时来接我。当他快走到亚当斯商场站时，他说服了一位善良的售票员让他上车，只坐五分钟，这样来见我时，我便能看到他是从公交车上走下来的。他自嘲地说，他可是带着付过钱的乘客的那种尊严下车的。

我不知道该说些什么。他强大的独创力和自尊心令我惊讶，而他花十五分钱坐车，就没有钱吃饭，这实在出乎我的意料。我突然想到今早我漫不经心放进口袋里的三十美元，如果他能拥有这笔钱，对他来说将会意味着什么。一时间我百感交集。

我们静静地坐着。我无法对他的自嘲产生共鸣，他生活的窘况让我震惊和心酸，我无法像他那样对此哈哈大笑。我感觉到，我的沉默让他有些失落。此前，我们的聊天看似很轻松，而此刻的尴尬让我们意识到，我们来自完全不同的世界，彼此之间还很陌生。

“你想去看看 SHOFCO 的办公室吗？”他转移话题，想要打破沉默的气氛。

“当然啦，我很想看。”

我们又穿行在基贝拉的小巷里，朝 SHOFCO 的铁皮房子办公室走去。这个东倒西歪的房子在贫民窟的边上，紧挨着铁轨。肯尼迪骄傲地告诉我，这个不起眼的小屋就是 SHOFCO 成立的地方，他们仍在这里开会、排练话剧、召开社区论坛。我听到屋子里传出阵阵笑声。我不想打扰里面的人，所以我们直接去了 SHOFCO 在奥林匹克区租的几个房间，即他们的第二个办公室。奥林匹克区是一个低级中产阶级住宅区，那里与他们的第一个办公室就隔着几条铁轨。

办公室里有一群年轻人，喝茶、用电脑，还有人在后院打扫小花园、喂鸡。我走进去的那一刻，就被这里的勃勃生机包围了。显而易见，这里的年轻人爱死了这个地方，这是他们的地盘。肯尼迪的机构 SHOFCO 不仅仅是个戏剧组织，它还有一个覆盖整个基贝拉的卫生和清洁项目，一个帮助女性掌握命运的项目——他们走进学校，讲解生理卫生知识，并给女孩子们分发卫生巾。除此之外，SHOFCO 还致力于推广体育运动，加强沟通交流，以及帮助人们增加收入。

肯尼迪向我介绍了安妮。安妮是和他一起长大的朋友，她现在负责 SHOFCO 的女性项目 SWEP。肯尼迪住着的那间屋子和周围的几间房子都是安妮家的，她就住在他家的斜对面。安妮有一本工作日记，里面记录了这周 SWEP 的妇女们制作的珠子手链的数量。她向我介绍，这些女性是艾滋病毒携带者，通过制作手链，她们可以挣钱养活自己和孩子。此刻我才知道，肯尼迪在办 SHOFCO 之前，就开创了 SWEP 项目，那时他才十六岁。

“我不忍心看着这些无辜的女人受苦受难。以前我常常用自己挣的钱给她们买食物，可能就是从那时起，SWEP 开始慢慢从无到有。”

安妮笑着说：“那些女人都叫肯尼迪‘老公’，因为他照顾她们！”她边笑边用胳膊肘揶揄地碰碰肯尼迪。

肯尼迪吃吃地笑着，开玩笑地反击说“Kuenda uko”，意思是“回去干你的活儿”。

接着，肯尼迪把约瑟夫·基巴拉介绍给我。他的外号是“椅子”，因为他刚刚在年度选举中被选为SHOFCO的主席[①]。

“椅子”最多二十六岁，不过他身上的某种气质让他像一位尊贵的长者。看得出来，他很为自己担任的重要职位感到自豪，坐在桌旁，边喝茶边开着小会。看到我出现，他慢慢地站起来，庄重地和我握了握手以示欢迎。另一位年轻人带着羞怯的微笑站起来，自我介绍他叫尼古拉斯·马斯伍，是这里的会计。我们打过招呼后，他们接着开会，兴奋地在一个大日历册上写着计划。

我们向后边的花园走去。他们在里面种菜，把卖菜的钱用于机构运营。我问肯尼迪：“如果他是主席，那你是什么？”

“我是顾问。”他顽皮地一笑。

肯尼迪最好的朋友安东尼在旁边哈哈大笑：“别相信他。肯尼迪知道怎么让每一个人都觉得SHOFCO属于他们。他设置了各个部门，让大家投票选出部长。我是沟通部的部长，还有戏剧部、SWEP、卫生部、未成年少女权益部、足球部和经济部。”

肯尼迪喂了喂鸡，鸡蛋也是SHOFCO的另一项收入来源。我对这一切精心布置和设计的组织结构赞不绝口。

安东尼告诉我，肯尼迪已经帮助人们开展了一百多种小生意，他把这种哲学思想叫作“传递进步”。他把机构微薄的收入，拿出一部分借给人们，借款不要求接受者还给机构，而是在接受者挣到钱后，再借给另一个人同样数目的钱。这条“借款链”已经帮助人们

---

① 在英语中，椅子是chair，主席是chairman，故有此外号。

开起了理发店、卖水摊、蔬菜摊，经营起其他各种小生意。

“是伟大的牙买加领袖马库斯·加维让我明白，人民想要站起来，就必须经济独立。他在国内开展了很多地下生意，我们受了他的启发，坚信 SHOFCO 和我们的社区必须自力更生。”肯尼迪坚定不移地说。

一个瘦瘦高高的年轻人推开门进来。肯尼迪像孩子般蹦得老高，激动地喊着：“教练！”

他们先握手，又对撞拳头，然后肯尼迪带着他朝我走来，介绍我们认识：“他的名字也叫肯尼迪，所以我们叫他教练。他给我们的足球队当教练，他带的球队可是所向披靡！”

我站在一旁，看着肯尼迪和 SHOFCO 里各种各样的年轻人聊天，怪不得人们唤他市长。一个叫玛丽的女孩子走过来，自信地跟我介绍她自己，她负责卫生组和未成年少女权益组的事务。接着，她走向肯尼迪，大声跟他说起一件让他棘手的事情，大家都饶有兴趣地看着他的窘样。我突然有一种强烈的愿望，我想和这些年轻人成为朋友，加入到他们坚定的事业中。

突然，肯尼迪看到太阳落山了，他跳了起来。

他惊叫道：“时间怎么过得这么快？天黑之前我得把你送回你的寄宿家庭。”

我心想：*不，我更想待在这儿。*

接下来又是像来时那样，我一路小跑跟着肯尼迪。穿过一条拥挤的小路时，他拉住了我的手，直到我们安全通过后也没放开。我低头看看我的手，又抬起头讶异地看着他，他迅速松开了手。

他大声说：“不好意思！在我们国家，拉手代表着尊重和友谊，拉着朋友的手是一种习俗。”

我们接着向前走，今天看到的所有人和事不停地在我的脑海中重现。太阳的最后一缕光芒已经消失于地平线。

我回到伍德雷小区。这里植物茂盛，相对算是个中产阶级的社区。我的住宿家庭女主人罗斯妈妈就住在这里。难以想象的是，这里离基贝拉这么近，走路只需十五分钟。参观过基贝拉后再回到这里，天差地别的境况令人心情复杂，难以平静。罗斯妈妈的家是一栋两层小楼，家里有水、电和电视。和基贝拉相比，她的家就是天堂。然而几天前，当我第一次到她家时，我却有一种强烈的感觉：我身在“非洲”了。她的家面积不大，设施陈旧，家具像是七十年代的。在小区的黑色大门外，是一条土路，路边摆着很多小摊。沿着一条小路，可以走到一个更大的市场“泰（Toi）”，这个市场一直延伸到基贝拉里面一个叫马基他的地方。位于我的寄宿家庭这边的泰市场，人们叫它“姆宗古泰（mzungu Toi）”，因为这边的价格比贫民窟那边的泰里的贵很多，商品质量也更好，尽管两个市场相隔不过十几米。

在我来肯尼亚之前，我在邮件里问肯尼迪，除了在SHOFCO和他一起工作外，我能不能和他还有他的家人一起住在基贝拉。我会付给他食宿费用，就像我的项目付给寄宿家庭费用一样，而且我绝对不会打扰他们。

他断然拒绝了我。不行，从来没有外国人住在基贝拉。没有水和电，他觉得我没法生活。

他写道：“*你是个美国人，而我过着非常朴素的生活。*”

我回他：“*我是一个朴素的美国人。如果你能住在那儿，我也能。*”

一到肯尼亚，我就和我的指导老师欧多商量我的住宿问题，我坦诚地告诉他我想住进基贝拉。他同意了，提醒我不要让学校外事办知道，项目管理人员肯定不会同意。后来，另一个交换生提出她想住在奥林匹克区，就是那个挨着基贝拉的住宅区。欧多说不行，临近选举，住在离基贝拉这么近的地方太危险。不知为什么，他没有用局势紧张来吓唬我，而是同意了我的请求，这让我觉得自己很特殊。

我还是个小孩子时，就展现出固执的一面：越是禁止我做的事，我越是想做，障碍阻拦不了我，只会激发我去克服它。“*你不准这样做。*”这句话的武断和绝对甚至让我感到惊讶。我想知道*为什么，为什么我不能这样做*？我的父母回答小小的我：“我们说不行就是不行！”这个理由当然不够充分，也无法令我信服。他们以为，随着我慢慢长大和成熟，这股倔强劲儿会逐渐减退，然而直到现在，他们还是没看到这个迹象。

夜里，我躺在一张舒服的床上，可以隐约听到电视机的声音，这里和肯尼迪生活的地方简直有天壤之别。我要住进基贝拉的决心更加坚定了——这是打破我和SHOFCO那群年轻人之间的隔阂的唯一方法。

几天后，我和肯尼迪在内罗毕的“爪哇屋”共进午餐。点菜时，他考虑了很久。我点了一个三明治、一份沙拉，他又一次看看菜单，点了和我一样的食物。吃饭时，他姿势笨拙，拿叉子的方法也不对。我们边吃边聊，讨论了戏剧项目的细节，如何吸引年轻人参加，以及排练的时间表。

最后，我提到夏天发邮件时跟他讨论过的问题。

他还是坚称，这真的是不可能的。白人在基贝拉贫民窟里住几个晚上就会受不了，硬要坚持，最多也就住个一两周。如果想离他们更近，他建议我住到奥林匹克区的那个办公室里。

我暗下决心，一定要让他看到，我也可以住在贫民窟里，我们之间的差距没有他想象的那么巨大。

Chapter 02

肯尼迪

六岁时，我长了第一根白头发，长在头顶的正中间。妈妈看到时，紧紧抱住了我，告诉我这是智慧的象征，预示着我的未来。她激动地跑出家门，骄傲地告诉所有愿意听她吹嘘的人：我们的穷苦日子有了一线光明，因为肯尼迪的白头发预示着伟大的成就。但是我知道这是怎么回事。尽管我才六岁，我经历过的痛苦已经超过了一大批六十岁的人，这根白头发就是我历经磨难的证据。

我出生时，家乡正遭遇大旱。我的母亲才十五岁，她没有结婚就生下了我，满心恐惧。整个村子的人都因此排斥她，只有她的母亲、我的外婆艾斯特一个人照顾她。如果一个女人没有结婚就生了孩子，尤其是男孩，那么这个孩子很有可能命不久矣。村子里，女人的私生子常常被娘家的男性直接杀死，或者被扔到树林中等死，因为这样的男孩会被娘家视为争夺土地的威胁。没有婚姻，这个孩子就无法继承父亲的土地，他长大后可能会要求继承母亲家里人的土地。因此，我母亲在怀孕时一直祈祷生个女孩。

村子里有几位德高望重的长老，他们神机妙算、足智多谋，人们相信他们能够预测未知。旱灾中的一天，一位睿智的先知老人得到了神示，她来到我祖母家，告诉我母亲孩子会在今晚出生。被先知预测到要出生可是件大事，整个村子一整天都对这件事议论纷纷。

当天晚上，我出生了。在外婆的小棚屋里，没有熟练的接生婆，我十五岁的妈妈就这样生下了我。谁都不想来帮忙，连村子里公认的产婆们都怕受到我妈妈坏名声的牵连。在她被疼痛折磨得死去活来的时候，唯一能紧紧握住的东西，是我外婆的手。终于，我的脚出来了。外婆看到先出来的脚，明白了先知的预言：这不是一次寻常的分娩。艾斯特非常害怕，因为她有可能同时失去女儿和新生的外孙。在我们村，若是没有医疗人员在场，臀位分娩能够母子平安简直闻所未闻。她握着女儿的手，祈祷分娩顺利，这时她以为这是最后一次握着女儿的手了。然而那天晚上，奇迹接连发生。不仅母亲和我都撑过了这关，而且在我的第一声啼哭冲出小棚屋时，天空下起了雨！因此我有了这个姓“欧戴德（Odede）”，它的意思是“旱灾之后”。这场大雨接连下了好几天。

我出生后，村子里的长老们召开了一个特殊会议来讨论我的命运。他们谈到，我的母亲没有结婚，这样我长大后可能会成为一个麻烦。也许应该按照惯例，把我放到树林中让我被狗吃掉。但是他们还是犹豫了，因为我是通过臀位分娩诞下的。按照我们卢奥族[①]的传统信仰，只有国王和部落首领能在臀位分娩中活下来。还有，我

① 卢奥族（Luo）：肯尼亚第四大民族。

出生时的降雨，又该怎么解释？卢奥族的人非常看重征兆。我妈妈常说，在等待会议结果的这段时间里，她紧张到心脏根本无法跳动。

宣布结果时，村民齐聚一堂。欧杰波·马洛克是村子里的一位长老和先知，他站在大家面前宣布我是上天的赐福，因为我的出生带来了降雨。外婆经常跟我提起，在那一刻她泪如雨下，嘴里喃喃说着“Nyasaye duong”，意思是“伟大的上帝”，她相信这句话会传到天堂。这位先知说我不仅是为这个村子而生的，更是为世界而生的，应该用一个伟人的名字给我命名。

他们又花了几天时间讨论我的名字。他们提出了两个名字：拉姆基或者卢安德，一位是罗部落的伟大先知，一位是著名的勇士。先知马洛克都不同意，他坚持要给这孩子取一个举世闻名的名字。这时，我外婆提出了一位美国总统的名字，他的“空运计划”带给家乡一大批优秀的年轻人去美国深造的机会。就在我出生那年，这群年轻人陆续回国，成为肯尼亚著名的医生、律师和领导人，其中一位领导人就是贝拉克·奥巴马的父亲。那位美国总统就是约翰·F. 肯尼迪，因为这群杰出的海归年轻人，肯尼迪这个名字对卢奥族的人们来说如雷贯耳，故而我的名字就取为肯尼迪·欧戴德（Kennedy Odede）。

我不到两岁时，我妈妈嫁给了巴毕，和他搬去了内罗毕，因为他听说在内罗毕很容易找到能养家糊口的工作。他们把我留给了我的外婆艾斯特照看。

我还在蹒跚学步时，就知道自己是外婆的掌上明珠。有吃的东西，她总是让我先吃，对我说“吃得饱才长得好”。她常常把我抱在怀里胳肢我，逗我玩儿。外婆无论去哪里，都要背着我，因为到了同龄人会走路的年龄时，我走起路来还是不太稳当。我永远忘不了外婆那双温柔的手是如何紧紧地抱着我，又是如何小心翼翼地把我放下，始终让我待在她的视线范围之内。然而在其他人眼中，我只是一个累赘。

在我三岁时，外婆艾斯特被一只疯狗咬了。她死前受尽了折磨，而我对此一无所知，依旧爬进她的被窝里，问她什么时候我们再去逛市场。她临终时，我陪在她的身边，泪水从她的眼里淌下来。她对我说：“永远不要忘记，不管发生什么，世界上都会有属于你的位置。”外婆去世后，同村的舅舅们都不愿收养我，我妈妈只好把我带去了内罗毕。我的中间名“欧维提（Owiti）”的意思就是“没人要的孩子”。

我来到了基贝拉，这里再也没有像外婆那样温柔的手了。我从人们看我的眼神中就看得出来我是一个累赘，是他们没钱喂的一张嘴。当他们背着我去这去那时，我能感觉到自己好重；而当他们不耐烦地把我放下时，我也能感觉到他们对我的嫌弃。在我快四岁时，家里人对我学走路已经不抱希望了。比起穷困的家境，我的残疾让我们家蒙受了更大的耻辱。突然有一天，我在基贝拉迈出了第一步。我来到污水沟边，竟然走过了一个临时搭的小桥。消息很快传开了：

那对穷鬼的孩子，终于能走路了。

五岁时，我只有一条短裤，没有衣服，没有鞋子。我的妹妹杰姬比我小两岁，她有一件衣服，是一件我已经穿不下的旧衣服。继父巴毕买不起皮带，所以用一根绳子勒在裤子上。住在隔壁的女人常说，虫子要是住在我们家都会被饿死。基贝拉的水摊卖的水对我们来说太贵，我们只好去流动的污水沟里打水，拿回家后妈妈会用沙子把水稍微过滤一下。

到了晚上，我们都睡不着觉。我们浑身瘙痒，翻来覆去，身上到处都是被跳蚤咬的红印子。有一天，我妈妈终于有钱在附近的小商店买了块硬币大小的肥皂。她把我们早早叫醒，我们都尽可能用最少的水和肥皂洗了澡。因为太久没有接触过肥皂泡沫，我的皮肤被蜇得刺痛，妹妹杰姬在洗澡时都哭了。洗完澡，妈妈洗了我们的衣服，把衣服晾在我家和邻居家之间那块小小的空地上，让太阳烤干。我干干净净地坐在家里的地上，微微发抖。这时我听到了一阵喧闹。

“你想把病传染给我们吗？把这些脏衣服拿走！”欧蒙迪妈妈大喊着。她是我们的邻居。

我看着妈妈。她是个自尊心很强的女人，她看起来神态自若，像是什么都没有听到。她对欧蒙迪妈妈的粗鲁置之不理，仍然不紧不慢地用我们唯一的壶烧水泡茶，并且注意着尽量节约燃料（mafuta）。欧蒙迪妈妈并没有停止恶语伤人，仍然大声骂着我们有多穷多讨厌。突然，我们听到一阵跺脚声。她把妈妈洗干净的衣服扔到地上，在上面一顿猛踩。我看到好不容易洗干净的衣服上沾满了尘土，气得哭了起来。我们可能再也买不起肥皂了。妈妈走过来，擦干了我的眼泪。她轻声安慰着我，告诉我不管在生活中遇到了什么，都不能轻易放弃。她冲我眨眨眼，从口袋里拿出一片只有之前四分之一大小的肥皂！这是她准备留到下次用的。这一刻，她是我的英雄。邻居们这样欺负她，让五岁的我伤心万分，然而她用行动教会我，这样的人不值得理会。

我的母亲是我见过的最坚强、最勇敢的人。我小时候一直有些害怕她，因为她总是与世俗抗争，并能从中获得力量、自得其乐。她敢于为自己的信念发声，哪怕这会显得与他人格格不入。小时候我不明白为什么她总是这么敢冒险，长大后，我懂得了她是一个有坚定信念的人，也愈发尊重和敬佩她的勇气。

我的母亲叫简·阿晨，大家叫她阿洁。她从小到大都很叛逆。她出生于肯尼亚偏远的农村，家中有十二个孩子，她排行老八。她从来没有上过学，因为她是一个女孩，她的人生只需要结婚生子即可。她不得不起早贪黑地做家务，走上几个小时的路去打水，在兄弟们放学回来之前就开始准备晚饭。晚饭通常是粥。百忙之中，我的妈妈会偷偷地拿出兄弟们的课本，自学识字。女孩子看书学习是不规矩的行为，但是她对书中神秘的文字实在太好奇了。

妈妈十二岁时，她的大多数同龄人都嫁给了附近村落里年长的男人。她们几乎从不反抗——如果反抗，他们就把你绑起来，逼着你嫁人。妈妈的一个朋友出去打水，却再也没有回来。后来才知道，女孩家里先前收了一笔丰厚的彩礼。她的家人并不会为此伤心，反而对这样的收获心满意足。我妈妈不想接受包办婚姻，也不想被迫嫁人，尽管她也身处贫穷，但是她有一个其他女孩想都不敢想的愿望：嫁给自己喜欢的人。我可以想象，正处青春期的她，就像全世界情窦初开的少女一样，渴望被爱、被关怀，作为一个含苞待放的美丽姑娘，她也渴望被人倾慕。

在妈妈十三岁时，村子里的长老们给她安排了一门亲事，要她嫁给邻近村庄的一个男人，成为他的第六个老婆。这让大家都目瞪口呆，简·阿晨竟然能嫁给这么有钱的男人！要知道，一个男人的老婆如果超过两个，就意味着他是个有钱人。因此整个村子都为我妈妈的这桩婚姻骄傲，能够嫁到这么富有的人家，简直是全村的荣耀。她的聘礼是七头牛和十只山羊，这样大手笔的聘礼在我们村可是多年未见了。

可妈妈并不这么想，这个男人的年龄足够当她祖父了，她不想嫁给这么老的人。但是她又有什么选择呢？我的外婆很心疼，她爱自己的女儿。虽然外婆从没上过学，却有开明的思想，她不希望女儿陷入悲惨的境地，遗憾终身。外公的第一个妻子爱丽丝不能生育，外婆是我外公的第二个妻子，爱丽丝和我外婆亲如姐妹，虽然她生不了孩子，但是外婆的十二个孩子都是由她接生的。

长老们已经给妈妈定下了婚约，她无法直接反抗。在一个静悄悄的晚上，外婆带着妈妈逃跑了。她把妈妈送去了一个很远的村子，那里住着外婆的姐姐。妈妈在她的姨妈家躲了好几个月，她们村没人知道她去了哪里，直到她的父亲去世，她才不得不回去参加葬礼。她回到村子后，除了外婆，没有一个人理她。大家都对她充满敌意，甚至责怪她引发了大旱。父母都不让女儿跟我妈妈来往，大家都躲着她，免得沾染上她身上的厄运。因为妈妈公然反抗了长老的决定，蔑视了那个有钱人的贪婪，她在这个村子里失去了立足之地。村民们都想让她过得痛苦不堪，对其他女孩子起到杀鸡儆猴的作用。

十四岁时，村里的长老们来到外婆家，警告妈妈，这次她必须结婚，她的所作所为已经给村里的女孩们树立了一个坏榜样。长老们在村里的权威不容置疑，妈妈明白，很快就会有新的包办婚姻落到她头上。几天后，他们又找到另一个老得可以做她祖父的人。他叫萨科瓦，住在另一个村子，他已经有了四个老婆，要娶妈妈做第五个。

这个老男人由一个自行车队护送着来到村子验收他的新老婆，来到妈妈面前时，见她面若冰霜，一动不动地坐着。然后，他和我的舅舅们坐在客厅喝着本地酿的啤酒，商议着彩礼数目。双方都有一位谈判代表。一位舅舅开始推销妈妈的优点：年轻、厨艺好、身强力壮、吃苦耐劳。老男人并没有还价，为了炫耀他的财富，还主动提出把彩礼翻倍。他希望人人都知道他很有钱，不在乎这区区彩礼。

他们达成一致后，叫我妈妈从厨房出来，给她未来的丈夫行礼。按照约定，她当天就要离开，搬去萨科瓦家。我们部落的风俗是女孩子嫁过去之后，彩礼才会送来。舅舅们让妈妈走到萨科瓦身旁，他们对即将到手的彩礼满心期待。妈妈和萨科瓦握手时，触到那又老又干的皮肤，想到自己就这样被卖给一个老人，心中怒不可遏。她强忍着怒火，提出想做完饭再出发去新家。她回到厨房，做了一锅滚烫的粥，倒进一个大瓢，端着粥走回客厅。她的兄弟们都面带微笑，满意地看着她，叛逆的简·阿晨终于肯顺从婚姻安排了。

然而妈妈并没有把盛粥的瓢端给她的新丈夫，而是直接将冒着热气的粥泼到了他的脸上。

老男人发出了一声孩子似的尖叫，所有人都大惊失色，慌忙站起来逃跑。她的兄弟们和萨科瓦的随从们为了躲开她，都跌跌撞撞地跑着，他们的脸上带着恼怒的表情，不时有人狼狈地摔倒在地上。妈妈跑出了村子，逃离了她被迫嫁人的命运。这件前所未有的事迅速传遍了周围所有的村庄。她的兄弟们气冲冲地发誓说要好好教训她一顿，要把她绑在全村人面前打一顿。

我妈妈去她另一位姨妈家躲了一年。所以阿洁逃婚的故事可不止发生了一次，而是两次。有时我会想，逃跑是为了什么呢？无论她跑去哪里，她都得嫁人，不结婚的女人是无法在我们的社会中生存下去的。后来，妈妈怀孕生下我之后，还是嫁给了巴毕。巴毕是他们家中唯一的男孩，高中时因吸毒而辍学。虽然他还年轻，却已经因为粗暴野蛮和酗酒成性而臭名昭著了。人们觉得他与强悍的简·阿晨十分般配。妈妈嫁给巴毕是为了抚养我，因此我也是让她遭受折磨的一个原因。

我最喜欢巴毕微微喝醉的时候，因为这是他会跟我们亲近和说笑的唯一时刻。

“你们这些小崽子懂不懂啊，有时候穷人的生活才是最好的。你看那些有钱人总是担心来担心去，还是我们过得又穷又开心！”

我打断他：“巴毕，可是我们活得不开心啊。我想吃好吃的、喝汽水、玩玩具、看电视，但我一样都没有，有钱人的孩子们什么都有，还能去上学。我们怎么可能活得快乐？”

他看着我说：“我知道，但是你听我说，我听说过城市里的有钱人是怎么过日子的。他们成天担心自己的钱会被偷走，连觉都睡不好。还有，他们的孩子可不像你和杰姬这么乖。他们的孩子都是被宠坏的小浑蛋。”

我和妹妹开心地笑了。我还不懂什么叫作被宠坏，但是我知道这很不好。跟所有孩子一样，我喜欢被爸妈表扬，而巴毕极少夸奖我们。平时，巴毕总是拿我撒气，对我非常凶狠。他打我比打妈妈的次数还要多，常常把我打得喘不上气。打我时，他还要逼妈妈在一旁看着，这样他会从中获得乐趣。我年纪很小时，就意识到要离他远一些。

他喝到中等程度醉时也还好，并不可怕。因为这时他很疲乏，虽然嘴里仍会对我们骂骂咧咧，但是听起来有些漫不经心。有时候，他会往地上扔几样东西，或者对妈妈推推搡搡，但是过不了一会儿，他就会开始呼呼大睡，我们便获得短暂的解脱。

然而当他喝到酩酊大醉时，我们的末日就来了。在我五岁时，有一次只是因为我让妈妈给我再加了一勺米饭，他便兽性大发，发疯似的打我，我被打得当场拉了裤裆。只要巴毕看到我吃东西，他就满心不悦。为了以防万一，有时妈妈会在他回家之前偷偷给我吃些东西。有一次，他撞见了妈妈这样干，就把炉子上正烧着的热水往她头上浇。看到这可怕的场景，我尖叫起来。我心里明白，妈妈是因为我才受到这种折磨的。

在基贝拉，人们很容易看出来一家是不是有饭吃。因为做饭时，必须去室外点炭炉（jiko），炭火才能着起来。如果哪家没有把炭炉放在家门口做饭，大家就会知道他们的日子最近过得水深火热。在贫民窟里，女人们喜欢炫耀自家的生活，邻居欧蒙迪妈妈更是这样。每当她家有肉吃时，她都要弄得尽人皆知。我们家无米下炊时，妈妈有时仍会把炉子搬到外面，点着火，假装她也在做饭，尽管锅里空空如也。她还让我们把油抹在嘴唇上，要有邻居来串门，他们会以为我们已经吃过饭。她不准我们去别人家吃饭，因为邻居们会在背后嘲笑我们穷。

妈妈的解释是："人活脸，树活皮，再穷也不能露怯。"

我家只有一间房子，每天晚上我们都席地而坐，用母语祈祷，默默祈求这一次上帝能听到我们的哀求。我们祈求上帝，让我们摆脱这令人窒息的贫穷，哪怕是暂时的喘息也好。妈妈从没上过学，但是她会用卢奥语（她的母语）读书和写字。我们家唯一一本书是《圣经》，她非常喜爱诵读《圣经》中的谚语。读完《圣经》后，我们会唱颂歌唱到睡前。无数个晚上，我饿得咕咕叫的肚子像是在附和着我们的颂歌。

有一阵，我和妹妹经常在午饭时间溜到欧蒙迪妈妈家吃饭，尽管我们知道妈妈尤其不愿意让我们去这位邻居家吃饭。一天，妈妈和欧蒙迪妈妈吵架，她对妈妈吼道："你连你的娃娃都喂不饱，还好意思跟我吵架！知不知道我帮你喂过好几次你的娃娃！你要是养不起他们，生这么多孩子干什么？"

妈妈勃然大怒。我和妹妹本想抵赖，结果没用。当妈妈极为生气时，她的气势足以把我吓得忘记饥饿，所以我不敢回家。

那天晚上下雨了，我浑身湿透，又冷又饿，坐在离家不远处的一条小巷里，在泥地上画画打发时间。其实下雨时，待在外面也挺好的，因为家里的情况更糟。我们的房顶是用硬纸板和铁皮搭成的，雨水可以轻而易举地流进家中，打湿铺在地上的硬纸板，那可是我们睡觉的地方。

这时，我的面前伸过来一只手，手里捏着一片珍贵的面包。我听到有人说"给你"。

我抬起头，是欧蒙迪。他是欧蒙迪妈妈的儿子，是我的好朋友，我们经常在一起玩。他慷慨地把面包分给我，而我犹豫着不敢拿。

"没关系，我不会告诉别人的。"他说。

欧蒙迪和我一起坐在雨中，我小口小口地吃着面包，仔细地品味着食物的香味。吃完后，我们四目相对，不约而同地顽皮一笑——一起在雨中玩耍是我们最爱干的事情！我们在巷道里奔跑，在泥地上滑行，一同放声大笑。我们在路边捡到了一个烂了的黑色塑料袋，举着它神气活现地走在路上，假装我们是有钱人，打着有钱人用的那种黑伞。

我俩还经常自己做玩具，用废弃的塑料袋和绳子做足球，用罐头盒子做玩具车，其他小孩对我们的手工玩具羡慕不已。如果有人想跟我们一起踢足球，我们就让他拿食物来做“门票”。我的安提诺姨姨叫我“聪明勇敢的运动员（Ogwanjo）”，因为我喜欢踢足球，而且能利用废物做出足球。

有一天，我看到了一个非常奇怪的景象：街上有一群像是刚从坟墓里面爬出来的人，他们的皮肤白得吓人——**姆宗古**。他们拿着一个黑色的机器，对着我时还会闪出白光。我觉得这个东西会伤害我，大叫着逃跑了。后来我才知道那是照相机，照相机的闪光和那群人说话的声音都让我害怕。不过我们很少看到这群人，最多一年一次。每次看到他们，我都会跑开躲起来。

我对他们有好几个看法：第一，他们肯定很笨，因为他们总是对着没用的东西拍照，比如街上的鸡、棚屋，还有一些其他无趣的破烂；第二，有次我看到一个孩子摸着白人的皮肤大声对他们说：“你好吗（How are you）？”我在很长一段时间里都以为，所有白人的名字都叫“你好吗”。再见到他们时，我也去摸了一个人的皮肤，发现摸起来跟我们的皮肤一样软软的。不过我还是很惊讶，因为我以为摸完他之后我的手会沾上白色，结果并没有，这让我有点失望。

欧蒙迪的父母可以付得起每月五美元的学费，因此他可以去基贝拉的非正规学校上学。我家当然无力供我读书，不过欧蒙迪回家后会带着我和他一起学习。他先把学到的东西教给我一遍，然后我和他一起写作业。我用他唯一的一根铅笔在作业本上抄写字母，写好后用橡皮擦掉，他再写上他的作业。

然而好景不长，欧蒙迪突然毫无预兆地病了，他变得十分虚弱，连玩的力气都没有了。我经常去他家，坐在地上，看着他一动不动地躺着。没有人知道他得了什么病，也许是麻疹，也许是疟疾，也许只是因为贫穷。妈妈不准我再去他家，怕我被传染。但是我不怕，一直以来，他都违抗他妈妈的要求，主动帮助我，在他需要我时，我也绝不会离开。

突然有一天他去世了，他才八岁。他爸妈没钱把他那小小的尸体放进停尸房，只好把他放在家里。一周后，他的尸体变长了，并且开始发出异味。我们的风俗是孩子不能看死人，但我会偷偷溜去他家看他，我想看看他会不会醒过来。没有人跟我解释到底发生了什么，我既孤独又害怕。每天晚上，人们都聚在一起，大声放着音乐，一起祈祷，并为欧蒙迪家募捐，好让他的尸体能放进停尸房。终于，钱凑够了，我亲眼看着欧蒙迪被抬走了。我心想：*我的好朋友跟原来不一样了。他一直在睡觉，而且他可能再也不回来了。*

我开始夜夜做噩梦，半夜里浑身湿透地尖叫着醒来。我太想念欧蒙迪了，我想让他回来。他给过我多少帮助，他那么小却那么慷慨。想到这些我开始失眠，害怕再做关于他的噩梦，我也不敢走夜路，害怕会突然看到他。

几周后，邻居中一个二十岁出头的女孩也因病去世了，她的死引起了人们的恐慌。那时候，人们还不知道什么是艾滋病，只是看到病死的人身上满是疮肿，令人胆战。这个女孩家没钱买棺材，她的尸体只好先用布包着。所有人对她家的屋子都避而远之，大家都怕会传染上这种可怕的疾病。我意识到世界是多么地残酷：社会最底层的穷苦人民，总是面对着突如其来的灾难和变故，让生活雪上加霜。

一天晚上，我们家的门被踹开了，两个警察闯了进来。他们人高马大，脚穿大警靴，手持钢枪。我们吓坏了。妹妹杰姬抱住了巴毕的腿，襁褓里的利兹哇哇大哭，我则从睡觉的纸板上一跃而起，光着身子缩进了角落里。

“是他。”他们指着巴毕。

巴毕那天本来很幸运，找到了一个焊工的活儿，现在警察对他边打边骂，我们在一旁听到了事情的原因：工地丢了东西，人们怀疑是他偷的。一个警察狠狠踹着他的肋骨，吓得妈妈尖叫起来。在我们家，巴毕一直是最暴力的人，从没有人敢对他怎么样，现在看着他被殴打，我心里不知是什么滋味。我在心里祈祷利兹停止哭泣，怕她把警察惹毛。她出生后，我从早到晚地照顾她，她就像是我的孩子一样亲。另一个警察在家里横冲直撞，翻箱倒柜，四处寻找赃物，打碎了一个盘子，还摔坏了几样东西。

最后，他对同事说：“东西不在这儿，什么都没找到。”

巴毕浑身颤抖地躺在地上，双手护着被踢断的肋骨。他的眼睛被打得乌青，鼻子淌着血，他的样子让我魂飞魄散。残暴的巴毕第一次如此脆弱，如此无助，这样的场景让我感到既惊恐又刺激。

打人的警察怒吼道：“把他带走！他可能把东西藏起来了，或者卖了！还得再收拾收拾他。”

“不！求你了！我怀孕了，我还有三个孩子！求你放了他，要不我们怎么活啊！”妈妈歇斯底里地哭喊着扑到巴毕身边。这是我第一次看到妈妈对巴毕表达如此强烈的感情。警察粗暴地把她一把推开，拖着巴毕走了。

妈妈抱着肚子躺在地上，绝望地哭着。看着妈妈，我暗自发誓要成为一名勇士。我心里知道，妈妈非常爱我，一直很关心我，尽管平时她不敢在巴毕面前表现出来。我迫不及待地想要长大，想要保护她。我把小宝宝利兹抱进怀里，轻轻地晃着她，哄她平静下来。现在回想起来，那时的我也只是个孩子，在哄一个更小的孩子。不过那晚，我觉得我的肩膀上扛着的是整个世界。

巴毕被关进了监狱。以前他虽然会用偶尔挣到的钱去喝酒，但还能剩一点贴补家用。现在我们彻底走投无路了，没有一个人向我们伸出援手。巴毕在家时，家里总是闹得鸡犬不宁，邻居本就不喜欢我们，这次连警察都冲到家里来了，大家更是对我们唯恐避之不及。

妈妈很快想出了办法。周六早上，妈妈叫了一群女人去教堂见面。她让杰姬留在家里照看利兹，叫我跟她一起走。

“肯尼迪，我需要你帮我写点东西。”

我没有在学校学过写字，但是我跟欧蒙迪和另一个朋友波尼费斯学过写字。波尼费斯和欧蒙迪在一个学校上学，他总是穿着合身的衣服，是我们这一片里最干净的男孩。因为我家的名声不好，家长们都告诉孩子不要跟我玩，免得学坏。但是波尼费斯很有主见，不在乎别人怎么想。

我和波尼费斯商量好，我们都要学会认字和写字，长大后如果我们相隔很远，就可以给对方写信。每天下午，我都急切地等待着波尼费斯放学回家，他那些破旧课本里的知识让我如饥似渴。波尼费斯在学校时，我就在街上和垃圾桶里捡旧报纸看。一知半解地读完后，我用铅笔画出不认识的词语，让波尼费斯把它们写下来，拿去学校问老师。他每天都拿着一长串词语去问老师，尽管我不去上学，我却渐渐地比他学得更快、更好了。不过时间一长，波尼费斯的老师开始不耐烦了，告诉他要把重心放在学校里学的东西上，别再去记课外的单词了。

我遇到不认识的词，还是会记下来，等到周日去圣马可教堂时，向弗朗西斯神父求教。等到弥撒结束后，我走到他身边。他身穿长袍，友好地问我："肯尼迪，什么事？"

"神父，能不能教我这些词怎么读？"

"你能先试着读一读吗？你读完我再教你。"

我吃力地读着。他拿过我手中的纸，把上面的词读给我听，并让我跟着他读。我读得很标准，他有些意外："肯尼迪，现在你能不能自己读出这些单词？"

“可以。”我说。

我读完后，他说我有“锋利的[1]脑子”。我心想，我的脑子并不是把刀啊！但是我还是困惑地点点头。我又问他，下次我还能否再向他请教生词。他说每周六他都可以教我，我们就定在每周这个时候学习单词。走之前他问我：“你从哪儿找的这些词？”

“从街上和垃圾桶里捡到的报纸上面。”

他看着我，点点头，说他很感动，下周六会带些杂志给我。

就这样，我的英语有了很大的进步，连波尼费斯都感到惊讶。我的英语比去学校上学的孩子们学得还好。我每周都要请弗朗西斯神父给我解释生词的意思，可是时间长了，他也有些厌倦了。他说，我问的单词对他来说都有些难度了。最后，他送给我一个属于我自己的老师——词典。

妈妈需要我写些什么？为什么要写东西？不到关键时刻，她总是不肯告诉我。

我们到达小铁皮房教堂时，已经有二十个女人聚在那里了。我实在不懂妈妈叫她们来做什么，我知道其中有不少人都不喜欢我妈妈。但是妈妈有着职业政治家的潜质，她有办法让人们跟随她。

妈妈既没说客套话，也没吹嘘自己的想法，而是带着与生俱来的演说家气场，开门见山地开始讲话：

“虽然现在我们很穷，但我们都是有尊严的人。我们挣到的钱

① 英语中，sharp既有“锋利的”的意思，也有“敏锐的”的意思。

总是被丈夫拿走，永远不够用。我有一个办法让我们拥有属于自己的钱。”

这时，在场的所有人都聚精会神地听着她讲话！我看着妈妈，被她的勇气和独创力所打动。她接着说下去：

“我们每周会面一次，每个人都带上五十先令。我们把钱凑在一起，二十个人的五十先令加在一起就是一千先令。每周，都有一个人可以拿到这一千先令，我们可以用这些钱做点小生意，挣更多的钱，甚至可以存下来一些以备急用。我们一直轮流下去，直到每个人都拿到一千先令。到那时我们就可以开始新的一轮了，到时候每人每周再拿出一百先令。”

“我们可以活得更好。”妈妈柔声说道，听起来像个牧师，也像一个生活的斗士。

一时间，屋子里鸦雀无声，突然，所有人都开始说话了，大家热烈地讨论着，像是妈妈弹出了一个漂亮的和弦。

“我们每个人都要签名，并且保证每周都要交钱、不中途退出。只要有一个人退出，这个计划就无法进行了。有人会写字吗？”

没人举手。妈妈用眼神示意我，现在我明白了。就这样，十岁的我成了妇女互助小组的官方秘书。

一个女人急切地问：“我们能不能明天就开始？”

我看到妈妈屏住了呼吸，这也是她想问的问题。大家又开始七嘴八舌地讨论，她们能不能在今天就凑到五十先令。大家都决定试一试。

第二天晚上，她们又回到这座教堂，只有两个人没能凑到五十先令。妈妈把她藏在纸板“床垫”下面的最后五十先令拿出来了，这是她早就计划好的。她们举办了正式的选举，妈妈被选为主席，我是秘书。我无比自豪地帮在场的所有女人在一张纸上签下了名字。签好名后，要选出一个人拿到第一周的集体资金。妈妈选了奥提诺妈妈成为第一个受益人。

看着妈妈把五十先令都交了出去，我心慌起来，用胳膊肘碰碰她，不满地低声说：“妈妈，你在做什么呀？那是我们最后一点钱了，给了别人我们就什么都没了！我们最需要这钱了！”

她瞪了我一眼，说：“肯尼迪，想要获得别人的信任是需要付出的。”

回家的路上，我一直不理她。因为她的豪言壮语，我们全家得过整整一星期饥一顿饱一顿的日子。

三周后，轮到了我们家领取资金！我激动地跑到街上跳起了舞。拿到钱后，我和妈妈直接去了市场，为她的菜摊进了双倍的番茄，还买了洋葱和卷心菜。那天晚上，我们卖光了所有的菜。几周以来，妈妈终于能在家门口骄傲地做一顿晚饭，并让所有邻居都看到。

吃饭时，妈妈给我传授了一些她的智慧：“你要知道，我们的世界里有两种神——上帝和其他的小神。上帝非常忙，他要操心全世界所有人的问题，不一定能顾得上我们。不过，我们身边还有很多人，他们都是小神，在我们的人生之路上，他们能给我们很多帮助。”

Chapter 03

杰茜卡

我要搬进基贝拉贫民窟了。

今早，肯尼迪在电话里坚持要约在拿库马特超市和我见面，接我去基贝拉。拿库马特超市是内罗毕市区离基贝拉最近的地标建筑之一，在那附近坐马他图就能到达基贝拉。我愤然反驳他，告诉他我不仅要自己坐马他图去基贝拉（这就算是一种冒险了），还要自己走去他家。我说，我不是三岁小孩，他对我的担心不仅很傻，而且让我很不舒服。其实我本不想和他发生这么激烈的争论，毕竟我们还不熟，我通常只对熟人才会不客气。

现在，我独自坐在去基贝拉的八路马他图上，既兴奋又紧张。车上的喇叭里放着席琳·迪翁的《因为你爱过我》，歌曲到达高潮部分时，司机突然踩了刹车。车停在了一个没有标志的地方，而大家都知道这是车站——外面站着一大群等车的人。售票员下车，对着人群大喊："基贝拉！基贝拉！昆密！昆密！"边喊边拍着车身，吸引人们的注意力。车里很挤，售票员站在车门口，把乘客拼命地往车上推。我在心里默默地记住了"昆密"，想要知道这是什么意思。

车开动后，我不自觉地跟着歌曲默唱，嘴唇一开一合："因为你爱过我 [突然停顿] 我才成为现在的我。"在美国如果我听到这首老掉牙的歌，肯定会哑然失笑，甚至被肉麻的歌词弄得浑身起鸡皮疙瘩，但是此时，这首过时的歌却让我备感亲切。我发现车上不止我一个人在跟着席琳唱，坐在我前面的两位肯尼亚大叔也在心不在焉地跟着音乐哼唱着。司机野蛮地开着车，在马路上横冲直撞，毫不避让对面开过来的车辆。对于乘客们来说，这首老歌、他们跑调的哼唱、这个疯狂的司机和车辆剧烈的颠簸，都是司空见惯的场景，没有人留意。

我用力地抓着座椅上的金属边，指节都发白了。我的脚下有一个洞，透过它我可以看到柏油路面。这辆马他图经过路边破破烂烂的棚屋、清真寺和小饭馆，歪歪扭扭地驶向基贝拉。我看到有一个蓝色的小铁皮房子，挂着"网吧"的招牌，还有一个明黄色的房子上挂着"参议员酒吧"。一群擦鞋工坐在一个小屋前，屋子上挂着手写的招牌：世界顶级名妓。

车在中途偶尔停下，车门嘎吱嘎吱地打开，人们蜂拥而下。人还没下完，售票员就把手伸到外面，不耐烦地敲着车顶，看样子是告诉司机开车。车门还没关上，车就猛地开动了。

我不确定该在哪里下车，只好向外面四处张望着，也许到了上次和肯尼迪步行时路过的地方，就能看到一座熟悉的建筑。然而，窗外的房子看起来都一模一样，我没有看到任何熟悉的景色或标志物。我懊悔地想起早上肯尼迪说的那些话，看来他坚持要来接我，只是出于善意，而不是因为他小看我是个外国人。

突然，司机猛地刹住车，我们的车差点撞上一辆大公交车。两位司机冲着对方吼来吼去，尽管我的斯瓦希里语水平有限，我还是听出了他们的大概意思。那辆车的司机不肯让路，而我们这边的路太窄，司机试着调整车的位置，可是几乎动不了。双方陷入了僵局。

我想起一周前，我的斯瓦希里语老师帕特里克在新生介绍会上给我们介绍过马他图公交车的情况。他是一位身材高大、声音低沉的老师。他建议我们最好乘坐正规的公交车，绿色和黄色的“城市漏斗”或者蓝色的 KBS 都可以，但是尽量不要乘坐马他图。马他图不仅破损严重，无人管理，司机违规驾驶，而且拥挤不堪，小偷频现。

帕特里克带着我们组的同学去坐正规的公交车。等了十五分钟后，一辆车都没来，他只好勉强带着我们上了一辆马他图。我问他，我们上车的那个角落是不是“车站”。

“是的，是这辆马他图的站点。”

“马他图的车站都不一样？”

“是的，每辆马他图都有一个号码，每辆车都开往不同的地方。”

“那如果我要坐不同的马他图，要去哪个车站上车？我怎么能知道车会在哪些地方停？是不是像出租车那样，当你要下车时，直接跟司机说？”

“不是，马他图有固定的路线。”

“哦……那马他图有没有公交线路图？”

“什么？”

“公交线路图，就是写着马他图公交车的路线、车站和时间点的指示图。”

帕特里克困惑地看着我，像是在想象我说的这东西是什么。

“没有这样的东西。”他边说边不屑地摆摆手。

“那你怎么知道该去哪儿坐车，又该在哪儿下车？”

“慢慢就知道了。”

有趣的是，欧多也给我们讲过类似的事情——肯尼亚人如何指路：“他们会说，一直走，一直走，再往前走，最后就到了。”

肯尼亚人的行事方式让我意识到，我们美国人太执着于了解细节了。含混不清的指路、没有路线图的公交车，这些都让我感到不安。我鼓励自己不要害怕，把这些看作一种自由的生活方式就好。因为没有详细的公交车信息供我参考，我只得埋首于地图里，仔仔细细地研究。

我决定，不去坐中规中矩的公交车，而是坐马他图，享受冒险带来的刺激。乘坐马他图像是一个叛逆的选择：嘈杂的音乐、本该报废却飞驰在路上的破车、挤成一团的乘客，这一切都提醒着我，我身处在另一个世界，这让我莫名地兴奋。

终于，这辆去基贝拉的车开始继续行驶了——多亏我们的司机决定放下自尊，想办法把车靠边，让对面的车先过。一面墙上画着可口可乐广告，看起来有点眼熟，不过我犹豫了一下，因为肯尼亚好像到处都画着可口可乐。车到了下一站，售票员准备关门时，我心血来潮地跳下了车。一群男人正站在街角看报纸，他们看了我一眼，又接着去讨论政治新闻了。我双手抓着背包的背带，尽力表现得镇定自若，就像是我每天都来这里一样。

我沿着大路走着，边走边找通向铁轨的那条路。上次我和肯尼迪就是沿着那条路，穿过低级中产住宅区和商店，走到了贫民窟的起点。眼前的店铺生意繁忙，我驻足于一家肉店前，看着一个屠夫从一头挂在空中的剥好皮的牛身上切肉，从他那临时糊上的窗户里看去，那头牛非常显眼。我从没见过有人从一整头牛上切肉，不过店里并没有烂肉的臭味，而是混合着皮革味的腥甜味。我在那里站了一会儿，想闻一闻这种味道。

我接着走在破败的奥林匹克区里，尽管相对来说，这里还算是一个比较富裕的街区。不一会儿，我走出了奥林匹克区，街上的景象看起来与上次见到的基贝拉贫民窟一样，既拥挤又混乱。阴风阵阵的小道、看似随时要坍塌的屋子、路边星星点点的小摊，看起来都是那么陌生。作为一个异乡人，眼前的一切还是带给我强烈的冲击力，我不由想到，对于生活于此的庞大人群来说，这就是生活真正的面貌，没有什么值得惊讶和感叹的。如果不是亲眼所见，我的确无法想象世界上有不计其数的人过着如此卑微的生活。尽管我现在身处其中，看着鸡群在堆满垃圾的路上啄食，幼儿在肮脏的路上蹒跚学步，我还是无法彻底理解眼前的景象。我想要认识和了解基贝拉的角角落落，想要知道这里的规则和秘密。

我越往前走，就越弄不清楚方向。主路上连着无数条小路，却没有任何标志和指示牌，我甚至都不确定自己走的这条是不是主路。对我来说，基贝拉就像是一个迷宫。我本身就是一个方向感极差的人。在我十六岁时，爸爸送给我的生日礼物是一个 GPS 定位器。这时候我开始自责：我为什么这么自信，觉得直觉会引导我，帮我判断出大致方向？

我看看手机，已经五点了。不一会儿，太阳就要落山，到那时我可就彻底没办法了。我不能给肯尼迪打电话告诉他我迷路了，那样我就输给他了。我不想让他总是赢我，所以我尽量装出一副本地人的神气，却弄巧成拙。我走到一个菜摊前，捏了捏西红柿看看熟了没有，然后向卖菜女人询问价格，就像我来这里真的是为了买西红柿一样。她抬起眉毛看了看我，没有回答，嘴角却浮起了会意的微笑。

在那么一瞬间，我在想自己是不是应该感到害怕。我一直天真地告诉自己：直到现在一切都很顺利，所以不可能发生坏事。虽然我从没有在非洲的贫民窟里迷路的经历，不过环顾四周，我并没有发现任何危险或者恶意。不管是卖菜的老女人，还是那群玩跳棋的年轻人，他们看我的眼神里只有好奇：这个白人姑娘在这里干吗呢？

如果我妈妈看到我现在在干什么，她可能会杀了我。想象着她震怒的脸，我忍不住笑出了声。一群年轻人走过，我听到他们说

“Mzungu amepotea”，我暗自笑起来，“那个白人女孩迷路了”，他们说得确实没错。

肯尼迪突然出现了。

他难为情地说：“有人到我家来告诉我：‘市长，有一个白人姑娘在转来转去，看样子迷路了，她肯定是来找你的。’”

“市长？”我睁大眼睛，随后想起来上次在基贝拉，大家确实都这样称呼他。

他大笑起来，我们向他家走去：“我是假市长！如果有白人来这里，通常是来SHOFCO，所以他们猜测你也是这样。幸亏他们告诉了我，不然在你找到我家之前，可能都游荡回美国了。”他微笑着开我的玩笑。

“美国人啊……你们都是这么顽固吗？硬是觉得自己可以在陌生的贫民窟里找到路，硬是要搬进一个陌生男人家里住，不管人家同不同意。美国这地方，一定很难搞。”他摇摇头。

现在轮到我微笑了：“我觉得我可能比大多数美国人都要固执。”

他又摇摇头：“我妈妈觉得你疯了。如果你现在想改变主意还不晚。谁也没见过白人住在贫民窟里面啊。”说着，我们走到了他家门口。

“你这是表示你同意了？”

他用眼神扫了扫我背上巨大的背包：“我有别的选择吗？”

“不过有一点。大家都说，如果你出了什么事，美国大使馆和美国军队会来找我麻烦的。我只是一个无权无势的穷人，我不想给自己和家人添麻烦。”

我咬住嘴唇，不让自己笑出声来。但是当我看着他时，惊讶地发现他的脸上写着恐惧。我看得出来，他不是一个经常表现出害怕的人，因此他看起来很不自然。对我来说，美国大使馆向肯尼迪追责是个荒谬的想法，然而肯尼迪并不怀疑有这种可能。我有点担心，也许我真的给他带来了风险，也许我住在这里是有些不安全。

不过，我一直把自己保护得很好，从来没有经历过任何可怕的事情，因此我想象不出我会出什么事。

“我保证我会在美国大使馆面前替你说话的，我会告诉他们，你一直在拒绝我，你是被迫接受我住在你家的！”我难掩笑意地说着。

我想让肯尼迪知道，我走进他的生活不会给他带来问题和麻烦，他大可以安心。

“我的东西放哪儿？”我取下背包，把它放在房间一角，那里放着几个帆布包，像是肯尼迪的“衣橱”。背包很重，我举起胳膊，左右伸展了一下。房间太小了，我的手几乎能碰到墙。

我们坐下来，不知为何，我突然给肯尼迪讲起，我的好几个朋友都觉得，我想住在基贝拉是因为想做一场“文化苦旅”，这种截然相反的生活强烈地吸引着我。他抬起头侧向一边看着我，镇定地问：“是吗？”看起来我的话并没打动他。

“我觉得不是这样。”我告诉他，“那些可能算是一些因素，但不是主要原因。只有住在基贝拉，我才能真正了解这里，我可以看到它的日日夜夜，看到人们生活的细节。我想和 SHOFCO 合作戏剧项目，给基贝拉的社会带来一些变化。如果我只是作为一个局外人来观察这里，效果肯定不够好。”

我接着说下去：“说实话，我从没见过这样的地方，我以前甚至天真地以为，这里会跟我的生活有些许相似之处。我是看过一些贫民窟的照片，但是因为它们离我的世界实在太遥远了。因此在我的潜意识里，它们跟我的世界毫无关联，我甚至会忘记它们的存在。我可以每天早上来基贝拉工作，下班后回到舒适的寄宿家庭或者旅馆，住在和基贝拉完全不同的世界里，这其实很容易。”

他点点头，我知道他明白了我的意思。但就算我住进了基贝拉里面，跟这里的人们相比我还是有一个特权：可以随时离开。

我真诚地说：“当白人来到贫民窟时，人们总觉得他们是来提供帮助或者支教的，我没有东西要教，相反，我觉得我有很多东西要学。也许我可以做出一些改变，那就是住在这里。这样，一段时间以后，大家就会发现，我是真的想打破我们之间难以逾越的隔阂，去了解他们，我是真的想看看在另一个世界里的人们是如何生活的。但是，如果我只是来教戏剧课，大家只会对我讲他们认为我想知道的事情，我们的相互了解只能仅限于此……”

肯尼迪打断我：“你总是这么健谈吗？你们美国人把所有事情都搞得这么复杂。”他摇摇头，接着说，“作为我的朋友，你可以住在我家，这很简单。我们之间肯定会有隔阂，哪怕你住在这里，隔阂也不会消失。不过你不用代表所有的白人和那些为了感受不同文化而来的游客，你什么都不用代表。”他脸上的笑容充满理解，却又有些嘲弄。

“我只有一个问题，”他严肃地说，“你的父母知道你给住在非洲贫民窟的男人发邮件，连一面都没见过，然后就要求和他住在一起吗？”

听到他这么问，我捧腹大笑，他也笑了。我们坐在那儿一直笑了几分钟，我才能平静下来接着说话。

“没有！回家之后我都不一定会告诉他们！得到他们的原谅比得到他们的允许容易多啦！”

他笑着说：“来吧，我带你到处转转，上次来你只看到这里的一部分。”

肯尼迪家附近，有一条小小的水泥地巷子，久经风霜的路面上布满了小坑。路两旁有好几排棚屋，看起来有一百多个，歪歪扭扭地挤在一起。孩子们吵吵闹闹地玩耍着，女人们在棚屋之间的缝隙里洗着衣服。

肯尼迪带我去看公共厕所。厕所用铁皮和旧木板搭建而成，有两个狭窄而简陋的便坑，其中有一个是公用的，一百多户人家共用这个小小的茅坑。肯尼迪打开门时，里面窜出几只老鼠，扑面而来的恶臭几乎将我熏倒。旁边的便坑门上上了锁，但是门还是关不严，拼凑而成的墙上布满缝隙。在这里上厕所，毫无隐私可言。

我问他为什么那个厕所是锁起来的，他看着我，犹豫着要不要告诉我。“只有房东和我有钥匙，这一片地包括厕所都是房东的。其实我本来没有这个钥匙，因为你要来住，我才去要了钥匙。”他干巴巴地提醒我，“小心老鼠。”

我看着他，显然他还是不相信我能在这里长住下去。我的心里第一次对自己的决定产生了怀疑。也许他是对的，是我想得太简单了。

看得出来，这一片地方经常有人打扫，还算干净，但是街角有一个垃圾堆，散发着恶臭，几只鸡在垃圾堆里啄食。垃圾堆附近，有一个巨大的钢制水缸，街角小商店的店主在这里卖水，人们拿着塑料罐子，在这里排起了长队。

我住在基贝拉的第一晚，肯尼迪做了美味的晚饭——辣味炖牛肉盖浇饭。几个月后我听说，为了在第一晚做顿好饭迎接我，肯尼迪用存了几星期的钱来买肉。肯尼迪的两个弟弟，五岁的沙得拉克和六岁的科林斯和我们一起吃了晚饭。他家里一共有八个孩子，肯尼迪是老大，晚上他的弟弟妹妹经常来他这里睡觉。这两个小男孩狼吞虎咽地吃着，我发现肯尼迪几乎没吃肉，他把自己的那份都分给了弟弟们。

吃饭时，肯尼迪坚决地对我说：“还有一件事，你不能给我钱。”

我的交换项目会向寄宿家庭支付吃住的花费，这个规定我已经给肯尼迪讲过了。我张开嘴，准备反对。

在我出声前，他就把我的话顶了回来：“拜托了，我们是朋友。如果你只是在SHOFCO工作，我可以收你的钱，但我绝不收朋友的钱。在非洲，都是男人付钱。”他开玩笑道。

我坚持要求，如果他不让我直接付钱给他，那我就负责买吃的和生活用品。他说以后再说吧，便不再和我讨论这个问题。

肯尼迪的小弟弟们一开始有些害羞，晚饭后他们渐渐鼓起勇气，问了我一些关于美国的问题。他们问："美国有猫和狗吗？美国的猫和狗是不是每天都有人喂，生病了还能去看医生？"我回答说："是的。"

他们想了一会儿，沙得拉克说："我希望我是一只美国的猫。"

这孩子的话出乎我的意料，而肯尼迪则躲闪着我的目光。我开始局促不安起来，因为我意识到，他不愿让我看到他和家人困苦生活的方方面面。他的自尊心很强，尽管他同意我住在他家，却仍然与我保持着一定的距离，保持着工作伙伴的关系。如果我走得太近，越过那条线，他会让我离开他家的。

这时，他打破了尴尬的沉默，对小孩子们说："该睡觉了。"

孩子们清理了自己的碗碟，然后跑了出去。平时他们都睡在肯尼迪这里，今晚他们去妈妈家睡觉，家里一共会有九个人。

"其实我住这里他们也不用走啊，他们睡在这里没事的。"

"他们动静太大，会影响你睡觉。"

"那他们住你这里的时候，他们睡在哪儿？"脱口而出后，我才意识到自己的问题听起来高高在上。肯尼迪不卑不亢地回答他们睡在地上的纸板上。我突然想到，我会睡在哪儿？我看着肯尼迪，他点点头，我轻手轻脚地掀开布帘子，看到后面有一张单人床。*我把自己置身怎样可怕的处境中了？*

* * * * * *

第二天清早，我很不习惯地被吵醒了——有人在外面使劲敲门。恍惚间，我不知自己身处何处，也不记得昨晚是怎么睡着的。我发现我还穿着昨天的衣服，躺在单人床上，身上盖着一张薄如纸片的床单。单人床很窄，我觉得我一翻身就会掉下去。肯尼迪睡在我旁边，离我只有一英寸，脸朝向另一边。我们一定是说着话就睡着了！我觉得自己像个“入侵者”。我一动不动地躺了一会儿，努力回忆着昨晚的事情，思考接下来该做什么。肯尼迪迷迷糊糊地爬起来去开门，与门外的人眉飞色舞地交谈了几句后，他哈哈大笑起来。

“怎么啦？”他关上门后，我问他。

“他们都来问你是不是还活着！他们觉得像你这样的白人住在这种地方，很快就会死的。”他摇摇头。

我打开门，向厕所走去。不出意料，厕所外面排着长队。我走过他们身边时，他们好奇地看着我，我尴尬地朝他们挥挥手，就像在告诉他们：*“别担心，我还活着！”*一个皮肤粗糙、牙齿缺落的老奶奶也朝我挥挥手，眼里充满了善意和疑惑。我戴着一条薄围巾，一进厕所，我立刻用围巾捂住鼻子，尽量屏住呼吸，避免闻到这恶臭。我蹲在里面时，看到铁皮墙上的洞，想到有人可能会从中偷窥，我就不寒而栗。

我用最快的速度离开厕所，想要找一个地方独处片刻，再回肯尼迪家。但是我发现找不到这样的地方——我太引人注目了。我正靠在一堵墙上想事情，突然发现面前站着好几个人盯着我看。他们盯着我，好像我是一个鬼似的。我想，我必须要习惯在一群女人和孩子的注视下想心事。嘈杂的收音机声从这堵墙里面传出来，是斯瓦希里语播报新闻的声音；隔壁的屋子里，有人在叮叮当当地做早饭；女人们在巷子里洗衣服，大声唤着孩子；远处的屋子里传来吵架的声音。在这里，每个人日常生活的细节都邻里皆知，无处可藏。

我在众人的目光审视下开始回想，*我们是怎么都在床上睡着的？*我记得我们为谁睡沙发争论了很久。我坚持要睡沙发，因为我一开始就用花言巧语保证过，我在他家里会像猫一样蜷成一团，让他几乎察觉不到我的存在。而肯尼迪是一位真正的绅士，他坚称这是我住在他家的第一晚，所以我得睡床，而且他睡沙发也没问题。“*沙发*”实在是个不准确的词。这只是一个沙发形状的金属线做的支架，有两个座位，粗糙的金属上面盖着薄薄一层布料。

肯尼迪拿着牙刷出来了，看到我靠着墙，面前站着一群观众，他忍俊不禁：“你给你的粉丝们打过招呼了吗？”

他对我很友好，就像什么都没发生过一样，开始忙他自己的事情。我叹了口气，如释重负。如果他不提昨晚睡觉的事，我也不会提。他穿着我带给他的礼物，一件印有“丹佛”的绿色 T 恤。他给我的耐洁（Nalgene）水杯里倒满水，我把紫外线消毒棒放进水里消毒。这是我和爸爸在 REI[①] 专卖店里买的，店员保证用过它之后，任何水都能变成可饮用水。看着杯子里略显棕色的水，我强烈地希

① 美国和全球最大的户外用品连锁零售组织。

望这个消毒棒能管用。我上下摇晃着杯子，消毒棒发出了亮光。周围所有的孩子都被这个东西迷住了，他们围着我，要求我再做一次。我必须承认，看起来如此简单的科技，竟然能把如此浑浊的水变成可饮用的水，这确实有点像魔法。

我学着肯尼迪刷牙的方法，把牙膏挤在牙刷上，含一口水漱漱口，再把水吐进篱笆下面的小洞里，水会流进另一边的污水沟里。

肯尼迪说："现在我教你怎么洗澡。"他把屋子中间的桌子拿开，放在床上，然后拿来两个塑料盆放在地上。他把塑料罐里的水倒进一个盆里。

"你先站在空盆里，"他边说边给我演示，"接着，你用手把水舀出来浇在身上。"盆不够大，用来洗澡的话不方便。

"你是怎么不让水流得到处都是的？"

"洗的时候对准盆，水就会流进你站的这个盆里。明白了吧？"他说得好轻松，好像这是全世界最简单的事情一样。

"我的手舀不住水，可能会把水洒得到处都是，到时候你就会后悔让我住进你家的。"我沮丧地说。

他递给我一个塑料杯子，是他厨房里仅有的三个杯子中的一个。他说："我没有。"

"没有什么？"

"没有后悔请你住在这里。别把这个洗澡用的杯子和其他两个杯子搞混了，我们只用手洗澡就是因为害怕弄脏杯子。"

他要去买些喝茶时用的牛奶，他对我说，洗澡时可以把门从里面锁上。他走之后，我锁上了门，摇了摇头。太好了，现在我不仅占用了一个他喝水用的杯子，还因为不会用手舀水洗澡而让他失望。我从背包里找出香皂、洗发水和护发素，迅速脱掉衣服。我不想花太长时间洗澡，因为我在家里洗澡，肯尼迪就得被关在家门外面。

我哆嗦着站在空盆里，拿杯子舀起水，从头上倒下来，尽量让水流进盆里。水是凉的！我毫无心理准备，全身猛地一抖，只有三分之一的水流进了盆里。我在心里嘲笑自己，竟然会以为洗澡水是热的。这次，我做好准备，又把一杯水浇在自己头上，我得把头发打湿，洗发水才能起泡沫。然而，效果并不好，我用洗发水揉搓着头发，发现头发还是又干又硬，我还得把洗发水冲洗干净。我还是笨手笨脚地对不准盆，大部分的水都没有流进盆里，不一会儿满地都是水。盆里剩下的水不够我再用护发素了，我只好顶着一头乱蓬蓬硬邦邦的头发，洗完了澡。我用我的速干毛巾擦了擦头发，接着拿起梳子，想把打结的头发梳顺。梳了两下我就放弃了，把梳子扔回包里。肯尼迪家里没有镜子，我在心里说了声“真是谢谢了”，又抱歉地看了看我弄在地上的一大摊水。我拖了一下地，但还是没能把水拖干净。

我在大背包里翻来翻去地找衣服，心里迫切地希望现在能有一个衣柜。我无法想象，如此落魄的生活该怎么过下去。我所有的衣服都满满当当地塞在背包里，因此我很难选择出搭配的衣服。我知道，在如此艰苦的环境里，这种小事不值得抱怨，但是现在我满脑子想的都是一件事：我要是把那条裙子带来就好了。

来肯尼亚之前，妈妈帮我一起打包行李。我们把所有的衣物都摊在卧室的地板上，为我该带什么不该带什么发生了激烈的争吵。交换项目的老师反复强调，所带行李必须要自己拿得动，切勿带太多东西，因此我必须精挑细选。我挑中的衣物妈妈都觉得不实用，而她挑出的衣服虽然实用，我却毫无兴趣。我们在卧室里争论不休。我妈妈试图让我带上一顶围着防蚊纱的帽子。

“你想把我弄成养蜂人吗？”我怒气冲冲地说。

对我来说，穿衣的美观比方便和舒适更重要。我妈妈无法理解我为何一定要带上那条新的背心裙。她怎么会这么迟钝？我就是需要它！穿着这条裙子，我就自信满满，身心愉悦。可最终我还是被她说服了。

此刻，我无比怀念自己在丹佛的家，卧室地上铺着干净的米黄色地毯，整个房间布局精巧有序。肯尼迪的家太小了，而且墙上还附着做饭时烧煤油的呛鼻味道。现在我独自在他家，闻着这个味道，我不适地皱了皱鼻子，打了个哆嗦。

我套上一件衬衫，穿上裤子，又拿起梳子开始梳头。没有镜子，我实在判断不出头发是否梳整齐了。收拾好之后我把门上的锁打开了。

肯尼迪在外面敲敲门，推开门向屋里张望着，他的手里拿着一个塑料盒，里面装着牛奶。我从没见过这种包装的牛奶。他用牙齿把盒子咬开一个口子，把牛奶倒进一个小锅里。他用火柴点着野营炉子，火燃起的一瞬间，他的手指灵活地躲开了。煤油燃烧的味道闻起来像泥巴和橡胶的混合物，我尽量屏住呼吸，不让自己被熏得龇牙咧嘴。肯尼迪小心翼翼地捏起一撮茶叶，放进快烧开的牛奶中。

第二天，肯尼迪邀请了他最好的朋友安东尼来和我们玩。我第一次去 SHOFCO 时，就见过安东尼。我也叫上了我的新朋友凯拉，她是美国人，与我在同一个交换生项目里。凯拉谈吐幽默，富有冒险精神，遇事常常给出一句机敏而嘲讽的评论。她在乔治·华盛顿大学学习非洲卫生与政策专业，她的专业知识愈发显得我对这方面一无所知。凯拉第一次来基贝拉，想到我要向肯尼迪和安东尼介绍她，我有些兴奋，虽然我心里清楚，她很可能不需要我替她介绍。

“咱们去买些汽水，然后到我家玩儿吧。”肯尼迪说着，拉起我的手。

我们沿着弯弯曲曲的小路向前走，凯拉把我拉到一旁，悄声问：“你们俩怎么拉着手啊？是不是有情况？”

我回答道：“这是肯尼亚的风俗，拉手代表你们是朋友。”这是我第一次见肯尼迪时他告诉我的，凯拉并不知道这个当地风俗，这让我很得意。

我们在肯尼迪家待了整整一个下午。肯尼迪有一个小小的装电池的收音机，他打开收音机放着音乐，我们轮流展示自己国家的舞蹈动作。我和凯拉跳了几种动作，有“喷洒器”、“割草机”，还有“游泳”，我们跳得太糟糕了，逗得大家放声大笑。接着是安东尼出场，大家更是笑得快要流眼泪了——他跳得和我们一样难看，甚至更糟。附近的孩子们都挤在肯尼迪家门口观看我们的表演，我们成了那天下午的娱乐节目。肯尼迪知道自己跳舞跳得很好，他把桌子推到一边，舞动起来。他的屁股、膝盖和肩膀同时自如地扭动着，舞姿令人眼花缭乱。围观的孩子们像获胜的战士们一样，高兴地大喊起来。他们学着肯尼迪的动作，在门外的小巷里跳起了舞，嘴里齐声喊着："肯，肯，肯！"

一群傻里傻气的年轻人开开心心地闹腾，这是世界上的任何一个地方都有的事情，就算在贫民窟里也可以。

那天晚上，所有人都走了之后，我和肯尼迪躺在他的单人床上，如同往常一样，我们中间隔着一点点的距离。这时我的手机响了一下，是凯拉发来的短信："我寄宿家庭的姐姐跟我说，朋友手拉着手不是肯尼亚的习俗！"看完短信，我的脸唰地红了。

* * * * * *

在肯尼迪家门口，我看到一个步履维艰的女人：她的背上绑着一个婴儿，头上顶着一大桶水，胳膊和胯部之间还夹着满满一壶水。我摇摇头，想起了这周在学校里，老师讲过肯尼亚女性在社会和家庭中低下的地位。

"这里的女人们太可怜了。"

肯尼迪毫不犹豫地点点头。

"确实是这样，女人们都得拼命干活。我小时候，就是我妈妈想尽一切办法让我们能吃上饭。”

“我们上课时学过，结婚前，肯尼亚女人的一切都属于父亲。这里的文化不接受女性能够单独生活，因此女人们必须在结婚后从父亲家直接搬进丈夫家，而且还要把自己的财物都交给丈夫！”我愤愤不平地说。

肯尼迪叹了口气：“是啊，尤其是穷人的女儿。上层社会的女人就好过得多，这太不公平了。这就是为什么我想在SHOFCO创立帮助女性改变命运的项目SWEP。在这方面我们还有很多工作要做。”他停顿了一下继续说，“不过我们对女性有一种特别的崇敬，是你们的文化里没有的。在非洲文化里，女性是神圣的，她们是生命的创造者。”

“可我觉得把生孩子看作女人的全部价值是很狭隘的想法。而且我还在广播里听到过，人们不相信在婚后还会发生强奸。”

他点点头，说：“有不少人现在还是这么觉得，不过在以前，这个问题压根儿不会有人在意。现在你能在广播里听到人们讨论这个，这已经是肯尼亚进步的表现了。”

“上课时我还学过，在你们的文化里，如果一个男人想娶一个女孩，他会对女孩的父亲说，他想要一个厨房。如果这个父亲有两个女儿，他就会问对方想要哪个厨房。这样的比喻真是太恶劣了。”

肯尼迪双眉紧锁，陷入了沉思：“我明白你的意思，不过我也在想，在美国，女人也得承受不同的压力。她们都想让自己瘦得像牙签一样。”

我大笑起来。

“没错，这的确是美国社会对女性的要求，这对我们来说很不公平。”

我开始思考，也许这个问题比我想的还要复杂。我在肯尼亚见到的女性都坚韧不拔，她们身上那令人震撼的强大力量，是我希望自己能够拥有的。

我们沿着狭窄的小路走下去，尽量避免被屋角翘起的铁皮挂到。

“回去我得洗衣服了。”我说。

“我也是，到时候给你看看我们是怎么洗衣服的。”他微笑着说。

“你自己洗衣服？”我惊讶地问。我知道，这是很罕见的，因为这里的男人在结婚前，衣服都是由姐妹来洗。这里没有洗衣机，因此洗衣服是一项很繁重的活儿。

“我不仅自己洗衣服，而且我还要帮你洗衣服。手洗衣服得用力搓才行。”看到我吃惊的表情，他加了一句，“我是个不一样的基贝拉男人。”

Chapter 04

肯尼迪

巴毕出狱回家了。未见其人，先闻其声，听到他的脚步声，我立即紧张得开始胃痛。他一回家，就发现了妈妈藏在玉米面粉里面的钱，那可是女性互助小组凑出来的珍贵资金！他拿着这钱，出去喝了个酩酊大醉。

“今天，我要好好把我这个不会照顾男人的老婆打一顿！”他从酗酒窝点“馋哥”回来了，在门外大吼着，自顾自地欣赏着他咆哮声中的气势，丝毫不在意被别人听到。

我们家的门是用薄薄的木板片拼凑出来的，厚度跟纸板差不多。妈妈用力抵着门，尽量把门关紧，阻止这个可怕的暴徒进来。我迅速把水浇在炭炉上，浇灭了炭火。本来妈妈点着了炉子想要烧水，可我怕他会用热炭作为虐待妈妈的武器。我抱起小利兹，拉着杰姬躲进了角落。巴毕朝门猛地一撞，门和妈妈一起倒在了地上。夜晚的凉爽空气裹挟着蚊子一起涌了进来。

“你这蠢女人，吃的在哪儿？”他冷笑着说。

妈妈不理他。他拿走了家里的钱，我们当然都没饭可吃！他身上酒气熏天，刚进家就吐了一地，家里弥漫着一股下水道混合着劣质酒的恶臭味道。他摇摇晃晃地走在黏滑的地上，尽力保持平衡。他用两只手紧紧抓住妈妈的脖子，想掐死她。

“臭婆娘，今天我要掐死你！”

妈妈拼命挣扎着，嘴里发出啊啊呜呜的声音。我看了一眼杰姬，我的眼里一定满是恐惧。

“肯，别过去，你这么小，他会杀了你的。”杰姬猜到了我的想法，抓着我的胳膊低声哀求着。

巴毕和妈妈还在扭打着。我抱着利兹，悄悄朝门口溜去。我知道家里没人能阻止巴毕的暴行，我们需要帮助。巴毕一把从背后抓住了我的上衣，把我破旧的衬衫撕开了个大口子。我的身体因为恐惧而变得僵硬——他对我的妹妹能有多么凶残，他对我的凶残就会十倍于此，没人能从他手里逃得掉。他把我拎起来时，利兹从我怀里掉了下去。他抓着我的衬衫，把我甩起来，我的头重重地撞在铁皮墙上，接着，他狠狠地把我扔在地上，好像我不是一个活人，而是一个布娃娃。我惊魂未定地躺在他的呕吐物上面。平时，我妈妈都不敢在巴毕面前替我出头，这次，她忍无可忍了。

“你可以打我，但是别用你的脏手去碰孩子们！因为你，他们得一直饿肚子！”妈妈愤怒地朝他吼道。

我妈妈是个强壮的女人，和巴毕差不多高，但是论力气，她不是巴毕的对手。巴毕想打我，但是妈妈护着我，替我挡住了他的拳打脚踢。我躲回角落里，和杰姬一起惊恐地看着巴毕殴打妈妈，心里无比自责。

接下来的一个月里，妈妈从无片刻宁静。巴毕对她越来越坏，日日恶语相向，拳脚相加。有时候，妈妈为了躲开他，晚上也不回家。奥提诺妈妈是女性互助小组的成员，她愿意帮助妈妈，让妈妈住在她家。虽然我们的钱被巴毕偷走了，但是女性互助小组还是蓬勃发展着，成员们都做起了小生意，开始存钱，在家里也渐渐有了地位。男人们不喜欢这个小组，他们说这个组织给了他们的老婆反抗的“号角”，因此他们声称，小组必须解散。小组成员们只得秘密会面，我还是担任秘书一职，虽然我知道，帮助这个地下女性组织会给我带来很大的风险。当我想到如果巴毕发现了我在偷偷做这个会如何处置我，我就不寒而栗。尽管冒着风险，我还是想参与其中，还是想看妈妈主持每一次小组会面。

妈妈还想出了另一个主意。她和成员们商量好，如果晚上在家里被丈夫打，就用尽全力尖叫，其他听到尖叫的人，也要开始一起尖叫。叫声一家家地响起，传遍整个街区，这样的话，所有人都会被吵得无法入睡。最终，男人们会去找这个打妻子的丈夫，让他住手。他们会这么做，不是想阻止暴力发生，只是因为他们想睡觉。

一天，妈妈回家时，巴毕拿着一把大刀在家等她。妈妈见状，转身就跑。巴毕追出去，边追边喊，他一定会杀了她。听到他这么喊，我感到了刺骨的寒意，生怕有一天他会把恐吓变成事实。

两天后，我早早地去叫醒了波尼费斯。这几天家里一直不太平，我压根儿没吃东西，所以我想叫他一起去河对面的富人区垃圾桶里找找，看有没有东西吃。那个富人区叫朗达·奥提安德，是一个中产阶级住宅区。我们必须得早早出发，赶在小混混们之前到达那里。结果我们一无所获，饱受折磨的我们已经绝望了。我们决定，穿过泰市场走回基贝拉，在市场里碰碰运气。这个摊位杂乱无章的市场像往常一样拥挤，我们看到远处有一个女人在木板搭成的临时摊位上卖杧果。我们两个小男孩很容易混进熙熙攘攘的市场里，我们手拉着手，紧紧盯着那些杧果，好多杧果看起来已经熟透了。我们小声商量好了分工，波尼费斯先过去跟她说话，分散她的注意力，因为我更矮小，我负责趁他俩说话时去偷两个杧果。

他漫不经心地走过去。

“一个杧果多少钱？一先令吗？”波尼费斯问，“这些杧果都不太好，有的熟过了，有的还没熟。”

“有刚刚好的，你看看。”她弯下身，去找熟得刚好的杧果，“小朋友，这个就很好。你要几个？”

“我要十个，但你得便宜些。”波尼费斯虚张声势地说。

“不行不行，一个杧果最少要十先令。十个一共一百先令，我可以再送你一个。”

我溜到摊子的另一边，悄悄爬到她的后面。听到她在跟波尼费斯讨价还价，我把手伸向货摊，抓到了一个珍贵的杧果。就在这时，她转过身看到杧果上有一只小手。她喊出了那个致命的词：**“小偷！”**

我吓呆了！我立刻松开手，心狂跳起来。我见过有人因为偷了像杧果一样的小东西就被暴民活活烧死。在这个国家里，政府官员偷了巨额资金并不会受到惩罚，但是如果你在一个拥挤的市场里从一个穷女人那里偷了一个杧果，你就完了。

人们围过来，开始打我、踢我，我感到有无数只手落在我身上。波尼费斯逃跑了，他为了活命，必须得跑。我小小的身体经受着暴风雨般的拳打脚踢，眼前逐渐模糊了。我希望波尼费斯是安全的。

殴打我的人越聚越多。他们不管我只是一个不到十岁的孩子，他们甚至不知道我偷了什么。我听到有人问："他偷了什么？"其他人回答："他就是小偷！"我感觉我的肋骨被打断了，剧痛传遍全身。我试着咬紧牙关，像每次巴毕打我时那样，然而无济于事。被一大群人同时殴打，小小的我实在承受不住这种痛苦。

突然，有人分开人群挤了进来。我觉得天旋地转，鼻子也在喷着血，我看不清楚他是谁，隐约觉得他穿得很体面。

他大喊："发生什么事了！"然后他看到了我，一个蜷成一团、全身糊满血迹和脏东西的小家伙。"他只是个小孩，你们为什么要这么打他？"他站在我前面，把激动的人群和我隔开来。

人们甚至想打他："你竟然帮一个小偷！"

他说："等一下！我来替这孩子付钱！他偷了什么？"

没人回答。站在我身后的一个年轻人突然恶狠狠地说："杧果！"那个男人又问："他偷了几个杧果？"还是没人回答。

他接着问："他偷了谁的杧果？"人们都指着卖杧果的女人。她慢慢地从她的杧果摊前面走过来，他问她，这个孩子偷了几个杧果。

“一个。”她回答。

“我来付钱。如果我付了钱，你们能放了他吗？”他请求围观的人群。

“不行不行，我们必须得教训他，他得懂规矩。要不他还会再偷东西，长大变成一个惯偷！”他们群情激奋地说着。

我颤抖着，但是说不出话。我看着他的眼睛，用眼神对他说：*别走，别离开我。如果你走了，我就死定了。*

“我会付给老板比一个杧果更多的钱。这个孩子在流血，他已经得到了教训。我们不能再打他了，他还是个孩子，你们看看，他还小着呢，你们不能这么对待小孩。”

卖杧果的女人伸出手，他把钱握在手里，放在她手上，所以我没看到他付了多少钱。接着，他看着我，把手递给我，帮我站起来。激动的人群渐渐散开，他们都回去做自己的事情了，而我重获了自由。

最后，我终于能说出话了。我对他说：“太感谢您了，太谢谢您了。愿上帝保佑您。”

他用胳膊环着我的肩膀，搀扶着我一起走出了市场。我一瘸一拐地走着，浑身剧痛。我确定我的鼻子和几根肋骨都断了。他问我，为什么要偷东西，还说偷东西是不对的。我告诉他，我已经两天没吃过东西了，我饿极了。他带我去了一家商店，给我买了三包玉米粉，还给了我一百先令。

“您是谁啊？”我拿着这些东西，难以置信地问他。

“我是上帝的子民。”他说完，就让我回家了。

我想起了妈妈和她做的祷告。我读过《圣经》，也在教堂里听过布道，因此我听说过天使。现在，我对天使的存在深信不疑。

天使送来的食物并没有维持多久，我们又没饭吃了。杰姬和利兹每天都会饿哭，终于在一天早上，我实在无法忍受饥饿的折磨了，决定去河对面的富人区朗达，那里的小山上有一个教会的慈善之家。让家人吃上饭是我的责任，尽管连我带回家的食物巴毕都经常不许我吃。贫民窟饥饿的女人们在慈善之家门口排起了长长的队，她们等着向修女们讨食物。修女们都很善良，但是排队的人太多，她们应接不暇。女人们又饿又急，吵吵嚷嚷地在队伍里挤来挤去，那时我只是一个十岁的小男孩，我觉得自己快被挤扁了，连气都喘不上来。我是队伍里唯一一个帮助家里来找食物的孩子，其他人都是当了妈妈的女人。

排队的女人们互不相让，但是她们都同情队伍里唯一的小孩。修女们问了我家里的情况，然后给了我食物——我们是多么需要这些食物啊！邻居中的有些女人什么都没拿到，空着手回家了，而我则抱着食物凯旋。妈妈和妹妹们都为我感到骄傲。

从那以后，我每周都会去慈善之家，请求修女给我一些食物。但是，我并不是次次都能如愿。如果认识我的那个修女不在，我可能就会空着手回来。一天早上，我又去了慈善之家，正巧碰上我最喜欢的那位修女值班。只要是她值班，她就会给我不少食物。我们一天只吃一顿饭的话，这些食物就够我们全家至少吃三天。我们从不浪费食物，因为我们的食物总是太短缺。我几乎没有吃饱过，只有靠喝水把肚子灌饱。

一次，我带着食物走在回家的路上，被五个比我大好多的男孩袭击了。他们预先埋伏好，等我走近后一哄而上抢走了我求来的食物。我哭喊着，但是当时天刚刚擦黑，没人来帮助我。我永远都忘不了跟生命一样重要的东西被别人抢走是种什么样的滋味。我绝望地坐在地上，诅咒他们都得到报应。我一路哭着走回家，妈妈听我说了这件事后，快要气疯了，我的妹妹们也都哭了。妈妈实在无法接受这个事实，我们又走回去找那几个男孩，好像他们会在原地等我们一样。当然了，我们没有找到他们。那天晚上，我们只好空着肚子睡觉。

巴毕指责我弄丢了食物，他甚至说我肯定是把吃的卖了，然后再假装吃的被抢了。我以上帝之名发誓，食物是真的被抢了。在我们家，人人都知道如果你以上帝的名字起誓，你就绝对不会说谎。但是巴毕仍旧不依不饶，动手打我。妈妈冲过来护着我，帮我挡住他的拳打脚踢。这件事之后，我想到了耶稣诞生的故事。耶稣出生在畜棚的马槽里面，他也是个穷人家的孩子。圣经故事告诉我们，耶稣在艰难困苦中仍然坚持做一个正直、诚实的人，最终得到人们的敬仰。这个故事带给我很大的激励，我需要崇高的信仰来支撑着我去面对每个新的一天。如果耶稣能做到，那么我也可以。我以母亲和耶稣的名字起誓，永远不会再让别人从我这里抢走食物，我说：

“他们只能从我的尸体上夺走食物。”我还训练了一只流浪狗，陪我一起去慈善之家，每次拿到食物，我都会给它一小块。基贝拉的狗凶猛无比，人人都害怕它们。我的狗成了我的好伙伴，不论我去哪里，它都陪着我。一天，我去慈善之家要吃的，全家人都等着我像往常那样带回一塑料袋的食物。不幸的是，我喜欢的那个修女被调去了别的国家，我再也见不到她了。

这是我第二次空着手回家了。一进家门，我就发现自己有麻烦了。巴毕看起来疲惫不堪，像是全世界的重量都压在他身上一样。他坐在那里，喝着一杯没有加牛奶和糖的茶。我没有说话，因为我有经验教训，当他表现出这副模样时，最好别惹他。巴毕看着我的眼睛，我低下头。我们都知道，巴毕看着你的眼睛时，就是他身体里的炸弹要爆炸之时。

“肯尼迪，你哑巴了？为什么对我这么没礼貌？”

“我回来了，巴毕。”

“吃的呢？”

“认识我的那个修女去别的国家了。”

一只茶杯飞到墙上，摔成了碎片。如果我反应慢两秒钟，它就会砸到我的头上。终于，我对巴毕的暴虐忍无可忍，冲出了家门。我要永远离开这个家。这是为了保护我自己，也是为了保护妈妈。那时我只有十岁。

离家出走的第一夜，我找到了一个白天用来卖菜的小摊，我钻到摊子下面，作为藏身之处。我躺在地上，哭泣着祈祷自己不要受到伤害。我害怕被流浪狗咬，也怕被小偷攻击。黑漆漆的夜晚掩盖着许多可怕的东西。那个漫漫长夜似乎没有尽头，是我这辈子感受过的最长的一夜。睡在露天的街头，我感到无比孤单。我默默地问上帝：*为什么我这么惨？我做错了什么？为什么我永远都活在痛苦之中？*

这时，我想到了一个活下去的方法。我认识一个比我大几岁的男孩，他叫卡玛奥。他以前也住在我们那一片，后来，他父母都死了，他成了无家可归的孤儿。家长们都警告孩子，离卡玛奥远点。如果你是一个街头小混混（chokora），人们不光鄙视你，而且对你唯恐避之不及。卡玛奥根本不在乎这些，他从小就特立独行，从不跟任何人打招呼。尽管我们一起长大，他从来都没跟我主动说过话。自从他流落街头后，他就彻底离开了我们的世界，成了完全不一样的人。独自睡在寒冷的街头，我又冷又怕，最终我决定，我要去找卡玛奥，我得加入他们。

混混聚集的街角叫古莫，那是一个臭名昭著的地方。我来到了古莫。

“你来干什么？你是个间谍吗？”一个孩子冲我吼道。

他的话引起了所有孩子的注意。他们气势汹汹地围过来，像一群好几天未开过杀戒的野兽。我还没张口，脸上就挨了重重的一巴掌。我被打得眼冒金星，晃了两下之后倒在了地上。他们围得更紧了。

“你想干什么？你跑来盯着我们干吗？”他们都恶狠狠地冲我喊着。

我不知该如何回答。我为了躲避家里的暴力而逃跑，却又在这里遭受了暴力。小时候，我和卡玛奥是朋友，在他成为流浪儿童之后，我从未像其他孩子那样嘲笑过他。他一定会帮我的。我躺在地上时，他们把我用绳子捆了起来。

“如果你不会说话，我们来教你！”另一个人吼道。

“我们来教训教训他。”

他们抬着我的胳膊和腿，把我放到了“惩戒”中心。每个人都拿起了一根棍子。我闭上眼睛，听到他们说要把实话从我嘴里打出来，直到我说出是谁指使我来监视他们才会停下。我不知道该怎么告诉他们，其实我是想加入他们，找到一个新家。我以为他们会痛快地接受我，没想到自己却落入了另一个人间地狱。他们开始残忍地打我，我痛得直打滚，紧咬住嘴唇，让自己不要大喊出来。巴毕打我时，我就学会了咬紧牙关忍受这种皮肉之苦。我被棍棒不停地抽打，浑身火辣辣地痛。我结结巴巴地说：“求你了……我是卡玛奥的朋友……卡玛奥……”

“你说什么？”领头的人说。他叫康曼德，年龄差不多二十出头，比这里的所有人都大得多。大家都有些怕他，听到他说话，他们停下了。

“你怎么认识卡玛奥的？”他轻声问，看起来想跟我谈谈，“你怎么认识卡玛奥的？”他又问了一遍。我尽量让自己发出声音来。

“卡玛奥和我是发小。”我说。

“你叫什么？”他问。

“我叫肯尼迪。”我战战兢兢地回答。

“卡玛奥去打水了，我们在这儿等他回来。如果你骗我们，我们会让你生不如死。”他警告我。

我坐起来，手脚都被绑着，急切地等着卡玛奥回来，紧张得喘不上气。万一他不管我怎么办？如果他假装不认识我，我今晚就得死在这里了。

等待卡玛奥时，我偷偷地观察着这些人。他们都脏兮兮的，不过我看到有些人在角落里凑合着洗了洗身子，再穿上自己那身脏衣服。他们围着火一起做饭，有的人切卷心菜，有的人做乌加里[①]。这是一种不同寻常的大家庭，他们说说笑笑地讲着当天的经历，都想让自己的故事胜过其他人，显得最厉害。此时此刻，我别无所求，只想成为他们的一分子。

康曼德比其他人看起来干净很多。他双眼通红，慢悠悠地从一个旧威士忌酒瓶里喝着什么。他坐在一块大石头上，在一片喧闹中指挥着一切。他不常说话，但是只要他一开口，大家都会听从。火越着越大，透过火焰，我看到康曼德也正在看着我。

这时，卡玛奥提着水跌跌撞撞地走过来。对于一个小孩来说，这些水太沉了。大家都围过去，预备看一场好戏。

---

① 乌加里（ugali）：一种用玉米粉做成的糊状主食，在肯尼亚很常见。

“卡玛奥，你认识一个叫肯尼迪的吗？”

“不认识。”他回答。

“他说他认识你？”康曼德问。

“我看不清他的脸。”卡玛奥说。康曼德拿起一个手电筒照向我的脸。我眯起眼，在心里祈祷着。卡玛奥慢慢地朝我走过来，他的身上闻起来一股酒气。

“肯！”他惊讶地叫着，“你来这儿干吗？”

这一刻，解脱感流遍了我的全身，精神上的极度紧张与瞬间释放让我差点就尿了裤子。

“他是我街坊里的朋友。”他对康曼德说。

“卡玛奥，对不住了，在他说他认识你之前，我们不得不给你的朋友一些教训。”康曼德给卡玛奥解释道。他叫另一个男孩来给我松了绑。我伸了伸胳膊，揉着手腕上被绳子勒出的印子。

我和卡玛奥一起坐在火堆旁，暖意从我的四肢直达心口。卡玛奥问我为什么来这里，我便向他诉说了巴毕对我的虐待。我在家里遭受的种种折磨在街坊四邻里尽人皆知，因此他并不惊讶。

食物的香味让我兴奋不已，我已经好久没闻到过饭香味了！饭做好了，他们邀请我同他们一起吃。虽然我已经饿疯了，但是我还是强迫自己不要狼吞虎咽，尽量慢点吃。他们竟然能搞到肉！炖肉的味道实在太香，几乎入口即化。我们用锡碗吃饭，五个人共用一个碗，只有康曼德有自己的碗。我从碗里拿食物时，尽量拿得少一些。

“肯，你得多吃点。在这儿可没人劝你吃饭，如果你不吃，最后就得饿着。”卡玛奥悄悄对我说。

吃完饭后，康曼德让我洗碗。我顺从地照做，十分钟后，所有的碗都洗干净了。

卡玛奥问我想不想加入他们。他说，加入帮派比自己一个人在街上流浪要好得多，因为大家会互相保护。万事开头难，我得先获得他们的信任和尊重，才能真正地融入他们。他还告诉我，绝对不能让外人知道街头生活的秘密。我不停地点头，把他说的话记在心里。我知道，想要活下去，就要学会这里的规则。

卡玛奥走到康曼德身边，跟他谈了几分钟，我知道他们在谈我的问题。我看到康曼德摇了摇头，有些担心。

康曼德朝我做了个手势，我向他跑去。

“肯，你得向我们证明你是一个男人。卡玛奥会告诉你怎么做。我们这里不要小孩，所以我希望你不是一个小孩。明天你最好能证明自己！”

我们一起睡在夜空下，没有毯子可盖。我看着卡玛奥对着瓶子闻汽油和胶毒，他把瓶子递给我，对我说，闻闻汽油就不冷了。我摇摇头。睡在外面是很冷，但是我却感到了一种前所未有的安全感。我思考着康曼德说的话，思考着我该怎么证明自己是个男人，迷迷糊糊地睡着了。

第二天，我起得很早，早上四点时，我便躲在了公交车站附近的一个小摊下面。昨晚我一直在想，到底该怎么证明自己很能干，最后，我想到了一个办法。离混混地盘不远处，有一个肯亚他市场，我妈妈常常一大早来这里买菜。来买菜的女人们都把钱包在传统花布里，再把布系在手腕上。我决定，第二天早早起床，去市场从一个女人的手腕上把布抢下来。

我听到人们走过来的声音，准备行动。突然，我脑海中出现的，是妈妈走向市场的景象。我突然对自己的行为感到悔恨，并且担心自己会不会遇到她。我摇摇头，把这些胡思乱想甩开。我偷偷向外张望，天还没亮，这群朝我走过来的女人看不到我，但是我能看到她们。她们越走越近，我紧张得快要僵住了——到底要不要干？我突然想到了还在睡觉的那些混混：如果我成功了，我就能赢得他们的尊重。我不会伤害任何人，只是抢走包钱的布，再像兔子一般溜走。

她们走到我身边时，我冲出去，把走在左边的女人手上的布一把扯下来，转身就跑。我听到身后有人在喊："抢劫了！抢劫了！"我低着头拼命狂奔，希望自己的腿能跑得再快些。我的心因为兴奋而怦怦直跳，同时，我也对这个可怜的女人感到满心愧疚。我气喘吁吁地跑回基地，打开布，发现里面有一百五十先令。我用指尖揉搓着纸币，确认了这是真钱。我实在等不及，把卡玛奥从睡梦中叫醒了。

我告诉卡玛奥，我要把钱都交给康曼德，他笑了。

"你傻啊！如果你搞到了钱，不用把所有钱都上交，你可以自己偷偷留一点。但是千万别让康曼德知道你私藏了。"卡玛奥说。

他让我给他五十先令，然后告诉康曼德我搞到了一百先令。他保证，他会用这五十先令给我们俩买一周的午饭。我把五十先令递给他，然后去找康曼德。

我骄傲地对他说：“你看，我是个男人！我在大家睡觉的时候干成了第一个任务！”

康曼德咧开嘴笑了，他迅速地把我拉到一旁，小声说：“别让他们听到你有多少钱。现在你是我的小弟了，我会保护你的。我想知道这次你是怎么干成的。还有，你告诉所有人你搞到了五十先令，行吗？如果有人问起，你就说你只弄到五十先令。”他重复道。

早饭后，我给大家描述了我完成任务的过程：“我藏在菜摊下面，看到两个男人和一个女人一起走过来。我以前在贫民窟里学过一些空手道和拳击，所以我知道怎么对付他们。我朝他们走过去，让他们站住，然后一个男人从他的裤子口袋里拿出了刀。我对着他的手踢过去，刀掉在了地上，然后我又对着另一个男人的脸上嘭的一拳，他被我打倒了。我让他们老实躺着，开始搜他们的口袋。一个男人突然站起来，把我打倒了。我爬起来，一拳打在他的鼻子上，血从鼻子喷了出来。他像个巨人一样高大，所以我把他打败以后，另一个男人和那个女人都被我吓跑了。”

大家听完，都用崇拜的眼神看着我，被我的武功所折服。康曼德把五十先令放入了食物基金，大家欢呼起来。我看到卡玛奥对着那五十先令摇摇头，看着我的眼神就好像在说“我跟你说过吧”。他确实教会了我街头生活的规则。

第二天，卡玛奥叫我和他一起去市中心，完成一个危险的任务。

“我们去偷高级车身上的部件，然后拿去卖掉。这些东西卖得特别好！”

听完了这次任务的细节，我害怕了。卡玛奥指望我能用空手道和拳击功夫来干好这一次，如果我告诉他实话，他就会知道我其实不是一个大男人，而是一个说了谎的害怕的小男孩。

“如果他们把我们抓住了，会怎么样？”我问。

“会死。”卡玛奥轻描淡写地说，“如果我们死了，就再也没有痛苦，没有折磨和压力了。死亡面前，人人平等。”他笑了。

“卡玛奥，**你想死吗**？”

“我不想死，但我也不怕死。肯，看看咱们的日子，看看人们是怎么对待咱们的！我们本来就是没人要的隐形人。隐形人消失了，谁会在乎？”卡玛奥的声音里满是愤怒。

“如果你出事了，我会在乎。”

我们朝肯亚他大道走去，高级车都停在那里。卡玛奥边走边教我该偷些什么。他告诉我，不要去拿“梅赛德斯－奔驰”上面的东西，因为这种车的部件没有市场。

“丰田是最好的，但是咱们也别放过奔驰，要么把它的车窗砸碎，要么把车胎扎烂。凭什么他们过着好日子，咱们却活不下去？我们得教训教训他们。每次我们问车里的有钱人要吃的或者要钱，他们就直接把车窗关上，不理我们。他们不愿意帮我们，那就让他们花钱去修车！”

我对卡玛奥说，因为他对这方面比较熟练，所以他应该负责偷东西，我负责搞破坏。他对这个想法不屑一顾。

卡玛奥真是个专家。不到两分钟，他就取下了三辆车上的倒车镜，而我只是手足无措地站着。我不知道该从哪里下手，也不知道第一步做什么，在我反应过来之前，卡玛奥就冲我嚷嚷着该走了。回去的路上，他得意扬扬，而我知道我没有出力。我想第二天再去试试，不过卡玛奥警告我，失窃后可能有人在那里看守着，至少得等一个月才能再去同一个地方。

我们来到镇子的另一头，走进一家卖汽车零部件的商店。卡玛奥小心翼翼地取出这些倒车镜，好像它们是价值连城的珠宝。卡玛奥称商店店主“老板”，这个老板只给这些倒车镜出一百二十先令。他们都不肯让步，讨价还价了二十多分钟，最终以两百先令成交。我知道，他看我们是小孩，因此故意欺负我们。

拿到钱，卡玛奥提出我们该去吃午饭了。在附近的一家小饭馆里，我们点了“玛东多”，就是豆子和恰巴提[①]。没有人愿意坐在我们附近，我们一坐下，有几个人立刻站起来换了座位。卡玛奥说：习惯就好了，这就是混混的生活。我很窘迫，只想快快吃完离开这里，但是卡玛奥说，我们付了钱，有资格不紧不慢地享受我们的食物。

“我保证，今晚会是你最爽的一个晚上。”卡玛奥说着，从口袋里拿出一个瓶子递给我，“慢慢地吸气。”

瓶里是汽油。我拿着瓶子闻了闻，感觉有些头晕。卡玛奥鼓励

---

① 恰巴提（Chapati）：印度薄饼。

我别停下，继续吸气。慢慢地，我感觉到我的脚好像不是走在地上，而是穿行在空气里。

“卡玛奥，我们飞起来了吗？”

他捧腹大笑。看到他，我就觉得很开心，在我的新生活里，他是我的亲人。尽管所有的流浪儿童组成了一个大家庭，但是里面的每个人都有自己的小群体。我的搭档就是卡玛奥。

有一次，我们俩抢了一个老妇人的钱包。她尖叫起来。她的年龄足以做我的奶奶了。在非洲，我们都相信诅咒的作用，尤其是老人对小孩的诅咒。我们刚刚抢到钱包，卡玛奥的肩膀就被一辆公交车擦伤了。

还有一次，卡玛奥从茅坑里掏了一桶粪便。我们站在巴格提路的边上，这是一条通向片区医院的大路。

“咱们这么办。你问人们要钱，对着他们微笑。只要有人拒绝你，我就朝他们脸上扔屎。”

一个气质出众的女人走过来了。她戴着墨镜，身穿黑色上衣，粉色长裙，拎着一个小包。卡玛奥让我准备好问她要钱。

“卡玛奥，她太美了，我只想欣赏欣赏她，咱们放过她吧。”我恳求道。

“肯，我们可是在工作，我们不是来这里欣赏女人的！”看着这个女人就这么走过去了，卡玛奥恼火地说道。

下一个走过来的是一个身穿蓝色西装的中年男人，手中拿着一个信封。他走到我们身边时，我请求他给我们一点小东西。他装作没有听到，恶狠狠地瞪了我一眼。卡玛奥退后两步，做好准备，啪！可怜的男人，他的脸上糊满了屎。卡玛奥对他说，如果不想再被屎打中，就把身上的钱都交出来。他把钱包直接扔给卡玛奥，落荒而逃。

周围的人们看到了蓝西装男人的事，我们的活儿一下变得容易多了。不用我开口，走过的人都会主动给钱。我都不敢相信我们收到了这么多钱，这就像周日在教堂，人人都给教会交什一税[①]一样。我们的任务完成了，我们把半桶屎留在路边，离开了。卡玛奥提议，回基地之前先数一数钱。

“天哪，一共有五百二十四先令！”卡玛奥叫道。我说不出话来。接下来的一星期，我们都不用再去干危险的任务了。

回去的路上，我们毫无畏惧地走在路上，就像我们是这里的主人一样。我们不用怕被其他人攻击，因为我们就是攻击者。我们是厌倦了生存的灵魂。我慢吞吞地走在卡玛奥身后，从后面看着他，就像看着一个行走的鬼魂。我看到的是一个行尸走肉般的躯壳，一个彻底放弃了这个世界的人。

回到基地，我走向康曼德，他正坐在那里抽着大麻烟卷。他把烟卷递给我，我也抽了几口，这东西可以让人麻木。康曼德对我说，我和卡玛奥一直都很走运，但是我得知道，我们不可能总是这么幸运。在过去两年里，帮派失去了将近二十个孩子。他们几乎都是在

① 什一税（tithe）：教友给基督教教会的捐款，通常按照收入的十分之一收取。

执行任务时丢掉性命的，有的被警察开枪打死，有的被愤怒的人群打死。

那天晚上，我又闻了汽油，有些飘飘然，我抬起头，仰望着星空和月亮。那时候，大自然是唯一能带给我希望的东西。以前我问过妈妈，星星是怎么来的，它们和月亮有什么不同。妈妈说，上帝睡觉时，他盖着一条巨大的毯子，上面有许多窟窿，大的窟窿就是月亮，小的窟窿就是星星。不管你去哪里，星星都会跟着你一起走，所以只要你看到星星，就不会孤单。妈妈的话一直抚慰着我，我知道，不管我去了多远的地方，我都能看到同样的星星。

每周六，我们都会去河边洗澡、洗衣服。就算是无家可归的人，周末也能带给我们些许轻松。

一个周六的早上，我醒来后发现卡玛奥不见了。我知道他通常会去哪里，所以我准备去老地方找他。我朝着肯亚他医院的方向走去，远远地，我就看到公交车站附近围着一大群人，看起来有几百人。有的人从人群里跑出来，还有的人在跑向人群。几个女人朝我的方向走过来，她们都紧紧地拉着自己的孩子。

“那里怎么了？”我问她们。

“他们在打一个小孩，因为他偷了个钱包。噢，天哪，我实在看不下去了！”一个女人语气悲痛地说。

我开始发抖，那一刻，我觉得自己的血液凝固了，同时又感到自己全身的血液都在向上涌。

我急匆匆地冲向人群，人群还在不断变大。疯狂的人们用木棍和金属棍抽打着地上的人，用石头砸他。我看不出来地上躺着的人是谁，只能看到他的衣服被血水浸透了。

“这些坏崽子干坏事已经有好长时间了，现在他们总算得到教训了。”有人说。

“警察……警察！”人们喊道。所有人都向后退着，给警察让路。

一个警察说着“Kufa”，意思是人已经死了。他们抬起尸体，放进卡车后面。我挤到卡车附近，想看清楚些。当他们把尸体翻过来时，我看到了他的脸，是我亲爱的卡玛奥。他们放进卡车里的，是卡玛奥。这个被无谓打死的十三岁的孩子，是卡玛奥。他们从我身边夺走的，是卡玛奥。

我僵直地站着，看着警察把车开走了。地上还有卡玛奥未干的血，我一动不动地看着亲爱的朋友的血迹。他犯了多大的罪，需要受到这样的惩罚？我们这种人的生命，离死亡太近。每一天，我们都在挣扎着逃离死亡。我恍惚着走开了，脚下像踩着棉花。

回到基地，消息已经传开了。大家都明白，我们中的每个人都可能落得这个下场。我问康曼德，我们该做些什么。他直勾勾地看着我的眼睛。

“肯，我们从不埋葬死人。我们什么都做不了。”

我想象着卡玛奥的尸体被扔进公共停尸房里，那里有成堆的无人认领的尸体。

几周过去了，没有了卡玛奥的流浪生活再也不一样了。白天，我不再去干任务，而是试着找一些零工，但是没有人信任一个街头的小混混。偶尔，我能接到小活儿，帮进货的女人们把蔬菜从市场搬到公交车站，这种活儿很耗时，挣到的钱也极少。我已经有一段时间没有给食物基金交钱了，吃着基地的食物，我感到很愧疚。但是卡玛奥出事后，我就再也不干任何犯罪的勾当了。卡玛奥的死带给了我极大的精神伤害，我感到无比孤单。我跟任何人的关系都不会像卡玛奥与我那样亲近了。

在市场里，我注意到一个看起来总是疲惫不堪的女人。她有一个小小的小吃店，没有雇人帮忙。她的店里总是大声播着基库尤[①]音乐，店名叫作赛飞，因此，大家都叫她赛飞妈妈。一个小混混告诉我，他以前问过赛飞妈妈能不能给他一个打水的活儿，结果被她拒绝了。所以不用问我就知道，她也不会给我活儿干。但是我实在受够了无所事事，也不愿再去乞讨，因为乞讨也是一无所获。一天早上，我早早来到了赛飞妈妈的店里，不等她来，我就开始扫地，整理店面。踏踏实实干活的感觉真好。

她一到店里看到我在扫地，就大叫起来："停下！停下！我不要街头混混来我这里找麻烦！你们二话不说就开始干活，然后要求我们付钱，我知道你们这一套。"

---

① 基库尤（Kikuyu）：肯尼亚第一大民族，占全国人口 21%，在政治和经济生活中起着重要作用。

“赛飞妈妈，我只是想来帮忙。”我说。

“我这次给你二十先令，但是下次你干活前得问我，要是我没钱付你，你们那帮人就要来砸我的店了。”她说。

我咬紧了牙齿。来之前，我就已经下定了决心，因此我对她说，我不要钱，我干活是免费的。

她震惊而困惑地看着我，然后摇摇头说，怎么可能有人只干活不要钱。我说，我只是想做点有用的事，不想白白浪费时间和生命。她还是不相信，觉得这里面一定有什么花招。在她反应过来之前，我就拿着店里的四个二十升装的黄色罐子去打了水，又费劲地拖着罐子回来了。她还是对我的行为感到疑惑不解，大声地抗议着，而我再次拒绝了她的钱。几个月来，我第一次觉得自己问心无愧，心里很轻松。

我想起了妈妈说过的话：“**肯，不管做什么，都要用心去做。哪怕是剥一个橘子，也要把它剥好。只要你开始做一件事，你就得尽全力把它做到最好**。”妈妈的话成了我生活里的发动机，一直鼓舞着我。哪怕加入了街头团伙后，我干任何事也都会全身心地投入，因为我不能三心二意。

赛飞妈妈跟我保持着距离，她能闻到我身上汽油和胶毒的味道，看得出来，她还是不信任我。我对她说，需要帮忙就叫我，然后我就一直站在她的店外面。终于，她叫我进去坐下，在客人来之前吃点东西。这让我觉得，我终于活得有一点人样了。客人开始来了，我飞快地吃完了午饭，帮她洗碗，并在客人走后收拾干净桌子。

第二天，我又去店里干了同样的活儿，这样连续干了一周后，一天早上，赛飞妈妈一来就问我："对了，你叫什么名字？"在此之前，我一直都是一个没有名字的人，一个没人在乎的街头混混。他们只干坏事，得不到任何人的信任。她问了我的名字，这让我高兴极了。

"我叫肯尼迪。"

"肯尼迪，"她说，"混混不像你这样，你真的是个街头混混吗？"

"我们不是所有人都是坏人，我们也试着找活儿干想养活自己，但是没人相信我们。您能信任我，给我机会干活，我太感谢您了。"

那天的工作结束后，她把剩下的食物都给了我。日落时分，我走在回基地的路上，看着天空中飞翔的小鸟。鸟儿正在归巢，辛苦了一天之后，它们可以回家休息。我心里的声音在说："*那我呢，我的家在哪儿？*"我看到一条无家可归的流浪狗坐在垃圾堆边上，它的尾巴紧紧夹着，很害怕。我和这条流浪狗之间实在没有什么区别。

我把食物带回基地，和其他人分着吃了。我带回来了吃的，大家都很高兴。我铺在身下睡觉的单子脏得发亮，已经永远变不回白色了。单子上有好多咬人的虫子，但是不铺它我就太冷了。最好的方法就是多吸一些汽油和胶毒，让自己睡死过去，那样就感觉不到冷了。

赛飞妈妈劝我别再吸毒了。偶尔，她会给我几件衣服，我现在看起来比其他流浪儿童体面多了。一段时间以后，她把饭馆钥匙也给我了，我晚上就睡在饭馆里。最后，她变得十分信任我，甚至让我收钱。顾客付钱给我，我都会立刻交给她。有时候，她早早来做饭，就让我自己给顾客卖饭、收钱。我从来没有私藏过一分钱。晚上，我会把饭馆剩下的吃的带去基地，因此他们仍然接受我。

我经常在一大早看到一个白人男子从饭馆外走过，手里拿着念珠。路上的人们纷纷给他让路，口中喃喃叫着“神父”，向他致意。他常常边冲我招手，边说“你好（Jambo）”。我太喜欢他的声音了。

我捏住鼻子，让自己的声音听起来像一个姆宗古，然后回应道：“哈啰，你好吗？”

听到我做作的鼻音，他先是吃惊地看着我，然后笑了。

“我很好。”他略带惊讶地说。

连续几天，我们都这样互相问候。

一天，他又路过饭馆时，停下来用斯瓦希里语问我：“你叫什么名字？”

我捏着鼻子用英语回答：“我叫肯尼迪，我在像姆宗古那样说话，像你那样说话！”

神父捧着肚子，哈哈大笑起来。

“也像肯尼迪总统那样！我叫阿尔贝托神父。你会说英语？”他问我。

“会一点点。”我回答。

“你为什么想要像白人那样说话？”

“那样我就可以像他们那样掌握英语！”

他又笑了。“肯尼迪，你去学校上学吗？你从哪里来的？”他柔声问我，他那双和善的眼睛拉近了我们的距离。

“我来自基贝拉。家里没钱也没吃的，所以我逃跑了，一直住在街上。”

“肯尼迪，你想上学吗？去学英语？”

听到他这么说，我的心提到了嗓子眼。

“神父，我真是太想去了！”

他把手放在我的头上为我祈祷。他一走，我就冲回基地，去找我的伙伴们。我想把这个新闻告诉所有人。

“我要去上学了！去学姆宗古那样说话！”

他们连头都没抬，脸上明明白白写着不相信和没兴趣。

高个子的西蒙只说了一句：“小心点，姆宗古会吃人。”

“什么？！”

另一个男孩切格说：“不是，他们不会吃了你，他们有好多好多钱，超级富。这个人会收养你的，你以后就可以顿顿吃好的，还有自行车骑。帮我个忙吧，你以后能不能常常给我们送些吃的？”

切格告诉我，白人家里都有一个密室，门是锁着的，你永远都看不到里面。密室里有一棵树，树上的叶子是钱。钱掉下来后，会长出新的钱，所以白人有花不完的钱。

我把自己的床单和毒品都送人了，因为大家都说白人不喜欢毒品。如果我有毒品，我就会被抓起来。我没有告诉康曼德我打算走，因为我知道，以后他不一定允许我再次加入。我想先看看神父那边能不能行得通，如果不行，我还得回来。

Chapter 05

杰茜卡

我的脚下打着滑，帆布鞋上裹着又黑又厚的一层泥——拜托，希望这只是泥巴。我感觉到污泥渗进了鞋子里，这让我起了一身的鸡皮疙瘩。尖叫声已经到了我的嗓子眼儿，但是我硬把它咽了下去。我绷紧了全身的肌肉，不让自己喊出："噫！恶心死了！"肯尼迪转过来，抬起一条眉毛看着我，他的样子坚定了我的决心。我知道自己受不了眼前的这一切，但是我不想在他面前表现出来。"需要帮忙吗？"他问，伸出一只手扶住我。我们正踩着一块块的石头，穿过一条污水河，大多数石头的表面积都只够放下一只脚。"不用了。"我小声说。他转过去之后，我绝望地抬起一只脚甩了甩，在心里默默地祈祷自己能顺利地走过去。

我们爬上了一个陡峭的山坡，肯尼迪身手敏捷，爬得很快，我吃力地跟在他后面。爬到山顶后，回头望向来时的方向，我屏住了呼吸：整个基贝拉尽收眼底。我从来没有见过基贝拉的全貌，以前我身处其中，被它的拥挤和混乱压得喘不过气来；现在站在这里，我可以看到基贝拉弯弯曲曲的小路和狭窄的角角落落，密密麻麻的无数排房子看起来像是微缩模型一样。我还看到晾在绳子上的衣服，手洗过太多次的裤子褪色了，布料也变薄了，看起来有一种亲切感。我移开了目光。

现在，这里就是我临时的“家”，这就像做梦一样不真实。我偷偷瞥了一眼肯尼迪，他默不作声地盯着山下看。我顺着他的目光看下去，笑了。他在看他自己的房子，在这一切混乱之中，那个属于他的小小的世界。我忍不住想，如果我妈妈看到这些，她会怎么想。

我们沿着山脚走向足球场，我从没见过颜色这么深的红土地。**“进了！”**队员们欢呼着跑向进球的高个子女孩，庆祝她的这粒进球，球场上扬起了一片尘土，变得喧闹起来。朗达小区旁边有一大片空地，贫民窟的足球场就建在这里。这里的空间非常开阔，我做起了深呼吸，一离开基贝拉狭窄的环境，我就感觉到浑身自在。

“这就是SHOFCO足球队训练的地方。”肯尼迪说。

我目不转睛地看着他们光着脚，在球场上灵活地跑动。

“他们踢得好棒！”

“我以前踢得也很好，”肯尼迪开玩笑说，“我们SHOFCO的球队可是基贝拉的冠军！”

队员们看到肯尼迪来了，他们停止了训练，朝他围了过来。我赶忙让到一旁，看着肯尼迪和他的崇拜者们击掌、撞拳。肯尼迪对这种热闹和纷乱的场面应对自如，他跟大伙开玩笑，给他们打气，还假装是足球教练给他们指导训练，逗得大家又喊又笑。接着，他把我拉过去，想把我介绍给这四十位运动员，而他们则想让肯尼迪听到自己说的话，都在大声地嚷嚷。

肯尼迪站在人群面前，活泼地讲着斯瓦希里语，在笑声中一会儿打手势，一会儿拍手。我看着这群男孩和女孩，他们都崇拜地注视着肯尼迪。他们畅饮着他话里的鼓励和希望，放声大笑，高声呼喊，对肯尼迪的感情几乎可以用虔诚来形容。我也看着他，看着他轻松自在地与他们交流，看着他真诚而温暖的微笑，还有他坚定的眼神。我突然意识到，他具备天生的领导力，做一个领导者对他来说就像走路一样自然。

肯尼迪搂着教练的肩膀，和他走到一边单独交谈。我和几位运动员聊了聊天，他们问我是哪里人，来这里做什么。当我说到我来SHOFCO做志愿者时，几个人热情地欢呼起来。还有人问我肯尼亚和美国有什么不同，我还没来得及回答，肯尼迪就走到我身后，带我离开了热闹的人群。

“走吧，我想带你看点东西。”他说。

我们默默地走在陡峭的岸边。在这里我仍然能感受到足球场那边的热闹和活力。

我们来到了一条河边，岸上有树，有岩石。这是一处可以俯瞰基贝拉的地方。

“这是我独处的地方。我经常来这里思考，在这里我可以摆脱一切，静下心来沉思。我经常带着书来这儿。在我对自己的遭遇感到愤怒的时候，我看马库斯·加维。当我需要鼓励时，我就看曼德拉和马丁·路德·金。成立SHOFCO的想法，就是在这里想到的。”

肯尼迪说。

这个地方的确让人感到平静，我仿佛看到，肯尼迪独自在这里，沉思着山坡下面的种种问题。

“我从没带任何人来过这里。”

我不知道他需不需要我的回答。他转过身，坐在了一块岩石上。他眉头紧锁，表情严肃，深陷于思考中，就像我突然不存在了似的。我也坐下了，但是没有和他坐得太近——我不知道他在想什么，但是我能感觉到，尽管他带我来了这里，却并不希望我和他离得太近。他的情绪太易变了：刚刚还是一个笑容满面、引人注目的梦想家，不一会儿就成了现在这般近乎压抑的沉默者，对我也完全不理不睬。我们还不是那么熟悉，我不想越界。好长时间他都没有出声，我禁不住开始想，我是不是该走了，我自己能不能找到回去的路。

“你想不想知道，我最早是怎么知道我跟别人不一样的？”

“我想知道。”

“我妈妈怀我怀了十四个月。”

我惊诧地大笑起来：“这不可能！”

他不满地看着我。

“这是真的，连村里的先知都说这是真的。我是个特别的婴儿，在妈妈的子宫里待了十四个月！从小到大，我妈经常跟我说，这就是我与众不同的原因。我的大脑发育时间比别人更长。”

我又笑了，摇摇头看着肯尼迪。他没有开玩笑，不过我的反应也没有让他生气。我说，这在科学上是不可能的，如果怀胎这么久他妈妈会死。但是他摆摆手，否认了我的说法。

“不是所有事都按你们姆宗古那种想法来的。在我们部族，我们相信看不见、摸不着的或者无法理解的东西。世界上不是所有事情都能解释清楚的。”

他不愿接受理性的科学解释，我只能妥协：“对她来说，**怀孕的感觉**确实是很长一段时间。”

“你猜村里的先知还教了我什么？教我怎么看手相。给我看看你的。”他说着，眼里闪着柔和的光芒。那个温暖、开朗的肯尼迪又回来了。

我走到他身边，摊开手掌。我的掌纹很特别——双手上各有一条完整的线横穿过整个手掌，而不是像大多数人一样有两条分开的线。肯尼迪抓着我摊开的手，他的拇指划过我手掌上的这根线，然后疑惑地抬起头。我告诉他这个叫猿线[①]，只有百分之五的人两只手上都有猿线。

小时候，我觉得这让我与众不同。我哥哥反驳说这没什么了不起的，只能说明我和类人猿更亲近。我妈妈说，这意味着染色体反常。我总觉得，这与我出生时的特殊情况有关。我是足月生的，但是只有四磅十二盎司[②]重。我妈妈的胎盘异常小，因此我在娘胎里的营养不够。出生时，我的脖子被脐带绕了三圈，脐带收紧后，我的心跳开始减弱。医生发现后，他们迅速给我妈妈做了剖腹产手术。

① 猿线（simian crease）：就是中国人说的“断掌”。
② 四磅十二盎司约等于 2.14 千克。

幸运的是，医生及时解开了脐带，把我取了出来。

我把这些都告诉了肯尼迪后，突然停下，抬起头看到他专注地听着，他的目光仍然落在我的手掌上。

“所以你也差点就死了。”他喃喃地说，好像这件事意义重大。

“你看出来什么了吗？”

肯尼迪正研究着一条从猿线上分叉出来的线，这两条线在我的手上组成了一个 V 形。

“嘘，我正在看，这需要时间。”他不让我出声。

我紧张得傻笑了几声，肯尼迪不耐烦地瞪了我一眼。

“等一下！我看出来了。这条线直直走下去了，那条线走了另一个方向。很快，这两条线在开头附近完全分开，这意味着将来你会面对一个选择。不管你的选择是什么，它都会影响很多人，不只是影响你自己。”

我不是很相信看手相、预言之类的无法解释的东西，但是我知道肯尼迪相信，所以我忍着不翻白眼。

我把手收回来：“这些听起来都是废话嘛。”

“我有时候在这儿能看出来一些东西。”他的样子是那么坦率而坚定，我的脸红了。

“我要和你共度余生。”他轻描淡写地说，就像他说的是他要去趟杂货店。然后他步伐轻快地走下山，把我留在后面。

“你疯了吧！你根本就不了解我！”我冲他喊道，但是他压根儿没有转身。

* * * * * *

每周六的早上，我都坐在电脑前疯狂地打字，把这一周排练过的情节综合成一个完整连贯的剧本。戏剧项目里的年轻人出色得令我吃惊。我们刚开始合作的时候，我请每个人把他们人生中最重要的五段经历写下来，作为我们练习戏剧探索的剧本。他们写下的东西让我心痛不已：因为贫穷而被逮捕，在监狱里被迫做苦力，直到有人交钱保释他们；被警察折磨；女孩们卖身换钱，然后怀孕。他们还谈到如何通过吸毒逃避生活，父母如何惨死，朋友们如何自杀（服毒、自焚），以及绝望、失业和强奸。我们还一起讨论了他们对未来的希望：他们梦想人人平等，梦想部落制度被推翻，也梦想基贝拉的人们能意识到他们的落后陈规与现实之间的差距。

肯尼迪打断了我有节奏的打字。“咱们出去走走。”他说。我把面前的笔记本和电脑推到一旁，匆匆找了一件毛衣套上。他太忙了，和他散步的时间显得特别珍贵。我加紧脚步赶上他。今天他看起来情绪不高，所以我们默默地走着。走在他旁边我很放松，我们沐浴着下午的暖阳，都沉浸在自己的思绪中。我们走过了奥林匹克，走过基贝拉外面的一座大教堂，走过一个由几个能干的年轻人开的洗车房，最终到达了一个铁皮房子，它比贫民窟里的任何一个房子都大。

“这是我们这儿最受欢迎的店。”他说。我看到招牌上写着“车库酒馆”。

“你吃过尼亚玛乔玛（nyama choma）吗？”肯尼迪问。

“那是什么？”

“一种烤肉，是肯尼亚的特色美食。”

我们坐在一张塑料桌子旁，肯尼迪叫来侍者，点了尼亚玛乔玛，还加了两瓶肯尼亚当地的啤酒图斯克。他的手机响了，他带着抱歉的表情接起电话。他的语气变了，我立刻感觉到电话那头是个女孩。我仔细听着他的声音，分析着她是他的什么人，突然意识到我对他的了解是那么少。他很有魅力，总让别人感到他在邀请人家进入他的世界，然而在他随和的外表下，还存在着严严实实的保护层。

他向我示意了一下后，走到饭馆最里面，手机还是紧紧贴住耳朵。我研究着他的姿势和手势，希望能看出来一些东西。当他朝我走回来时，我赶紧盯着啤酒瓶看，装作对上面的标签很感兴趣。

“我男朋友在赞比亚的和平护卫队[①]里。”我说。我的嘴一张，这句假话就跑了出来。我想在我和他之间划分界限，保持距离，这样我才觉得安全，因为他是一个谜。我看着他的眼睛，能看出来他知道我心里在想什么。

“你小的时候，长大想做什么？”他问。

“演员或者导演，我想在戏剧行业取得成功。你呢？”

“我想当神父，”他一本正经地说，“后来这个想法变了，但是小时候，我觉得神父过的日子真好。只有他们有饭吃，有车开。”

---

① 和平护卫队（Peace Corps）：一个由美国联邦政府管理的美国志愿者组织。组织使命包括：提供技术支持，帮助美国境外的人了解美国文化，帮助美国人了解其他国家的文化。

我对他的世界越来越了解，而他对我的世界一无所知。我有一个奇怪的愿望，我希望他也能了解我的世界。我想让他知道，我的世界和他的世界看起来有多么不一样，我希望他能帮我找到我在这两个世界中的位置。

我开始给他讲我在丹佛长大的经历：我家的房子有车库，舒适整洁，院子里有秋千，草坪中间有一棵又大又粗的树，像我们家的卫士。五岁时，我和哥哥麦克斯把手印印在我们家私人车道的水泥地上。在这之前，我们住在一个混乱街区的一座小房子里，我对那里毫无印象，只记得家附近的面包店里卖的绿色恐龙饼干。在圣诞节期间，整个街区都会点亮彩灯，有一年我父母在家外面的花盆里放了几个时髦的家用阅读灯，他们称之“冬至枝形吊灯”。

肯尼迪礼貌地点着头，但是我还是失望地发现，他想象不出来我说的这些画面。我意识到，尽管我们相处得极好，但是我们可能永远无法真正地理解对方的世界，这是个太大也太难以实现的期望。我妈妈给我整理了一个小的粉色相册，里面有我们家房子、我的几只狗和我家人的照片，不过我不会给他看这些照片了。

童年时代，我享受着落基山脉西部的中上层阶级生活的所有舒适条件。来这里之前，我从不知道我需要为自己的家庭背景而感到抱歉。这样的特权随机地落在了我头上，也随机地把很多人排除在外。我一直都知道我的家庭很幸运，直到上了大学，我才明白我不仅仅是幸运，而是享有特权。特权对我来说像是种不可避免的感染，我身上带有它给我的影响，我想对特权有更深的理解，却仿佛强调了它的存在。

他突然换了个话题，打断了我的思路："你想多大结婚？"

"我都不知道我想不想结婚。小时候我就不是很相信结婚这东西，我想要一份属于自己的事业和生活。爱情让人分心，你会和一个人纠缠不清，然后忘了你自己想要什么。"

"在我的文化里，我的年龄早都应该结婚了。我二十三岁，但是我妈都不催我结婚了，她已经放弃了。"

"你准备结婚了？"我小心地问。

"早着呢，我觉得自己还年轻，我有其他的事情要做，我的工作要花好多精力。好多女孩还有她们的父母，都想劝我快结婚。"他笑了，"一个康巴女孩甚至给我做了春药。康巴人的爱情魔药很有名。"

"你谈过恋爱吗？不带魔药的那种？"我边问边和他一起笑。

"没有。"他说，他的语气一下严肃起来，"我想要一个伴侣，但是在基贝拉，女人必须听从丈夫的。她们要洗衣服、做饭，却从不争辩。我不想这样。"

"所以你想要个能跟你吵架的人？"我逗他，看着他的脸上慢慢地展开了自信的微笑。

"不是吵架，而是棋逢对手。"他也开起玩笑，并且问，"你谈过恋爱吗？"

"我不知道。我以前说我谈过，但谁真的知道爱是什么？"

"我觉得如果你能为一个人付出，那就是爱他。因为这个人，你愿意为这个世界去做点什么。"

他真诚的回答让我无言以对，让我觉得自己处于下风。

“我一直觉得，对于这种爱来说，我还太年轻了。世界上还有那么多地方值得去看去感受，我想尽量地多看看，而且我希望不受约束，自由自在。”我的目光与他的凝视相遇了，我盯着他的眼睛看了一会儿，然后移开了目光。

“我也是。”他说，“我还有很多事要做。但如果你，我就想立刻结婚。”我不知道他是开玩笑还是认真的，但是他的话还是让我既兴奋又害怕。

“Haraka haraka haina baraka.”我回答道。这是一句斯瓦希里谚语，肯尼迪在几天前教给我的，意思是“着急，着急没有好结果”。

他嬉皮笑脸地回答：“Chelewa chelewa uta pata mwana si wako!”

“这是什么意思？”

“再慢，再慢孩子就不是你的了。”他坏笑着说。我们俩都大笑起来。

* * * * * *

SHOFCO 戏剧排练的进展很慢，有些女孩还是不怎么说话。我已经尽我所能，在方方面面都尽量让她们感到安全和自在。但是目前唯一的进步是她们不再用一个字回答我，而是两个。我们每天在一起头脑风暴，每个人回家后都要写点东西，然后第二天带来。艾萨克、扎多克还有肯尼迪，他们每人都来分享了两个故事。在艾萨克讲完第一个故事后，我看着赛迪、阿米娜、丽吉娜、黛布和多罗西，问道："有没有人想分享些什么？还有谁想来说一说？"我的声音过于充满希望，以至于听上去有点可怜。

她们都躲开我的目光。艾萨克讲了第二个故事，接着扎多克准备站起来分享。我又尝试了一次："扎多克，稍等一下，还有谁想来试试？"一片沉默。

达尔顿说："这约定可是我们一起商量出来的。"

他指着墙上的一大张纸，上面写着大家制定的规则。大部分规则都是常见的，**比如按时到场**（好像没人遵守这条）**和尊重他人**。有一条比较特别的规则是达尔顿提出来的，他是一个健谈且有文采的年轻人。

"看，上面写了，**公开场合里，尊重个人的隐私**。"

"达尔顿，这条是你想出来的。"艾萨克逗他。

"没关系，不想发言的人不会被强迫说话的。"我放弃了劝说，"扎多克，你来吧？"

"等一下。"一个小小的声音。

我转过身，看到黛布举着手。

"我写了一个故事，我来讲吧。"她悄悄地说。黛布身材结实，长得甜美动人。

"好好好，太好了，嗯，太好了，黛布。"

"这是我表姐的真实故事。上周，她吃了五包老鼠药自杀了。我通过想象她的内心世界，写了个短剧。我就站在这里直接念吗？”

“你怎么样舒服就怎么样来，坐着，站着，怎样都行。”我轻声说。

“我开始读了。”

我鼓励地点点头。

“现在我假装我在炉子上做饭，好。”她深吸了一口气，我们都对她点点头。

“小的时候，我从没想过婚后生活会是这样的。我想象中的婚后生活十分快乐，跟现在完全不同。这是我丈夫的家，但是他没有和我一起住在这里。他离开家好多年了，我必须承担家务，照顾我的四个孩子，依靠他寄来的一点点钱过活。每天醒来，我都为没法养活孩子而痛苦，所以我开始卖身赚钱。但是，我的钱还是不够给孩子们吃穿和上学。我太怀念小时候的时光了。小时候，我和小伙伴们常常一起打鸟，我觉得自己像神一样，而且我也知道，鸟也觉得我像个神，因为只要我看到一只鸟，我就会用石头把它打下来。这在孩子中是个很流行的游戏，叫‘cha mama na cha baba kalongolongo’。我知道，虽然我能夺走鸟的性命，但是有个至高无上的看不见的人也在打猎，我就是他的猎物。我很幸运，每次他都没能打中我。不过这次他成功了。我实在活不下去了。五包老鼠药，应该够了。”①

---

① 选自2007年秋的SHOFCO青年团手稿。

孩子们在外面玩耍的尖叫声透过锡片墙进入我们的小屋。室外的吵闹声让屋子显得更加安静。“黛布，谢谢，非常感谢你信任我们。”我轻轻地说，几乎无法控制自己的声音，“今天就到这里，大家明天见。还是一样，如果谁有问题，都可以来问我。”

通常我说完这句话，没人会来找我，不过今天大家都走向门口时，丽吉娜留下了。到目前为止，丽吉娜只开口说过一个词。她黑黑瘦瘦，有着饱满的嘴唇和优美的睫毛。她每天都戴着一条黑色的围巾。第一周，我问她喜不喜欢今天的活动，她说“喜欢”，然后就再也没有说过话。她每天都来，安静地坐在地上蜷成一团，膝盖贴在胸口上，眼睛低垂。等所有人都走后，她说：“我能跟你谈谈吗？”

“当然可以。”我说，我有些惊讶。肯尼迪看向我，我示意让他先出去等我。

“不是现在，是今天晚上。我去你住处找你。”

“好的。你知道肯尼迪住哪儿吗？”我犹豫地问道。她点点头。

我和肯尼迪朝他家走去，我们都深陷于各自的思考中。我被几块石头绊了几下，我们沉默着走过一家家围着人的小商店，走过在垃圾堆里玩耍的孩子们，走过路边做恰巴提薄饼的女人们。过了一会儿，他说：“我发现没有人再说‘姆宗古，姆宗古’了。你看，连小孩都不说‘你好吗？你好吗？’了！你发现了吗？”

我向四周看看，他说得没错，没有人在看我。我和肯尼迪正穿过基贝拉的中心，向家走去，就像这是再普通不过的日常。我们相视一笑。当我们走到通向家的用石头和泥巴堆成的路口时，一个小男孩朝我跑来，喊着：“你好吗？你好吗？”

肯尼迪摇摇头：“他肯定是新来的。”

我站在那里，笑得走不动路。

我在家里正做着乌加里，准备配着肯尼迪做的肉一起吃，丽吉娜在门口敲门。肯尼迪示意我他来接着做，我取下围在腰上做围裙用的坎夹（kanga）就出门了。丽吉娜拉着我的手，带我走出了肯尼迪家那一片，来到了堆满垃圾和污物的河边。我们面对面坐在石头上，都紧紧地拽着裙子，不让裙边沾上泥巴。

“我没有个能说话的人。”她盯着自己的脚说。

“我会好好听。”我慢慢地说。

我等着她说下去，她却没有开口。我轻轻地摸了摸她的胳膊，她下意识地躲开了。我把手指温柔地搭在她的胳膊上。

“我的父母关系很差。在我记事前，他们就分居了。我听说在美国可以离婚，但我们这里不能。十二岁的时候，我找到了一个愿意资助我上学的人。他给我付了学费，每个月还给我一点钱买衣服和卫生巾。我把钱藏起来，可两个姐姐打我，把钱抢走。我妈妈也虐待我，她不让我上学，逼我在家干活。有一天我放学回家后，看到她正在烧我的东西，所以我离开了那个家，去跟我爸住了。”

她停下了，我什么都没说，只是点头，等她继续说下去。

“和我爸住在一起后，他就开始占我的便宜、强奸我。十三岁时，我怀了他的孩子。离开他家后我无处可去，只能在街上流浪。我生下了孩子，是一个男婴。我妈来找我，说她可以养这个孩子，但是她再也不想见到我了。我每次去她家想看看我儿子，她们就打我，把我赶走。他现在五岁了，我没法把他带走，因为我养不起他。”

一滴眼泪从丽吉娜的眼角悄悄流了下来，她熟练地擦掉了眼泪。

“为了活下去，我开始和不正经的人交往。我以前有个男朋友，他是个小偷，是个歹徒，但是我那时不知道。有一晚，我在他家等他，一群暴民冲了进来。他们觉得既然我待在他家，我肯定也是个贼。他们把屋子烧了，在街上扒光了我的衣服。”

说到这里，她断断续续地几乎说不出话来。她握紧了我的手，接着说。

“他们拖着裸体的我，在贫民窟里走来走去地示众，然后用大刀把我一顿暴打。接着他们把我男朋友活活烧死在我面前。他冲我喊：‘丽吉娜，丽吉娜，你背叛了我！’人们把我送去了医院，因为没人给我付医药费，两天后我就被赶出来了。我妈来找我，对我说她希望我死了。我也想这样，我太绝望了，然后我成了，成了……”

“没事的。”我低声说，尽管我知道“没事”不是真的，可能永远都不是真的。

“我成了妓女。现在我有三个男友，但是他们都不知道。他们会带我回家过夜，有时候给我一点钱买吃的。但是他们都不用避孕套，我特别害怕，怕我得了艾滋病。我的乳房很疼，你看——”她抓起我的手，把它用力按在她的乳房上面，“这有一个硬块。他们中一个人想把我带去他家住三天，还说他会娶我。我不想去，我不知道该怎么办。”她开始发抖，比呜咽更沉重的东西控制着她的身体，“我不知道怎么办了。”

“不哭了，没关系的。”我用胳膊环住她，刚开始有点尴尬，不过很快她就哭着趴到了我的腿上，“好了，没事的，没事的。我们一起想办法，会好的，肯定会好的。”

但是说实话，我对自己的话毫无信心。

“我能做些什么来帮忙？我该从哪里入手？先给你找一个住的地方，这样你就不用靠那几个男人了，行吗？”

她点点头。

“好的，好的，如果你同意，我得跟肯尼迪谈谈。”

她立刻点点头：“你可以把一切都告诉他。其实我想把我的事在戏剧小组讲出来。”

“你想讲给大家？”

“嗯。如果我告诉大家，这就是我的故事。我想讲给他们，我讲的时候想让他们都背对着我。”

“行，当然可以。什么时候？”

“明天。”

“好。你今晚去哪里？如果我给你一点钱，你能去朋友家住吗？买点吃的带过去？”她再一次点点头。

“谢谢，谢谢你听我说这些。”

我想，她愿意告诉我这些，愿意信任我，是因为我可以把这件事告诉肯尼迪，他就可以想办法了。我希望他知道该怎么办。我回到家坐下，半天没出声，心不在焉地用叉子翻着我的那份饭。过了一会儿，我开始慢慢地讲给他听，一五一十地把所有事都说了出来。

“她才十八岁，我不敢相信她才十八岁。”我说完了。

他给戏剧小组的另一个女孩阿米娜打了个电话。阿米娜说，丽吉娜可以住在她家，她现在就去找丽吉娜，丽吉娜会很安全的。肯尼迪和我接着讨论，我们可以成立一个缝纫小组，帮助年轻妈妈们通过做校服、裙子和其他缝纫的零活儿挣钱。我们聊到了深夜，最后他睡着了，我却无法入眠。我的脑海里还回响着丽吉娜说的话，而我的手指仍然能感觉到她乳房上的硬块。

第二天，丽吉娜给戏剧小组讲述了她的故事。我们都面朝着墙，但是我仍能听出来她是如何强忍着眼泪，边说边咽下这些苦痛。接着在一片沉默中，哈迪佳站起来，一言不发地与丽吉娜换了位置。她上去讲了她的故事，她与丽吉娜的经历虽不相同，却同样地令人心碎。接下来，赛迪、黛布和多罗茜都轮流上前发言，在这期间，所有人都沉默不语。

这几个姑娘，她们都在自己还是孩子的时候就生下了孩子。阿米娜的小女儿现在一岁半，她想成为一个厨师或者裁缝，这样她就能自食其力地养活女儿，可目前她没有收入。赛迪的小女儿在一岁半时死了，她想做一名美发师，现在她以卖大麻和米拉茶（一种当地植物，可令人兴奋，甚至致幻）为生。黛布的大女儿七岁，小女儿五岁，她想当一个好母亲，但她没有工作。多罗茜的小女儿三岁了，她想做一名秘书，但是现在，她挣钱的唯一方法是出卖肉体。每个年轻姑娘都说，她愿意讲出自己的故事，是因为想收回自己的身体，重新找到自己的灵魂。

第二天，丽吉娜没有来参加排练。我慌了，把肯尼迪拉了出去。

“她去哪儿了？我们怎么办？”

他进屋，示意阿米娜跟他出来。

“你知道丽吉娜在哪儿吗？昨晚她住在你家没有？”他问。

“她没回我家。”他点点头，谢过阿米娜，让她回去排练，说我们马上就进去。

“不，不，不，不行！”我喊道，“她能去哪里？她是不是去找那个男的了？会发生什么啊？我们能找到她吗？咱们怎么办？”

“我们只能等着。”

我们回到房子里，但是我无法集中精力。我提前结束了排练，和肯尼迪还有阿米娜一起去找丽吉娜。我们把所有想得到的人都问了一遍，有没有见过丽吉娜。回答是：“没有。”“没有。”“没有。”“几天前见过。”“没有。”……

第二天早上我早早就到了，满怀希望地等她来。可能昨天出了点事她没来，但是今天她会来的。大家陆陆续续地来了，阿米娜最后一个到，一进来就对我摇摇头。

接下来的一天也是这样。第四天、第五天，没人见到过她，没有人知道怎么了，没有人说得出她在哪儿。“但是我们已经给她找到了住处！”我对肯尼迪说，“我们想好了缝纫小组的点子，你也告诉她了，你跟她说过 SHOFCO 会帮她的。我们可以想办法解决。我不明白这是怎么了。”我绝望地说。

他把手放在我的肩膀上，它的重量回答了一切。太晚了。

Chapter 06

肯尼迪

第一天，当神父站在约定见面的地方等我时，我一直藏在隐蔽处静静地观察他。他等的时间比我预期的要长，后来他没有等到我就走了。第二天，他又来了，我这才和他见了面。

他问我："肯尼迪，你昨天怎么没来？"

我连忙解释："神父，我听说姆宗古会吃人，我害怕被你吃掉。"他听了我的解释之后放声大笑，不停地摇头，不过他看到我害怕的样子，便向我保证不会吃了我。

阿尔贝托神父带我去的教会学校有结实的水泥房屋，简直就是朗达里的一片绿洲。我还从没去过一个有老师、黑板和课桌的真正的教室。走在学校里面，我一脸茫然，不知所措。阿尔贝托神父把我介绍给了女校长，并且嘱咐她好好照顾我，把我当作他的孩子一样。神父还给了我一些漂亮的衣服、几本书和一支铅笔。这个仁慈善良的神父实现了我的上学梦，我觉得我肯定是死了升到了天堂。

我第一次进教室的时候，学生们正在做数学题。一切井然有序，他们正在把老师写在黑板上的东西抄在笔记本上。我也学着他们抄下黑板上的那些数字，但是当周围的孩子们举手回答问题的时候，我开始心慌了。我来学校可不是为了学这些潦草无聊的符号！这个东西可能是魔法。我以为我是来学英语的！惊慌之中，我做了我能想到的唯一的事：爬上课桌，从一扇开着的窗户跳了出去，头也不回地跑了。

教室里面一片混乱。老师急忙喊其他同学去抓住我。我拼命跑，回头看到几个男生正在追我。我用尽了全力，但是追我的男生们都比我高大，比我跑得快，很快他们就抓到了我。

“老师，我们抓住他了！老师，我们抓住他了！”他们用斯瓦希里语大喊。老师朝我们走过来。

“你不要打我！不要打我！”我大喊，“我来这里是学英语的，可是你没有教我英语！我要回街上去！我要回去！让我回去！”我像一头受伤的野兽一样挣扎着。

阿尔贝托神父听到了吵闹声，急忙跑过来看看出了什么事情。

“怎么了，肯尼迪？怎么了？”

我冲过去抱住了他，把脸埋在他的长袍里，滚烫的热泪顺着脸颊淌下来。我告诉他我再也不相信他了。说好带我去学校学英语，结果却是学一个叫“数学”的东西，全是神秘的乱七八糟的东西。我不会数学，也不想学数学。我来这里学英语，可是现在他们要打我。

“肯尼迪，听我说。你将来想不想当个有钱人？你想不想做生意赚钱？”

我回答说："嗯，我想，神父，我想。"

"所以在学校里，老师还要教你怎么开始做生意，怎么做好这门生意，这就是数学。如果你学会了数学，谁都骗不了你，你就会给顾客找钱了，你就懂得怎么挣钱了。"

我点点头表示听懂了："神父，这是个好主意。我要学数学。"

阿尔贝托神父非常善于用我能听懂的方式给我解释东西。在街头一切都很现实，如果你偷了东西，你必须得把这些东西换成钱。知道了数学的用处，我就开始努力学习数学。我学得很快，因为我在生活中学过数学，我早会数钱了。不久之后，我就开始给别的孩子教我从词典里面学来的一些英语词汇了。

学校里面的其他孩子叫我"白人的孩子（Mtoto Umuzungu）"。

有一天，有人把我从教室里叫了出来，说有人要跟我谈话。我立刻紧张起来，怕有什么坏消息。我看到阿尔贝托神父正在和女校长说着话。

"肯尼迪总统来啦，"神父大声说，"肯尼迪，他们说你在这里学得很好，我真为你感到骄傲。"

我羞涩地笑了笑，神父在校长面前表扬我，我太高兴了。然后校长走了，留下了神父和我单独谈话。

"肯尼迪，我有一个好消息和一个坏消息。坏消息是我下个星期就要离开肯尼亚了，因为我被调回到意大利了。好消息是校长同意让你留在学校里继续学习。"

我的世界在这一瞬间崩塌了。"不！"我哭着喊道，随后又喃喃地说，“不要啊。”

为什么我的生活永远不能安定下来呢？我心里并不信任校长。我很清楚神父走后她是不可能让我继续留在学校的，但我没有对神父说。想到以后我再也见不到这个神父了，眼泪涌出了我的眼眶。

神父温柔地安慰我：“肯尼迪，大山和大山不会相遇，但人和人可以再见面。”

他从屋子里面给我拿了满满两大包衣服和其他东西。他拥抱了我，然后就离开了。

正如我预料的那样，校长欺骗了阿尔贝托神父。神父离开了一个星期后，她就告诉我，想要继续上学就得交学费。我摇了摇头，街头混混们说得没错：“好运短，霉运长。”失去上学的机会，就像是自己被活吞了一样。

教堂一直能给我的心灵带来安慰。我迫切地需要一个信仰，除此之外我还有些什么呢？从小到大，我们每天晚上都会读《圣经》里的格言，慈善之家的姐妹们送给我们食物，一位神父送给我一本英语词典，另一位神父把我送进了学校。在教堂里，我找到了生活的希望。很小的时候，我就梦想长大后做一名神父。每周日，各种各样的人们都会排着长队，等着和神父交谈，向他们吐露自己心中的秘密，教堂可以改变人。晚上，巴毕在家里会用《圣经》打妈妈，但是星期天在教堂里的时候，他又会安静地坐在那里，虔诚地抚摩着同一本《圣经》。

阿尔贝托神父走了之后，我辍学了，每周日我又开始去教堂了。在那里我可以见到我的妈妈和弟弟妹妹们，还可以经常拿到些吃的。一个星期天，我敲开了约翰神父的门。约翰神父刚来内罗毕不久。神父隔着一张豪华的办公桌邀请我进去。我坐在木质椅子上，用手指轻轻感受着这光滑舒适的椅子。我从没见过这么好的椅子。

看到约翰神父的办公室里面有那么多精美的图书，我简直快坐不住了。我非常想起身去摸一摸那些书。一个男孩走进了屋子，给我和神父一人端了一杯茶。神父问了问我的家庭和学校的情况。当我告诉神父，在阿尔贝托神父走之前，我有多么地热爱学校，又是怎样地被赶出了学校时，我的目光总是不由自主地落在那些精美的图书上。这时奇迹发生了。神父从书架上拿了一本书给我。我的心里充满了喜悦和感激。我羞涩地感谢了神父，抱着书走了。我迫不及待地期盼着下周再来教堂。

从那时起，每周日神父结束工作后，都会邀请我去他的办公室喝茶，还给我讲解《圣经》。我非常喜爱《圣经》里面的故事。因为我不住在家里，只能每周日在教堂里见到妈妈。妈妈非常为我骄傲，看到新神父喜欢我，她就像一只开屏的孔雀那么得意。约翰神父说话时很温和，很快我就开始信任他了。后来我告诉了神父我交不起学费的事情，我不想向他解释我复杂而揪心的家庭情况，因此我把很小一笔的租房费用也算进了学费里。约翰神父没有犹豫，他自掏腰包给了我学费，还多给了我十一美元。这是我第一次拿着这么多钱，是属于我的一小笔财富。十二岁的我在那一刻觉得，如果上帝是一个人的形象，他应该就像约翰神父这样：慷慨大方、德高望重，并且坐在橡木桌子后面配套的木椅子上。

下一个周日，我又去找约翰神父。我刚一进入他的办公室，他就立刻反锁上了门。我还没来得及喘口气，他就把我按倒在地板上，开始疯狂地抚摩我。我极度震惊，一动不动，无法抵抗。我无论如何也无法相信一个神父竟然会做出这种事情。当时我并不明白他在干什么，但是我疼得哭喊起来。他完事后，拿给我七美元，告诉我不能告诉别人，否则我会后悔的。

那天晚上，我一个人在黑暗中走来走去，直到饥饿压过了我心中的耻辱。我不知道我还能去哪里，我在朋友们的棚屋里进进出出地转悠。我知道没人会相信我的，约翰神父是一位神父，而且他还是白人，即便有人相信我，我也不知道该怎么描述约翰神父对我做了什么。接下来的几个星期天，约翰神父都像以前那样邀请我在他工作结束后去他的办公室。我心中充满了恐惧，胃酸直向上涌，嘴里甚至有呕吐物的味道。

每个星期，约翰神父都会猥亵我，并且威胁我不要告诉别人。每次他猥亵我之后，都会给我一本书、一些吃的，或者一点钱。我不想再去教堂了，可是因为他，我才可以重返校园。我实在不愿意放弃读书求学的机会。除此之外，家里的妈妈和弟弟妹妹们每个星期天都盼着我带食物回去，这些食物能够让他们支撑一个星期。事实就是这样的，我非常需要他给我的东西。只靠一个人生活的日子里，我时刻都很害怕。我总是很饿。我很想上学。

我想要相信，在这个世界上，在我所忍受的贫穷和折磨之外，一定有些更美好、更崇高的东西，但是现实却是我的日子一天比一天难过。我多么希望仁慈的救世主，耶稣和他的父亲上帝，可以**真真正正地**保佑我。我知道在这个世界上，还有其他的选择，我只是不知道其他的选择到底是什么。我一遍遍地在心里衡量着。是继续在街头流浪，晚上不敢睡熟，怕坏人来杀了我，还是回到家里，等着巴毕哪天在暴怒之中虐待甚至宰了我和妈妈？是像现在这样，忍辱负重，继续求学，抓住这个唯一可以改变我人生的机会，还是干脆加入街头混混的小帮派，整日用毒品和酒精麻醉自己？我有太多的选择，但同时我又无从选择。

我在教堂领圣餐时感到特别恶心，每次我都像是执行任务一样，把约翰神父给我的食物交给我妈妈，因为我一口也吃不下去。我的个人物品除了一个碗和几件破衣服以外，就只有约翰神父给我的几本书了，我把这些书整整齐齐地摞在一起，从来没有翻开过它们。我依旧会念祈祷词，但是悄然之中，我渐渐地不再信仰上帝了。

教堂令我厌恶，被迫辍学两次我也不想再回学校了，我想找一份临时打杂的工作，但是一天天过去，我得到的全都是拒绝。最后，我接触到了塔法里教[①]。基贝拉的人们把塔法里教徒看作是窃贼和罪犯。但事实上，他们是我见过的最友善、最和平、最谦逊的人，他

① 塔法里教（Rastafari）：由非洲人组成的致力于解放黑奴的群体。塔法里教认为非洲是宗教、历史、文化、科学和技术的起源地。

们一直在追寻着真正的智慧。认识塔法里教让我的见识得到了极大的丰富。我们时常聚在一起吸食大麻，听雷鬼音乐。他们给我听的第一首歌曲就是南非雷鬼歌手拉克·杜布唱的歌曲《囚犯》。我完全明白他想表达的意思：

“他们再也不会建学校了，他们只会建起一座座的监狱……”

塔法里教教会我勇敢地反抗压迫，做一支为世界带来光明的蜡烛。我还了解了埃塞俄比亚的海尔·塞拉西[①]的故事。当我和教徒们在一起的时候，我完全忘记了自身的贫困，他们帮助我看清了这个束缚着我的体制：

要知道，那些操控着政府和商业的富人完全意识不到，社会经济的正常运转全靠我们这些人，我们才是主人。他们吃的玉米面粉，是我们在工厂里包装好的；他们豪宅里的清洁工，是我们贫民窟里的母亲和姐妹们；他们宅院里的保安，是我们的父亲和兄弟们；还有那些伺候他们的司机、服务员和园丁。国家的运转靠的是我们这样的人。没有我们，他们什么都做不了。

吸食大麻的人并不都是塔法里教徒。还有很多整天游手好闲的少年聚在一起吸食大麻，这东西比食物还便宜一点。我从来没有闲钱去买大麻。人们愿意跟别人分享大麻，却不愿意与别人分享自己

---

① 海尔·塞拉西一世（Haile Selassie I，1892—1975）：埃塞俄比亚帝国末代皇帝，曾领导军民抗击法西斯的侵略。

的食物，这令我觉得很奇怪。有时候我会顺着大麻的味道，找到几个聚在一起的少年，他们会愉快地把他们的东西分享给我。

我开始跟一群年龄和胆子都比我大的男孩待在一起，他们是布瓦、比利、丹尼斯和奥蒂。他们的日常生活就是听听从美国进口的黑帮说唱、打打零工、随便偷点小东西维持生计。我们自称“犯罪分子”，还在我们合租的棚屋门上耍酷写下“山洞”。有一次，我们吸了大麻后觉得饿极了，简直能闻到从餐馆飘来的肉的香甜气味。在大麻带来的兴奋状态中，思维变得很简单：我们饿了，那就去大吃一顿，管他有钱没钱！

我们昂首阔步走进了这家餐馆。餐馆老板走过来问我们想吃点什么，我用力地说：“肉！”老板给我们端上来了几盘热气腾腾的尼亚玛乔玛，我们如饿虎扑食般飞快地吃完了这些肉，每个人的眼里都闪着愉悦的光芒。我吃完后，用更大的嗓门要了第二盘。我想通了，如果餐馆老板发现我们付不起钱，他们什么事都有可能做得出来，既然我们已经吃上了，何妨再多吃一些，反正现在想回头也不可能了。我们大口大口地吃着肉，仿佛我们拥有全世界的财富。我们心里明白，最后要么会被打死，要么就吃饱喝足成功逃走，不会再有第三种情况了。大麻的兴奋劲儿还没过去，肚子也饱饱地装满了食物，忽然间，我觉得我这条命变得无足轻重了，即便我现在就死掉也无所谓。当老板走进厨房给其他客人端菜时，我们闪电般地冲出了餐馆。在街上我们开怀大笑，觉得自己厉害得不得了，没有人能拿我们怎么样。

我们并不傻。我们心里明白我们正在一步步毁掉自己的人生，但是这个事实只会让我们更加愤怒，因为我们的人生从一开始就是一条无望的路，我们多么无辜啊。这就是我的人生：没有工作，也没有希望，只能任由警察欺凌，唯一的罪行就是我的命太苦了。现在我已经走投无路了，只能靠大麻和酒精来麻痹自己，直到连自己的名字都忘得干干净净。

******

我能从这黑暗而堕落的深渊里振作起来，靠的是什么？是一本书：《希望的见证：马丁·路德·金著作及演讲集》。

我去了一家福利院当志愿者，福利院里住着生活无法自理的老年人、智力障碍和身体残疾的人，他们都无家可归。我的工作是打扫卫生和洗衣服。我很高兴自己有事可做，没有虚度光阴，任凭人生一天天地浪费掉。而且，每天干完活儿之后，我还能吃饱肚子。

有一天，福利院里来了一个来自美国的白人，他叫阿历克斯。我们互相介绍认识以后，阿历克斯告诉我他来自俄亥俄州的一所大学，现在正在肯尼亚研究课题。他问了问我的生活怎么样，于是我滔滔不绝地向他讲述了我的经历。

听了我的故事之后，阿历克斯掏出了一本《希望的见证》，把它送给了我。

他说："肯尼迪，你一定要看看这本书，你肯定会很喜欢的。你和马丁·路德·金有好多相似的地方。”

这本书让我爱不释手。美国社会经历过的斗争，让我想到了我在贫民窟中的经历。无论你来自哪里，痛苦的斗争是相同的。在美国，种族引发斗争，如果你是黑人，你会因为肤色而受到歧视；在我们这里，阶级产生斗争，阶级矛盾很严重，因为我是穷人，我便不得不任人践踏。在肯尼亚，如果你是个穷人，没人会愿意帮你获得公正的待遇。

“黑暗无法驱除黑暗，只有光明才可以；仇恨无法驱除仇恨，只有爱可以。”

“信念就是即便你看不见整段楼梯，也要勇敢地迈出第一步。”

读了马丁·路德·金的经历后，我哭了。他从不放弃，为了黑人能够获得平等的权利而奋斗终身。他认为要获得最终的胜利，不能仅仅靠他自己奋斗，而是得靠人们团结在一起进行抗争。马丁·路德·金的思想让我想起了妈妈的话：

“每个人都是伟大的，因为每个人都能为社会做出一份贡献。即使你没有大学文凭，即使你写下的句子语法是错的，你也可以做出贡献。你只需要有一颗仁慈的心，和一个由爱而生的灵魂。”

读这本书的时候，我感觉像是我在同妈妈和马丁·路德·金一起交谈，他们都在对我讲述着我仍然看不清楚的希望。

有一天，阿历克斯建议我和一个叫莫丽的女孩子写信交流，莫丽也来自俄亥俄州。阿历克斯从他的钱包里拿出了一张莫丽的相片给我看，她很漂亮，我想让她做我的女朋友。

阿历克斯给我介绍了莫丽的家庭：她的妈妈叫琳达，她的爸爸叫雷伊，她还有一对双胞胎妹妹阿莉莎和艾米莉。阿历克斯还告诉我莫丽家有一条叫作杰迪的狗，杰迪也住在房子里。我觉得自己好像已经恋爱了。

于是我写了这封信："亲爱的莫丽，我是你来自非洲的男朋友。阿历克斯·比沙拉把你介绍给了我。你的照片非常漂亮。你的胸部很好看，你的屁股也很棒。你的皮肤就像美玉一样洁白无瑕，我好想面对面地看看你的眼睛。"别忘了，我那时只有十四岁。

阿历克斯说，我应该给莫丽的妈妈琳达也写一封信。他说琳达是一个很了不起的女性，是一个天使。

我说："阿历克斯，你疯了吧。我才不在乎她妈妈呢。我只在乎我的女朋友！在我们的文化里，我们不和丈母娘说话。"

"好吧，肯尼迪，但是你给琳达写上几句话会显得很有礼貌，打个招呼就行了。"

于是，我又拿来一页纸，写道："亲爱的琳达，阿历克斯告诉我说你是一个非常非常好的人。因为莫丽和我走得很近，所以我们现在是一家人啦。请代我向阿莉莎和艾米莉问好。也向杰迪问好。肯尼迪。"

一个月后，我收到了回信。莫丽回复我说她很高兴收到了我的来信，她和家人看过我的信后都被我逗笑了。她还说，他们想要和我保持联系，想要更深入地了解我的生活，看到这里我忍不住哭了。

"这个愚蠢的白人女孩怎么可以把我写的信给她父母看呢？！这

可是我们之间的秘密啊！我给她写的那些情话怎么能让她妈妈知道啊！她为什么要这样做？”

阿历克斯安慰了我，然后劝我别管这些了，给她回信吧，在信里多讲讲我的生活，也说说我为什么没有上学。

“阿历克斯，这和上学或者其他什么都没关系。这可是我的女朋友啊，兄弟，这可是我的女朋友，我想让她来肯尼亚的！”

“没错，肯尼迪，我知道。但是你听我说，你就再多给他们讲讲你自己，行吗？他们真的都是好人。”

于是我在信里介绍了我的生活，让我女朋友也多讲讲她的生活。这段时间我一直在写信和收信，莫丽的回信比较简短，但是她妈妈琳达给我写了一封长长的信，信里还夹着他们家人的相片，还有大狗杰迪的相片。每天晚上睡前我都会拿出她的信读一读，这些信我就算看十遍也不会觉得烦——在地球的另一边有人惦记着我，这种感觉真不错。

琳达在信里问了我的家庭情况和我家人的名字。她还问我肯尼亚的学校怎么样，学费是多少。我四处打听，问到了内罗毕城外的一家非正规寄宿制学校的学费。我还打听到，这所学校只要我能交得起学费，就能去上学，不要求我有学习基础。

我把这些告诉琳达，她回信说：“太好了。我可以替你交学费。”

我完全没有想到会这样，不敢相信我有这么幸运。后来我才发现，莫丽其实是阿历克斯的女朋友，他这么做是想让琳达帮助我。

琳达和我在信中无所不谈，甚至包括我和妈妈都不可能聊起的话题。比如在非洲文化中，我们从来不和父母聊恋爱和性，尽管在基贝拉艾滋病已经大肆蔓延开了。但是琳达会和我聊这些，她问我有没有用过避孕套。说实话，她是第一个告诉我要用避孕套的人。我认识的人中就有因为根本不懂避孕套可以预防，而不幸感染了艾滋病。从来没有人教过他们使用这种保护措施。

我把琳达看作我的美国妈妈。有个人在万水千山外的俄亥俄关心着我，这种感觉无与伦比。琳达的帮助让我觉得自己很重要，也让我有了被人爱护的感觉。通过和琳达交流，我对美国人的生活有了很多了解。她寄给我雪景的照片，白雪皑皑的景色让我沉醉。她还给我寄过曲奇、糖果和其他美国的好东西。我要感谢我的邻居欧蒙迪爸爸，因为我一直用的是他的通信地址。他在内罗毕工业区的一家工厂里有一份体面的工作，我留给琳达的是欧蒙迪爸爸工作单位的地址。欧蒙迪爸爸经常查看邮箱，每当有寄给我的信件和包裹，他就会帮我带回来，从来没有私自拆开过我的东西。

琳达知道了寄宿学校的学费后，就直接通过西联公司把钱汇给了西德尼校长。我就像从天而降一般，落进了“高中”里！我在基贝拉的另一个邻居汤姆是一个汽车修理工，他靠给富人修车赚钱，他送给我了一双黑色鞋子。这是我人生中第一双真正的、不会露出脚趾的鞋子。这双鞋对我来说太大了，但我还是收下了，这是一份非常慷慨的礼物。

从基贝拉乘坐公交车到寄宿学校要两个小时。这所学校并不正规，学校里没有一样设备能跟“学校”这个词联系起来。学校里没有书，教学楼非常破旧，厕所的地上到处淌着尿液，比贫民窟的厕所还脏。

我心想：“*我从一个基贝拉来到了另一个基贝拉……*”

这里的传统很野蛮：新来的学生都要挨打。我把我混迹街头时学到的打架经验用在这里，其实我不想和别人打架，但是我故意让自己看起来像个厉害的危险分子。他们给我起了一个外号，叫作“头号人物”，意思就是头号大王，或者最疯的疯子。

学校的条件很差，其中的一个问题就是伙食。没过多久我就发现，为了让学生产生饱腹感，他们在饭里添加了石蜡。吃了这样的饭会造成胃痉挛，我们经常胃疼得死去活来。我去找西德尼校长反映了情况，告诉他这样是不行的。他并没有把我当回事，他说学校收费很低，他们已经尽力了，学生们必须得理解。

一个深夜里，全体学生聚在一起开会，谈论我们的不满和愤怒。最后大家决定，除了身无分文的我以外，大家一起凑钱买汽油，然后放火烧了我们的宿舍和教室。我坚持要求每一个学生都得知道这次行动的计划，这样每个人都能提前撤离，确保不会有人员伤亡。

我想再给西德尼校长最后一次机会。我去找他的时候，他正在办公室里吃着面包喝着茶，看到这些，我就开始流口水了。

我急切地说：“西德尼校长，现在事态很紧迫，大家准备要闹事了。我来告诉你，完全是因为出于好心。如果你现在做点什么的话，我觉得我可以让大家平息下来。”

他再一次拒绝了我，说：“有本事他们就闹啊。”

学生们在宿舍和教室里放了火。很快，大火就失去了控制。警察赶来，对我们使用了催泪瓦斯，把所有的学生都围了起来。无论是否参与了闹事，都被他们赶上卡车带走了。到了警察局之后，他们粗暴地用警棍打我们，像赶动物一样把我们从卡车里赶了下来，然后轰进了牢房。牢房里面关着的其他囚犯都是些可怕的恶棍。牢房里唯一的厕所就是一个臭烘烘的破桶。

我们在牢房里被关了三天，但是感觉像是被关了三年。我们被释放的时候，他们坚持要我们的父母对学校的损失进行赔偿。因为我在闹事前提醒了西德尼校长，所以他没有要我赔钱，反而还给了我返回基贝拉的车票钱。

我回到基贝拉之后得知，每一家报纸都报道了这次学生闹事被警察逮捕的新闻，大街小巷尽人皆知，但是报纸上面写的都是些歪曲的谎言。妈妈听说这件事之后，担心得要命，她觉得我在监狱里会被折磨死的。回到基贝拉之后，我忽然间变成了大家眼里的英雄，“头号人物”的外号也传遍了基贝拉。

Chapter 07

杰茜卡

我的交换项目有一项内容：去肯尼亚海边的一个斯瓦希里族穆斯林村庄生活两周。这是一个能够深入体验当地风土民情的机会。出发前，我去跟肯尼迪暂时告别。

“幸亏你已经差不多会用村民的方法洗澡了，”他和我开玩笑，“给我带个椰子回来啊。”

在新的村庄里，我的寄宿家庭的成员热情地接过我的行李，领我去他们家，并且叽里咕噜地对我说着我几乎听不懂的斯瓦希里语。他们的小屋是用木棍和草建成的，里面有两个房间，室外有一个做饭和吃饭的地方。在基贝拉，我已经能应对不少困难的任务了。在这里，我和住家的四位女性一起做饭，有奶奶、妈妈和两个女儿。现在是封斋时期，因此我们白天不吃饭，在傍晚时准备好丰盛的晚饭，等太阳落山后再吃，有椰子饭配豆子、煮小扁豆，还有恰巴提薄饼。早上，我的住家妈妈给我熬带辣味的印度茶，还让我在出门“上学”前必须吃掉几乎一整条白面包。

每天早上，我的住家妈妈和妹妹法图玛都会替我打扮。这里的穆斯林文化与我一直以来的想象很不一样，她们用一块彩色的棉布把我的头包起来，但是我的脸不用被遮住。这样的头巾叫作“莱索”，每一块头巾的花色都不同，头巾边上有一句斯瓦希里语的谚语。我的日常着装是一条舞会长裙，看起来是八十年代的衣服（我确定，这条裙子是被人捐到善意之家[①]后又被送来这里的），头上围着头巾。这一身打扮就像是万圣节的服装。

白天，我们上斯瓦希里语强化课。一段时间后，我的耳朵逐渐适应了这门语言的韵律。读单词时，我的嘴巴需要频繁运动，比如美（maridadi）、辣（pilipili），还有“海洋（bahari）”。我特别喜欢斯瓦希里语里大量的 m 和 n 音还有卷舌音 r。我从没说过这么美妙的语言，它的美让我觉得值得细细品味。

这个村庄紧挨着海滩，每天我们都可以欣赏印度洋的美景。我常常光着脚在沙滩上走来走去，感受着脚下的细沙，享受着自由的乡村生活。每天人们做完日常杂务后，就挨家挨户地串门。晚上我们去海里游泳，全村的孩子们都加入了我们。但是村里的长老们召集我们开了一个会，他们对此很不高兴。他们说，在晚上，邪恶的魂灵就埋伏在大海里，预备着把人们抓走，而我们带着孩子们游泳，会让孩子们置身于危险之中。这之后，我们晚上都不去游泳了。

一开始，我觉得这里可能就是天堂了——海滩上的一个村庄里，人们过着慢悠悠的日子。但是随着时间一天天地过去，我在这里看

---

① 善意之家（Goodwill）：美国的一个非营利性组织，销售物品全部来自于人们捐赠的二手货物。

到了基贝拉的影子。我们的寄宿家庭在我们面前都尽力掩盖他们的贫穷，但是每天当一包包免费的豆子和大米运来的时候，他们还是无法掩饰他们的喜悦。这些粮食是我们的交换项目赠送给寄宿家庭用以表示对他们的感谢的。比起基贝拉，这里的空间的确更加开阔，景色更是优美太多，但是这里几乎没有经济活动。打鱼是人们谋生的唯一手段，每个人都过着勉强糊口的日子。村子里只有一所学校，许多女孩子都没有上学。

苏毕提是这个村子的年轻领袖，他说着一口优美的英语。我和他在一起聊天，他告诉我，想要走出这里难上加难。这个小村子就是他生活里的全部世界。

苏毕提问我结婚了没有。我大惊小怪地说：**当然没有！我才二十一岁！**他笑了。二十一了还没结婚？在这里可是闻所未闻的事情。我和他们的人生步骤是如此不同，在这个海边的斯瓦希里族村子里，人们二十一岁做的事情，与美国人认为三十一岁应该做的事情是一样的，就好像这里的人们丢了十年的光阴。

我的脚上长了恙螨，我以前根本没听说过这东西。沙子里的跳蚤钻进了脚趾的皮肤里，并在里面产卵，我的脚趾上起了很多小疙瘩。如果虫卵没有及时取出，卵袋破裂，虫卵会继续繁殖，皮肤上的疙瘩会变得非常疼。我大呼小叫地跑去找指导老师欧多，他看了我一眼，就被我的惊慌失措给逗笑了。

“我见过好多学生长这个，他们都活下来了。”他说完，找了一根针，把它们挑出来，“别怕，我有除恙螨的博士学位。”他笑着说。

我想给肯尼迪打电话，把这里的一切都告诉他。我想说，我感觉自己就像住在另一个世界里，就像在这个肯尼亚沿海的小小的穆斯林村庄里隐居；我想说，我已经学会了做椰子饭配豆子；我想告诉他水里的鬼怪和村里的长者；早上五点，召集晨祈的美妙呼唤声随着海风飘远；晚上，纯净的夜空被无数星星点亮，没有一丝灯光的污染，壮美的星空令我惊叹万分。

但是我没有打电话。肯尼迪那次在小山上对我说的话，让我既吃惊又失落。他说要和我共度一生，但是这个话题之后再也没有提起。我们的交谈仍然自在，但是从那以后我们一直保持界限。我们都很小心。

我知道，在他面前我可以放下所有戒备，但是如果真正和他“在一起”了，我就得放弃很多东西。我想象不出在我的世界里他能得到幸福，而我在他的世界里又能快乐吗？我看了看手机，没有打电话。我穿着在蒙巴萨买的一条新裙子回到了基贝拉，裙子上布满了红玫瑰和白玫瑰。我的头发编成了辫子，身上长着疥疮。我必须先在内罗毕的寄宿家庭里住几天，因为如果我回基贝拉住，很可能会把疥疮传染给肯尼迪，而且我需要有人帮我在全身所有地方涂上疥疮药膏。长疥疮的地方特别疼，我还要吃药片，杀死在我身体里快速繁殖的螨虫。一想到这些我就打寒战，我问欧多，我身上为什么会长这些，他说长疥疮有很多种原因，我可能是因为在村子里不小心接触了什么动物。

肯尼迪在门口，轻轻地敲了敲门。他的目光从房子移到寄宿妈妈破旧的吉普车上，再移到我新编的辫子上。他的脸上有掩饰不住的不适。这与他平时的自信和随意反差很大，让他看起来有些陌生。

“他们给你安排了好地方住。”他干巴巴地说。我感觉到我的脸一下子热了起来。

“是挺好的。可能是他们害怕没有大门，小姆宗古就会到处乱跑。”我开玩笑，“进来吗？”

“你怎么不出来。”这句话里并没有疑问的语气。他的眼神有些冷冰冰的，平时温暖的目光和藏在眼里的一丝顽皮都不见了，我的心开始怦怦直跳。我感觉我做错了什么。

“我跟露丝妈妈说一声，马上就出来。”我跑进家，大声对露丝妈妈说我要出去一趟。我爬上楼梯到我的房间里拿上给肯尼迪带的椰子，出来路过厨房时，又拿了几个热的恰巴提薄饼，把它们藏进塑料袋里。他可能饿了。想到这里，我的胃里突然有了强烈的感觉。

我朝走廊的镜子里看了一眼，几乎认不出自己了。我的头上堆满了辫子，头发显得又厚又不自然，看起来有些狂野，却出乎意料地有女人味。当我想到在村子里寄宿家庭的母女花了八个小时才把我的头发变成这样，我就忍不住地想笑。她们本来还想用海娜花给我染指甲，但是太阳很快就落山了。她们帮我编头发时，不停地揪着我的头发，我疼得直叫唤，身体扭来扭去，她们让我坐好别动，耐心一点。我从来都做不到有耐心，在家里我和我的家人都有一个外号，是根据我们最真实的缺点起的，我的是“裤子里有蚂蚁”。当寄宿家庭的妈妈和妹妹终于完成时，她们看着我，开始微笑。在我看来，我的样子非常可笑。典型的“白人女孩在非洲”嘛！但是在她们眼里，我的辫子能让我成为她们中的一员，至少暂时是这样。

我不知道肯尼迪觉得我的发型怎么样。他站在门外，当我出来时，他的眼睛望向一边，并不看我。我的失望让我感到惊讶，我竟如此在意他的反应。

“我们去走走吧。”他说。

我们慢悠悠地在绿树成荫的路上走了一会儿，然后坐在马路牙子上，看着眼前的车来人往。我打开塑料袋，撕了一块恰巴提薄饼放进嘴里，然后把袋子递给他。我知道如果他感觉到我是专门为他带了吃的，他的自尊心会受到伤害。

“你没给我打过电话。”他的语气很平静，我听不出来他是不高兴，还是只是在陈述一个事实。我又吃了一块薄饼。

“在那儿很忙，有很多新东西要适应。”

“你男朋友喜欢你的新发型吗？”他的语气变得快活起来，就像我俩是在闲聊的老朋友一样。

“嗯，他觉得很好看。”我突然发现，我想让他吃醋。

肯尼迪变回了那个自信迷人的他，开始给我讲在我走后SHOFCO的年轻人都做了哪些事情，并且愉快地接受了椰子。

接着，他的语气又变了。

“我要离开几天，我得回老家一趟。现在我妈妈住在那儿，呃，这有点尴尬——我们家没有厕所。我一直在存钱，因为我要回去盖一个厕所。在村子里，没有厕所是一件很丢人的事情。”

肯尼迪站起来，拍了拍裤子，然后生硬地说："我要走了。等我回来咱们再聊。"

在我回答之前，他就迈开大步朝基贝拉的方向走去。他没有回头看。不知为什么，我觉得他好像对我吐露了内心深处的秘密，但我不确定他是不是有意的。我独自坐在马路边上，直到夜幕降临，才起身朝着另一个方向回家。

几天以来，他都没有给我打过电话。在寄宿家庭养好了疥疮后，我开始想念基贝拉的生机，那里有我新获得的新奇感和归属感。我的生活开始像交换项目里的伙伴们一样规律，早上去"上学"，听讲座，上斯瓦希里语课，然后回到在伍德雷的寄宿家庭的家，吃晚饭，和露丝妈妈一起看新闻，在九点以前就上床睡觉。

我大一时的宿舍辅导员嘉比打电话联系我。她要来内罗毕！她以前在肯尼亚沿海地区参加过一个类似的项目，她对于那个项目的大力推荐是我选择来肯尼亚的原因之一。

我想让肯尼迪见见她，所以我给他打了电话。我屏住了呼吸，听着电话里的嘟嘟声。他没有接。我给他发短信：*有朋友要来内罗毕，我想带你见见她。你回来了吗*？二十分钟后，他回复：*昨晚回来的。五点在奥林匹克见*？

肯尼迪在奥林匹克的一家小商店门口等我，以前他带我去那里买过汽水。距离上次见面只过了四天，但是我却觉得我有一百年没见到他了。我们害羞地拥抱了一下，不让自己的身体和对方贴得太近。

"你什么时候回基贝拉？"他问。

“治疥疮的药明天就吃完了。我明天晚上回去，行不行？”

“我有的选吗？”他冲我挤挤眼。

我们朝亚当斯商场走去，那里是我们和嘉比约好的地方。在这里见到卫斯理的人，真有一种超现实的恍惚感。嘉比来了，我们一起坐上公交车去市中心。肯尼迪已经选好了一家饭馆，那家店做的鱼很有名。公交车东摇西晃地在内罗毕疯狂的交通中穿行，终于，肯尼迪说：“到了。”

我们下车时，他小声对我说：“我希望你喜欢这家店。”

在饭馆，我们坐在室外，听着店里播放的传统音乐。嘉比看着我，冲我微笑。蒙巴萨的太阳把她晒黑了。我们都点了鱼，端上来的鱼是一整条的，旁边配有乌加里和蒸好的蔬菜。我看着肯尼迪怎么吃鱼，然后学着他的样子。他用乌加里蘸了鱼下面的汤汁，津津有味地吃着。接着，他切下鱼头，把鱼的眼睛和脑子吃掉。我们吃完后，我和嘉比叫服务员埋单。

服务员困惑地看着我们，然后说：“账单已经付过了。”

“我已经搞定了。”他轻描淡写地说，然后起身去洗手。

我和嘉比面面相觑，目瞪口呆。我们都知道，这种情况下应该由我们付钱，如果不是因为我们，他绝对不会来这种地方吃饭。

“这得花好多钱，可能是他一个月的房租。”她低声说。

我点点头，被他的慷慨之举感动了。*在非洲，男人付账。*我们在饭馆里又坐了一会儿后，嘉比得走了，她不能回住处太晚。我和嘉比拥抱告别。

我们朝车站走去的路上，肯尼迪抓起我的手，把我拉进了一家昏暗的酒吧。酒吧名叫塔科斯（Tacos）[①]，不过里面根本没有墨西哥菜的影子。

“咱们去喝一杯。”

我们来到酒吧靠里面的一个卡座上。酒吧里烟雾缭绕，弥漫着啤酒味。斯瓦希里语流行音乐震耳欲聋，肯尼迪兴奋地大喊着“噢噢噢”，他举起双手，跟随音乐扭动肩膀和屁股，扭了几下之后才坐下。他点了图斯克啤酒，女服务员给我们一人上了两瓶，这样她就不用很快再来给我们上酒。

“这是我们以前最最想来的地方，我们在贫民窟的一帮男生。”肯尼迪怀旧地笑了，拿他的啤酒瓶和我的碰了碰，“有时候，我和安东尼、波尼费斯和乔治会一起溜去城里的雷鬼俱乐部，路过这家酒吧的时候，我们就说，这里是有钱人（watu wadozie）来的地方。”

我被他声音里的淘气逗笑了。我环顾四周，情侣们和朋友们坐在摆着空酒瓶的桌子前，享受着轻松愉快的周五夜晚。

“我们溜进雷鬼俱乐部以后，得小心行事，注意不要惹上大麻烦，被人抓起来。乔治和波尼费斯每次都直接去找美女。我不去，我连看都不看她们。我会自己跳舞，沉浸在音乐和歌词里。我喜欢那些关于正直、不放弃，还有巴比伦制度的歌词。”他把手放在

---

① Tacos 意为“墨西哥薄卷饼”。

心口，唱起了一首当地歌曲：“*I'm a humble African, passing through Babylon. I'm a humble African, trouble no one.*[①]”

“我妈经常说，我唱歌是最难听的，但是我特别喜欢唱！”他大笑着说。

“她说得没错！”

“巴比伦，在雷鬼音乐里指那些十指不沾泥、不了解底层艰苦生活的人。拉斯塔法里教徒叫这种人‘芭比’。”他鬼鬼祟祟地凑向前，对我说，“这个酒吧里的人，大多数都是芭比。”

“那我呢？我是‘芭比’吗？”

“很难说，但是你很疯狂、很坚韧，更像个塔法里教的女信徒。”我刚刚喝了一口啤酒，听到他的话我突然大笑起来，结果被啤酒呛住了，我边咳边笑。

“乔治和波尼费斯都要疯了。他们凑到姑娘们身边，给她们买喝的，但是人家不理他们。我在自己的世界里投入地跳舞，扭着屁股，姑娘们就跑来找我了。就是在那个时候，我学到了对待女人的秘诀。”

“哦？是什么？”

他意味深长地笑了笑，随着音乐抖动着肩膀作为回答。我们默默地喝了一会儿啤酒。啤酒、烟味和昏暗的灯光给我壮了胆。

“你前面为什么要那样做，肯尼迪？你干吗把晚饭钱都付了？你

---

① 歌词大意：我是一个卑微的非洲人，路过巴比伦。我是一个谦虚的非洲人，不麻烦任何人。

不用请客的。”

他直视着我的眼睛，说：“我存了好久的钱。我知道我为什么要这样做。”

我的心里微微发颤，不知道该说些什么。尽管已经壮了胆，但我的胆子还是**不够大**。

我们从酒吧出来后，已经没有公交车了，所以我们坐了一辆出租车。被黑夜覆盖的城市看起来与白天截然不同。路上灯光很少，连主路上都黑漆漆的。黑暗中，每一个角落看起来都暗藏玄机。司机加快了速度，住宅楼、红绿灯和站在角落的人都从窗外一闪而过。

我和肯尼迪坐在出租车后排破旧的塑料座椅上，我觉得我可以估量出我们大腿之间的那一点点距离，精确到毫米。

突然，他的手开始在我的头发里穿行，抚过我的脸，然后把我拉向他。他的双手就好像不再受他控制，黑夜和酒精赋予了它们生命。我感觉好像车里的所有空气都被抽走了。我幻想过无数次，他的手是什么感觉。我可以感觉到它们的力量和温柔，以及它们的渴望。有那么一刻，我闭上眼睛，希望时间静止。

但是我不能——我们不能。来不及多想，我向后躲开。

他的手立刻缩回去了。

“对不起——”

他既没有说话，也没有看我。他盯着窗外，身上冒着热气，要么是因为生气，要么是因为自尊心受伤，也可能两者都有。我在紧张时的典型反应是咯咯傻笑，这次我也没能忍住笑了一声。不知道上一个拒绝肯尼迪·欧戴德的女孩是谁？我敢说，他肯定再也没有跟她说过话。他的这一点特别吸引我：他自信总有一天，他能得到他想要的一切。他知道自己与众不同，并且对此坚信不疑。如果他爱过我，我也会因此而变得特别。

他用卢奥语对司机说了些什么，车停下了。他打开门，一言不发地下车，把门砰地关上，消失在夜色中。

我愣住了，在车里呆坐了片刻，然后坚定地对司机说："请送我去伍德雷小区。"

第二天早上，我慢吞吞地穿过小区和基贝拉之间的市场。我在脑海里练习着和肯尼迪见面时的对话，我不知道该对他说什么。一想到要见他，我就紧张得要命。只要我闭上眼睛，一段带着频闪灯光的画面就不停地在我眼前播放，出租车的后座、他移动的双手、我紧张的呼吸，还有被重重关上的门。我甚至不知道，他还想不想让我回到基贝拉。

当我走到肯尼迪家时，他正和两个我不认识的男人围在一起热切地交谈。我尽量不引人注意地悄悄进去，把我的背包放在角落，然后又像进来时一样轻手轻脚地出去。其中一个男人有一大堆工具和电线，他在墙的外侧裁出了一个洞，跟肯尼迪比画着解释，他是怎么在纸板墙里面安装了电线。我站在门外好奇地向里面张望。

肯尼迪看着门外说："嗨，欢迎回来。"

我仔细地研究着他的脸，但是看不出任何与昨晚有关的东西。

他的表情既坚毅又专注。我有些失望，却又感到松了一口气。

“嗨，你在干吗？”

“哦，你说过你的笔记本电脑需要电，因为电池用不了多久，所以我在给家里接电线。”

我看着那个男人忙着把他的临时“电线”连到屋子中间的灯泡上，惊讶地摇了摇头。

“怎么弄的？你们要把电线连去哪里？”

“这里可是基贝拉。这些人都很聪明，他们可以想办法创造各种机会。他们悄悄搭上了城里的电线，如果想用他们的电，就要给他们付钱。”

“所以你要每个月给他们付钱？”

“对！他们帮你连上电源，每个月给他们付电费，不付钱他们就会给你断电。电流不是很强，但是至少有时候能用。在基贝拉，看谁的家里有电，就知道谁的日子过得比较好。”

“你家以前都没有电？”

“我从来都不需要电。”他直截了当地说。

他语气里轻微的讥讽令我不安，我想起了他昨晚讲的那个词，*巴比伦*。

“那个，我可以付电费，不好意思……其实你不用给家里拉电线，我可以在学校里充电。我不想麻烦你——”

“停。”他打断我，“我以前也可以给家里安电，我只是一直都不需要。你知道美国人的问题是什么吗？你们总以为全世界都在等着你们的钱。”他说完，直接走进了屋子。

我坐在门口的硬水泥地上，被肯尼迪的谴责刺痛了。我突然意识到，我是他日常生活里的入侵者。他以前就在这里，我走后他还会在这里。他为我拉电线，因为我他的弟弟妹妹很少住在他家，我的出现已经干扰了他的生活。他知道我面对新的环境需要适应，但是比起安慰我，他有更大的问题要面对。有时候，他会心不在焉地把茶直接倒在桌子上，他的心思根本就不在这里。他所思考和担心的事情，都沉重到我不敢想象。晚上，他筋疲力尽地倒在床上，连说话的力气都没有。

我意识到，出租车里发生的事情，只是酒精和黑暗使然。肯尼迪又回到了以前的状态，热情友好，富有责任心，而且极为忙碌。他这么年轻，却肩负这么多责任。他要为家人提供食物，他把做清洁工挣来的钱寄给在老家的妈妈。他要给几百个年轻人开会，他讲话时，所有人都全神贯注、极为安静。他和路上的女性交谈，她们都请求他去家里喝茶。他帮助人们做起了无数个生意。每周日，他都在铁皮房办公室里给 SHOFCO 的全体成员开会。参加会议的人太多，每个人都只能站着，来晚的人就站在窗户外面看。

很多时候，我都不知道该对他说些什么。现在对我来说，肯尼迪更像是一个遥远的英雄，而不是日常的普通人。我开始觉得，对他来说我就是一个孩子。在我的国度父母为我提供了很多保护，让我免于经历现实世界的许多残酷，对此我很感激，同时也充满了负罪感。

“愧疚是一种奢侈。”肯尼迪对我说。

* * * * * *

每天下午四点左右，有时候更早，男人、女人甚至孩子们都来找肯尼迪，向他寻求帮助或建议。从下午到晚上，肯尼迪一直和来访者挤在沙发上，专注地倾听他们说话。有时候他们会激烈地讨论，声音越来越高，比如当肯尼迪调解家庭纠纷或者给出婚姻建议时；其他时候，来访者的声音轻柔而绝望，他们牢记肯尼迪说的每个字，他的建议是他们唯一的一丝希望。今晚站在家门口的男子看起来不超过二十五岁，但是他的肩膀已经被绝望压垮了。肯尼迪打开门，然后望向我。这个眼神是我们之间无声的信号。

看到我在，很多来访者措手不及，他们连门都不进。“我过会儿再来。”他们对肯尼迪道歉，然后转身带着他们的问题回到黑夜中。

因此，只要肯尼迪一看我，我就钻到房间里挂着的床单后面，抱着腿坐在小小的床架上。有时候，我听着他们的谈话。其他时候，我戴上耳机，躲进另一个世界里，一个离这些我无力解决甚至听不懂的问题很远的世界。我的斯瓦希里语在慢慢地进步，我听懂的内容足够把谈话的主线拼凑出来。但是肯尼迪经常切换成卢奥语或者基库尤语，他说这两种语言更流利，还带有他称为“母语”的亲切感。肯尼迪除了斯瓦希里语和英语，还能说四种“母语”，这让来访者很快就能感到安心。我特别爱听他在这几种语言之间的无缝转换。每种语言不同的节奏和韵律都让我感到着迷，肯尼迪的手势和发音也让我印象深刻：卢奥语的发音快而饱满，词句里包含大量“O”的发音；说基库尤语时，他的舌尖顶着门牙，声音在嘴里向前冲，轻快而饱含空气。我刚刚发现，肯尼迪还有他自己的发音规律，惊讶时，他说话会有很多轻声的“呲科、呲科、呲科”的音；愤怒时，“呲科”的声音会变大；而当他生气或受挫时，他会大声发出啧啧声。

人们在家门口排起队等着与肯尼迪交谈，这已经成了每日常规，因此我们经常很晚才开始做晚饭。和别人谈话时，他就完全忘记了时间。我得安静地坐上几个小时，让自己尽可能地不引人注意，这也让我觉得疲惫不堪。有时候，一到下午，我就出去和安娜或者肯尼迪的妹妹利兹四处走走，她们把这叫作“绕圈圈”。他从没有对我说过让我暂时离开，但是我能觉察到，我的存在给他的生活带来了干扰，而当我离开家，让他和来访者独处时，我也能感到他轻松了许多。

肯尼迪是不知疲倦的。有时候，我害怕下午的到来，但是他却好像盼着和大家见面。每一天，人们都去艰难地寻找工作，下午回来时带着新的愁虑需要向他倾诉。很多问题，肯尼迪也无能为力，给不出什么解决办法，但是他并不退缩，一直都无所畏惧。有些晚上，接待完所有的来访者后，他会显得尤其开心。他跑出去跟邻居们聊天、讲笑话，他的笑声飘荡在夜空中。他会弄到很晚才回来，回来时，我已经睡着了。而有些晚上，他表情沉重，一言不发。我们沉默地吃着晚饭，沙得拉克、科林斯和利兹经常和我们一起吃饭，他们知道怎么逗他开心。他们小心翼翼地观察他，满眼都是顺从。我学着他们的样子。

只有一次，敲门的人不是来找肯尼迪寻求建议的。他带着一个很老的相机，是那种每次拍照都要放入新底片的相机。肯尼迪惊讶地笑着和他拥抱，看起来，他们很久没有见过面了。

“我小时候的所有照片都是这位先生帮我照的。”肯尼迪对我解释，语气中带着敬意，“以前，他隔段时间就会来一次，我妈会倾其所有让我们照张相，哪怕照完相我们晚上就没饭吃。我有三张照片。”

我拼命控制住脸上的肌肉。肯尼迪的整个童年只拍过三张照片？我们家的地下室里堆满了我小时候的照片，它们记录了我成长的各个阶段，而我从没在意过它们。

“出来，我们一起照一张。”肯尼迪拉起我的手，从口袋里小心翼翼地拿出了珍贵的四十先令。

今天晚上，门外站着的男人怀里抱着一个婴孩，婴儿尖锐的哭声让房间显得更小了。这个男人叫欧奈斯姆斯，他和肯尼迪用斯瓦希里语急促地交谈着。这个婴儿是个女孩，两天前刚刚出生。他们没钱去诊所，因此她妈妈只能在家里生产，在生产中不幸去世了。欧奈斯姆斯看着宝宝，一脸的迷茫和困惑。肯尼迪帮他抱着孩子，沉默了很久后，他说：“她和她妈妈长得很像。”肯尼迪的眼角湿润了，他流下了两行眼泪。我发现他哭的时候是不出声的。

“我没有工作，买不起牛奶。这个孩子得过什么样的日子啊？”欧奈斯姆斯问。

肯尼迪站起来，把孩子抱在胸口，说：“咱们走吧，我有办法了。”

他们走后，我想着这个孩子和她年轻的妈妈，这个妈妈的年龄应该和我差不多。我的心里很沉重，不想在家里自己待着。我锁上门，朝艾米丽的棚屋走去。艾米丽是肯尼迪的妹妹利兹的好朋友。屋里，开着小小的电视机，艾米丽和利兹正在看一部尼日利亚电影。

几小时后，我回到肯尼迪家，惊讶地看到门口站着一群人。我挤进人群，想走到门前，但是没人给我让路。我失望地看到，门还是锁着的。我从包里拿出一把小钥匙，转身看到这群人都在期待地看着我。我认出了几张脸，但是大多数人我都不认识。他们盯着我，我也困惑地看着他们。我提高声音压过外面的噪声，抱歉地喊：“Ken hayuko!”他不在！我希望我的斯瓦希里语没有出错。

几个闹哄哄的年轻人开始喊：“市长，市长！”我有些担心，他会不会出了什么事？我正在思考接下来该怎么办，突然整个人群都开始欢呼了。

“市长！市长！”肯尼迪及时回来了，欧奈斯姆斯和孩子没有和他在一起。他走进人群，脸上带着笑容，开始和人们握手、碰拳。有人开始唱歌，气氛变得喜气洋洋。肯尼迪朝大家挥手，就像在告诉人们不要激动。我溜进家里。

已经晚上十点了，他还在外面。闹哄哄的讨论一直持续着，有些人不满地大叫，而当人们取得共识时，他们就开始欢呼。终于，声音越来越小，门开了。肯尼迪看起来累极了。晚饭我做了炸香蕉，又去路边向一个女人买了几张恰巴提薄饼，她做的薄饼很软。我把留给肯尼迪的香蕉递给他，他抬起一条眉毛看着我。

“这就是姆宗古晚饭吃的东西？”他失望地说。

“我们不常吃，但是这个很好做。今天太累了。那个小宝宝怎么样了？”

他拿起一块薄饼，舀了一勺炸香蕉尝了尝。

“我知道在朗达附近，有一个慈善之家接收孤儿。我们把孩子带去那里，她们接收她了，我们的运气很好。”他没有描述细节，我也没再问。在我的脑海里，那个场景已经出现了。肯尼迪苦苦请求修女救救这个小婴儿；欧奈斯姆斯没有想到她们会接受他的请求，十分惊讶，也如释重负。这个孩子可以活下来了。她在那里能有食物和尿片，而欧奈斯姆斯无力承担这些。把孩子交给修女后，他们沉默地离开了，心里空落落的。他们并不是取得了胜利，只是获得了救援。

“外面的那群人，他们来干吗？”我问。

“杰西，马上就要选举了。他们希望我竞选议员，来这里劝我。”

“你怎么说的？”

“我拒绝了。我为基贝拉做好事，帮助大家，不是为了获得什么政治角色，但是他们不理解。我只想继续把 SHOFCO 做下去，如果有机会，我们每次只要能帮助一个人改变他的生活，我就很满意了。”

“但是他们都叫你市长啊，这不是政治吗？”

他的脸上浮起了友善的微笑：“这不是选举出来的市长，我为我的同胞们服务，这是人们对我的爱称。一个真正的市长，我不是指正式选举的市长，他要承担起那些政治家丢下的责任。”

我把肯尼迪吃剩下的香蕉吃完，然后把盘子收进地上的一个塑料盆里。明天早上我再洗碗。肯尼迪一个人出去了，我听到他在外面踱步。听着水泥地上来来回回的脚步声，我慢慢地睡着了。

Chapter 08

肯尼迪

一天，妈妈叫我和她出去走走。我们沿着基贝拉外围的铁轨，一直走到了一座山崖上。站在那里向下望去，整个基贝拉一览无余。我兴奋地用手指着我们家的房子。

妈妈说："肯尼迪，我想告诉你一件事。这件事情妈妈已经瞒了你很久了。"听到她这么说，我的心一下提到了嗓子眼儿。是不是妈妈得了艾滋病？还是别的什么可怕的事情？我吓得直打冷战。是不是妈妈像其他遭受家庭暴力的女人一样，想要自杀？我紧紧地握住了妈妈的手。

"妈妈，有什么事你都可以告诉我。"

妈妈泪流满面地看着我："肯尼迪，你的童年经历了太多太多的磨难，妈妈很抱歉。你是我所有孩子里最坚强的一个，也是我这辈子见过的最坚强的孩子。我知道有很多孩子，小时候特别苦，长大就成了废人，虽然他们比你受的苦要少得多。他们的人生都被毒品、色情或暴力毁掉了。"

我不明白妈妈为什么不直接告诉我，而是说起了这些东西。说真的，她越是拐弯抹角，我就越是紧张，不知道接下来她到底会说什么样的事情。

“肯尼迪，你真正的父亲不是你知道的这个人。”

我没有出声。这太出乎我的意料了。

“妈妈，什么，你说什么？巴毕不是我的爸爸？”

“他不是你的父亲。”

我的大脑乱成了一团糨糊，同时，我也有一种解脱感。终于，很多事情现在就说得通了，包括我的中间名Owiti。难怪巴毕从来没有对我好过，难怪他经常毒打我，难怪他看到我吃东西的时候会怒不可遏……

妈妈继续说：“我现在把这个告诉你，是因为我的命不长了。我觉得迟早有一天，巴毕会像他威胁我说的那样杀了我的。”

我打断了妈妈的话，说：“嘘……别说了，妈妈。我绝对不会让任何人伤害你！我会保护你的！”

妈妈和我抱头痛哭。

“你想知道……你的亲生父亲是谁吗？”妈妈害羞地问我，“那时我们还太年轻……”她的声音越来越小，沉浸在了回忆之中。

“你认识他吗？”

“肯，我当然认识他。”

“我的意思是现在，你知道他现在的情况吗？”

“我们已经没有联系了，但我们知道对方的——”

“所以他也知道我？”

“当然了，他知道。”

“但是我不想知道他。他还活着，而且知道有我这么一个儿子，但是他却不管我，让我受了这么多折磨！我恨他！我恨他胜过恨巴毕！”我冲着妈妈大喊，然后头也不回地朝着铁轨跑去。

我拼命地跑啊跑，直到我确定她没有跟着我才停下。我一直跑到了基贝拉里我从没到过的地方，我甚至都不确定这里是不是基贝拉。我想躲在一个没人认识我的地方，这样就不会有人认得出我，不会有人知道我有一个可怕的家庭，生活在暴力和殴打中。尤其是现在我知道了，他们成天打斗吵架的很大一个原因就是我。我是一个讨人嫌的孩子。我的痛苦生活突然有了解释：为什么我在家总是最后一个吃饭或者吃不上饭，为什么妈妈有时候冲我怒吼说我毁了她的生活，为什么在所有孩子中巴毕打我的次数最多，为什么巴毕会残暴地殴打妈妈，还有，为什么妈妈经常得在保护我和屈从巴毕中做出选择。

在基贝拉，养继子是很罕见的事。如果真有这种情况，家人一定会严守这个秘密。男人不愿接受别人的孩子，所以像我这样的孩子，很多都被遗弃甚至杀掉了，活下来几乎是不可能的。

但是，哪怕在巴毕最为暴怒的时候，他都从来没对我吼过“你不是我的亲生儿子！我不想忍受你这个负担！”之类的话，一次都没有。不论他喝得酩酊大醉，还是对我刁钻刻薄的时候，他都从未有过丝毫表露。可想而知，有一个继子是极大的秘密。

得知真相之后，我的心里还有些许宽慰——我和巴毕糟糕的关系不再困扰我了。同时我也感到恐惧，因为我知道只要我还住在那个家里，只要妈妈还和巴毕住在一起，妈妈就永远没法选择保护我，否则巴毕一定会杀了她。

就在那天，我决定，永远把我同母异父的弟弟妹妹们当作百分之百的亲手足。我深爱着他们，他们也非常爱我。有时候他们会悄悄藏一些吃的，然后趁巴毕不在的时候拿给我。

我的心里萌生出了一个梦：我将来一定要当一个和继父巴毕完全不同的好父亲。我不知道一个充满爱的家庭是什么样的。虽然我没有好的榜样，可我深知一个充斥着暴力的家庭是多么地恶劣。我希望将来有一天，我能够把我缺失的幸福童年带给我的孩子们。

对于我的亲生父亲我有什么看法呢？其实我已经不在乎他了，在我心里他就像是一个死了很久的人一样。他还活着吗？可能吧。说真的，我并不想知道。只有在基苏木[①]，我走在路上，偶尔有人对我说“你长得和你父亲一模一样”时，我才会想起他。但是为人父母不仅意味着传递基因，与孩子拥有相似的长相；一个真正的父亲要用父爱培育孩子，还要为孩子无私奉献自己。

我妈妈和弟弟妹妹们的日子越来越不好过，我不得不开始找工作。我四处寻找工作机会，却处处碰壁。在此期间，我和一个叫乔治·奥克瓦的年轻人成了好朋友。乔治在村里上完中学之后就来到

① 基苏木（Kisumu）：旧名“弗罗伦萨港”，肯尼亚第三大城市、西部经济和交通中心，尼扬扎省首府。

了内罗毕。他和我一样，也没有正式的工作，但是他有时候会在建筑工地缺人的时候去打些零工。我和他说好，如果他知道哪里缺人手，一定要告诉我。乔治平时沉默寡言，因此很多人觉得他性格腼腆，但也有谣言说乔治因为有一次打老师而被学校开除了。乔治身材高大魁梧，却长着一张甜甜的娃娃脸。乔治出生在一个一夫多妻制的家庭，家里一共有二十一个孩子，因此他年纪还小的时候就做过渔夫，辛辛苦苦赚钱养活自己。后来乔治家里把他送到了内罗毕的一个亲戚家，那个亲戚愿意教他做木匠。乔治告诉我，他不喜欢做木工活儿。乔治比我大七岁，他常常主动照顾我。在别人的眼中，他能干、强悍，受人尊敬。我们成了非常要好的朋友。

后来，我终于在一家工厂里找到了一份工作。我们干着苦力活儿，一天只能赚到一百先令，也就是一美元。薪水微薄，我们还被迫为中午吃的稀饭支付二十先令。稀饭稀薄如水，根本不够支撑我站着干完一天的重活。我坐不起公交车，只好每天走路上下班，来回一共要走四个小时，所以天还没亮，我就得从基贝拉出发去上班。每天早上我四点起床，洗漱完后，挤出一小会儿宝贵的时间阅读，再去叫我的朋友奥奇昂起床。这份工作就是奥奇昂给我介绍的。

每天早上，基贝拉的人们成群结队地走向工业区上班。来自不同背景的人们像兄弟姐妹一样走在一起，我很喜欢这种同志情谊。一路上，我们边走边聊，打发时间，直到我们走到工业区门口再分开。走在我身边的所有人看起来都很高兴、很充实——起码我们是去工作。虽然生活捉襟见肘，但我们已经算是少数幸运的人了，至少我们每天下班都能带一点点东西回家。我们走出基贝拉时，会想到那些根本没有工作的人。

但是，我从来都没有开心过。每天走在路上时，我都在想，我这辈子只能过这样的日子吗？难道年复一年在危险的工厂里做苦力，每天赚一百先令，就是我能过上的最好的生活？

有一天在上班的路上，一辆疾驰而过的小汽车溅了我们一身泥水。坐在车里面的人完全不在意我们这些走在泥地里面的人。泥水溅到了我的脸上，弄脏了我的衣服，我难过地流下了眼泪。

“奥奇昂，你知道吗？因为我们是穷人，所以别人拿我们当空气。那个开车的有钱人觉得我们什么都不是。如果我还在街头流浪，我一定会用石头砸他的车。现在我的白衬衣脏兮兮的，看上去就像是我在泥巴地里或者雨中睡了一觉一样。奥奇昂，为什么世界这么不公平？为什么有的人什么都有，有的人却一无所有？为什么不能让所有人都有足够生活的钱？”

奥奇昂大声对我说：“肯尼迪，你疯了吧。你想得太多了！”他加快了脚步，从我身旁走开了。

我对他说：“奥奇昂，我知道你觉得我疯了，但你听我说，将来我一定会有自己的车。我会小心地开车，平等地对待每一个人。”

奥奇昂摇着头，笑了起来，他觉得我精神错乱了：“肯尼迪，你永远，永远都买不起车。”

我们终于走到了工业区门口，登记后进入工厂。这是一家油罐制造厂，我的工作是把这些油罐按照尺寸排列好，然后再把它们装上卡车，送去加油站。油罐非常重，一不小心就会把人压扁。我的双手一直忙个不停，皮肤干枯，裂开了很多口子。

我们必须马不停蹄地干活，如果动作稍微迟缓一点，监工就会向领导反映，然后我们只能灰溜溜地卷铺盖走人。我们很清楚，我们随时都有可能被别人取代，因为每天工厂门外都排着一队找活儿干的人。有些人从早到晚都站在门口，等着里面的哪个工人倒了大霉被赶出来。我们是维持内罗毕经济运转的机器。我们对社会有用，并不是因为我们有思想，只是因为我们有力气。等到我们被榨干了，再也干不动了，我们就一点价值也没有了。

工厂里还有一间酷热的煤气处理室。轮到我去那里干活的日子里，我都很害怕，因为我知道以前有人死在了里面。有一次，就在这个处理室里，突然着起了大火，好几个在里面工作的工人都被烧死了。每天我都这样安慰自己：虽然我的这份工作极度辛苦和危险，但是我还是幸运者之一。我有太多的朋友压根儿就没有工作。

每天下班回到家，我都筋疲力尽，憔悴不堪。一天，乔治来我家找我，他面色苍白，一脸严肃。我们都在拼命赚钱糊口，所以这段时间里我很少见到他。

“波伊死了。”他平静地说。

波伊是和我从小一起长大的一个朋友，他总是面带微笑，开开心心的。穷困的生活让我们变得日渐麻木和沉重，但波伊却好像从未受到过影响。我感到了一阵彻骨的寒意。上个星期我还和波伊在一起，有说有笑地谈论女孩子。

“怎么死的？”我问乔治。其实我心里不愿意知道答案。

“波伊持枪抢劫了一家超市。”乔治低声说，“但他拿的只是一把玩具枪，不是真家伙。警察抵达现场后就直接击毙了他。他们根本懒得费一点点工夫去了解一下现场情况。波伊没有抢一分钱，他只是拿了些面包、牛奶和面粉。”

我摇摇头。波伊是他们家的顶梁柱，他的母亲和妹妹都靠他养活，我知道这有多么艰难。其实波伊是一个心地善良的好人。我感到心碎，我和波伊相识多年，突然间他就这么没了。他的命就这样白白浪费了。

几个星期后，我去探望我的朋友卡尔文，我很久没有见过他了。我穿过街角来到他家，推开了他家破旧的铁皮门，眼前的场景让我呆立在原地动弹不得。十七岁的卡尔文瘦弱的身体悬吊在屋子的正中间，脖子上套着一个随随便便系成的绳套。卡尔文上吊了。我剧烈地抽泣着，全身无法控制地颤抖。卡尔文，我可爱的朋友，就这样死气沉沉地吊在我面前，轻轻地晃着。他自杀前写下了一句话，完全说出了我的心声：“*我实在忍受不了这样的生活了*。”

我也曾很多次地想过自杀。只要吃下一些灭鼠药，就可以结束这无尽的折磨，就再也不用日日做苦力。我们的生命犹如草芥，一文不值。生活在基贝拉的人们对死亡早已见怪不怪了，坚持着活下去才是件不同寻常的事情。

后来，我的妹妹杰姬被一个邻居强暴了。晚上，杰姬独自一人回家，她走在一条曲折的小巷里时，被邻居拽进了他家。我感觉我的整个世界都崩塌了。巴毕想要杀了他，但又害怕再进监狱。想要让警察逮捕那个人，就得花钱贿赂警察，可我家出不起这笔钱；而且我们知道，如果我们不贿赂警察，把这个强奸犯关进监狱，他就可以很轻松地花钱买通警察。杰姬变得一言不发，再也不笑了。她那时还不到十七岁。

几周后我们得知，杰姬怀孕了。妈妈几乎要崩溃了，她的女儿怀孕的年龄和她生下我时的年龄差不多。我知道妈妈的想法，这也是我的想法：贫穷的轮回是无法逃脱的。

巴毕认为除了杰姬嫁给这个强暴了她的男人外别无他法。当巴毕说出这个决定的时候，杰姬的眼泪静静地淌了下来。我无法忍受眼睁睁地看着妹妹受辱，所以我悄悄地帮她逃走，安排她住在乡下的亲戚家里。杰姬住在一个偏远的村子里，帮那里的亲戚干农活儿。她在那里生下了她的孩子，小肯尼迪。然而，那个地方遭遇了大旱，颗粒无收。她刚刚成为母亲，但是生活对她仍是一副冷酷的面孔，杰姬没办法养活自己的孩子。她回到了内罗毕，她早已完全不在乎自己了，一心只想着让她的孩子活下来。孩子的父亲在一个加油站工作，所以他的经济情况比我家要好一些。他们没有举办婚礼，也没有任何仪式，杰姬就这样搬去和他住在了一起，和这个强暴她的人结了婚。在基贝拉，我们过着别无选择的生活，一切都由不得自己选择。我们用尽全力，仅仅是为了能活下去。

后来，在我家附近，一个小女孩被强奸了。她叫贝特丽丝，只有七岁。她被一个四十多岁的男人强暴了，她的白裙子上沾满了泥土和血迹。这个男人是她的邻居，他同样逍遥法外。我很想替这个小女孩讨个公道，但是有基贝拉的一个黑帮给他撑腰，因此政府对此事毫无作为。

还有一天，一个邻居在路上殴打他的妻子。大家看着她遭受毒打，却没有人敢出面制止他。我听到大家议论，因为她没有为丈夫准备晚饭，所以丈夫打她，但是这个男人并没有给妻子一分钱去买食物。和我讨论过这件事的人都用一种认命的态度说：**“基贝拉的生活就是这样的。”**

我想要做些事情改变现状。但我完全不知道该做什么，该如何去做。

这些残暴的事情发生不久之后，我打工的工厂主向大家宣布，要降低我们的工钱。只有我拒绝接受减薪。我表达不满后，立刻就被开除了，而且他们一分钱也没有付给我。幸运的是，蒙巴萨大街上有很多正在新建的房子，他们需要一些小工。工头挑了包括我在内的十五个人。他发给我们每人一辆独轮手推车，我领到手推车时，发现这辆手推车上根本没有轮子。

工头看见我在愣神，于是边踢我边冲我吼道：“把车子推走！快点推着车子干活去！”

他竟然让我推一辆没有轮子的独轮车。

“这个车子没法用，它没有轮子。”我请求他体谅我的窘况。

我又丢掉了这份工作。回家的路上，我哭了。

我的下一份工作在建筑工地，还是做苦工。我们要挖土，要徒手将砖头搬到八楼上，还要搅拌沉甸甸的沙子和水泥。开始时，工头告诉我们，干这些活每天的工钱是一百五十先令，一周结一次账。但是第一周过后，这个印度工头说，每人每天要扣除五十先令的工钱。这简直就是明目张胆的抢劫。我知道，他打算把扣掉的工钱装进他自己的腰包里。

我对他说："我们的协议不是这样的。"

他说："你有律师吗？你能请得起律师吗？如果你小子继续跟我胡搅蛮缠，我就把你扔到监狱里去，让你妈这辈子都见不到你。我就给你发一百先令，要么干，要么滚。"

我接下了工钱，然后我就开始组织工人们进行反抗。

"我们绝不能让这种事情发生，明天我们就开始罢工。这个工头在欺诈我们。如果我们拿不到应得的工钱，我们就坚决不去干活。我们要闹出大动静，好让大老板知道这里发生了什么。"

所有人都同意我的想法。第二天，我们都坐在工地里讨薪，拿不到钱就不出工。

工头说："Kazi kwisha——你们别干了，别干了。"我们以为他只是随口说说，但是我们回头一看，发现外面站着一队等着找活儿干的人。

工头冲着大家喊："谁想干活儿？来这里排好队！"我不知所措地环顾四周，只见和我一起罢工的人都跳起来跑去排队了。他们都指着我，说我才是那个挑事的人，是我逼着他们一起罢工的。

“臭小子，你是不是觉得自己很聪明？你得一直干苦力干到死。你赶紧给我滚蛋，否则我就叫警察来了。”

工头走过来，一把揪住了我的衣服，把我拖出了工地。他还欠我三天的工钱。

“把我的工钱给我吧，拿到钱我立刻就走。请把我的钱给我吧。”我乞求他。

他拒绝了我，说：“我要叫这些人打你了。我让他们打，他们就会打你的。”

所有人都叫我赶紧走，我看出来了，如果我不走的话，他们真的会动手打我。

我感到自己被背叛了。我是在为自己，为所有工人讨个公道。我愿意为了正义做出牺牲，但是他们却不愿意也不会这样做。我感到了前所未有的绝望。

这个工头仅仅是这个腐败猖獗的社会里一个小小的例子。腐败的政府官员侵吞着巨额的资产却一直逍遥法外，而我的朋友乔舒亚在走投无路的情况下偷了一个收音机，就有一伙暴徒在深夜闯入他家，用轮胎把他套住，然后放火活活烧死了他。乔舒亚遭受的惩罚比他犯下的罪行要可怕千百倍。

正规的执法部门也同样腐败。警察经常来到基贝拉，骚扰这里的老百姓，威逼恐吓，索要贿赂，以搜查大麻为借口随意搜身，指控听收音机的人们扰乱公共秩序，动不动就要检查证件。这些警察并不制止犯罪，他们反而是来犯罪的。基贝拉的警察常常不分青红皂白地随意开枪，他们给被杀掉的人随随便便扣上“小偷”的帽子。在他们看来，“小偷”就是穷人的一个代号。

现在，基贝拉的人们把乔治叫作“塞里卡尔”，意思是“执政者”。乔治现在手握重权，他掌管着由一群年轻人组成的基贝拉“民间政府”。这些年轻人的确为当地做了不少好事，但是他们也惹出了很多麻烦，因为他们随心所欲地惩罚违规的人。有一次，我们的房东在基贝拉缺水时期高价卖水。这个政府里的人砸烂了房东所有的水缸，以彰显他们决不容忍这种占便宜的行为。有些人非常支持这些年轻人，但也有人对他们十分反感。不管怎么说，在基贝拉，塞里卡尔和他的手下是我们唯一可以依靠的政府，这一点是毫无疑问的。

我的心里总是沸腾着怒火。我很愤怒，因为生活一天不如一天；我很愤怒，因为身边充斥着无谓的杀戮和死亡。我已经失去了许多好朋友了。与此同时，城市生活隐约的希望仍诱惑着人们源源不断地从乡下来到贫民窟。不幸的是，来到这里后没有人能接受教育或是找到工作。人们根本无法摆脱贫穷。如果你奋起抗争，你会被杀死。我们生来就是穷人，到死也只能是穷人。

我听说有一群年轻人，为了表达他们对警察在基贝拉的残暴行为的不满，绝望之中放火烧毁了离基贝拉最近的一个警察营地。他们之前与警察的和平谈判失败了，暴力抗议是他们为自己发声的唯一方式。他们准备好汽油弹，在夜里悄悄溜过去，纵火点燃了警察局。结果他们立刻遭到了枪林弹雨的围攻，有些人成功逃走了，而其他人则没有那么幸运，他们在那天夜里不幸被枪杀了。我心中的怒火一下子爆发了。我希望，我在基贝拉每日目睹的挣扎和痛苦降临到那些始作俑者的头上。尽管我很愤怒，我还是深深地相信，暴力不是也永远不会是正确的抗争方式，但是我仍然不知道正确的抗争方式是什么。

于是我又开始了阅读，试图在书本中寻找答案和灵感。我又重新读了马丁·路德·金的文集和演讲，还有纳尔逊·曼德拉的自传《漫漫自由路》。我认真思考了马丁·路德·金提倡的非暴力不合作主义，也考虑了发起变革所需要的牺牲。我又想到了摩西的故事，摩西是我崇拜的另一个人物。他刚出生不久就被抛弃了，长大后，他带领以色列人来到了迦南乐土，摆脱了被奴役的悲惨生活。我也想要带领我的同胞找到真正的乐土，可我不知道该怎么做。我不敢梦想自己能有所作为，因为我的周围一片漆黑，没有一丝照亮梦想的光芒。

Chapter 09

杰茜卡

橘黄色的太阳开始落山了，今天太阳的颜色特别深。我想起了肯尼迪的警告。

“去玛基纳？你疯了吗？哪怕是对我来说，对黑人，对住在那里的人来说，玛基纳都很不安全。很多人都被杀了，杰茜卡。那里有一个清真寺，一群混混在那里，光天化日之下杀人像杀鸡一样。玛基纳，那可不是闹着玩的。”

但是，我还是来到了玛基纳，待在爱丽丝家里。玛基纳是基贝拉的努比亚人聚居区。努比亚人是基贝拉最初的居民，英国殖民者把基贝拉“赠予”苏丹的士兵，感谢他们在第一次世界大战中的贡献。在努比亚语中，基贝拉是“丛林”的意思。爱丽丝受雇于我的寄宿妈妈，是她家里的“家庭女孩[①]”。她害羞地冲我微笑着，我也微笑地看着她，我的手里端着一只可爱的咖啡杯。她听说比起喝茶，美国人更爱喝咖啡，于是她自豪地给我准备了速溶咖啡。小凳上放

① 在肯尼亚家庭里很常见的一种工作，跟保姆或用人类似。——原注

着肯尼迪喝了一半的咖啡，房间里没有桌子，所以我们把这个凳子当桌子用。肯尼迪急着要在天黑前离开这里，匆匆地离开了爱丽丝家，他走之后，轻松的谈话仿佛也被他带走了，大部分时间，我和爱丽丝都沉默着。

爱丽丝的眼睛不停地瞟着门，门上只有一个钩眼扣，所以门锁得并不牢。她的肩膀后面有一个小窗户，透过窗户，我看到外面的人们趁着最后一点余晖急急忙忙地收摊回家。天黑之后，安全感也会随之消失。

当爱丽丝知道我要住进基贝拉时，她请求我去她家住一个晚上。当时我并不知道基贝拉不同区域之间的细微差别，因此我同意了。看到我的寄宿妈妈不赞成地摇头，我却有一种满足感。她永远不会去爱丽丝家。爱丽丝和我年龄相仿，我们能坐在寄宿家庭的沙发上一起聊天，为什么不能在爱丽丝家做同样的事？

我把我的打算告诉肯尼迪，他立刻告诉我不行，玛基纳臭名昭著，我绝对不能去赴约。他越是坚持，我就越是固执：我已经给别人许诺了，不能违反诺言。其实我心里泛起了一阵恐慌，但是我不敢告诉他，也不敢去思考在我脑海里一闪而过的问题：*我这是想要证明什么*？

肯尼迪说服不了我，只好不满地陪我一起走去爱丽丝家。到她家的路程是四十五分钟，但是一路上各种熟人都与肯尼迪交谈，他的声望又让我们多花了很多时间。我们来到爱丽丝家时，她从家里冲出来，骄傲地和邻居打招呼，急切地向大家炫耀她的客人。她想让那一片的所有人都知道，一个姆宗古来她家做客了。所有人的目光都投向我，我突然不好意思起来。我的到来变成了对爱丽丝的一种奖赏，这令我有些不适。

爱丽丝给我们泡了咖啡，然后给我们讲了她的故事。她的丈夫因为持械抢劫入狱，她挣到的钱大多都花在给他买食物和生活用品上了。她责怪他留下她一个人，她没钱养活孩子，只好把孩子们送去乡下的娘家。

“这就是非洲男人。”她伤心地说。

“不是所有非洲男人。”肯尼迪回答，他与我对视了片刻。

现在，我希望他也留在了爱丽丝家，或者是我已经和他一起回去了。天黑透了。我意识到我来这里的一部分原因是想证明我很开放，这样我可以说“我在玛基纳也活下来了”，但是这不是爱丽丝需要的。她需要把丈夫从监狱里弄出来，把孩子们接回家，她希望我可能可以帮到她，而她这样想也不是全无道理。我感到，我们两个都有一丝隐隐的失望。

爱丽丝点亮了煤油灯，然后把沙发推到门后抵住门。

“以前有没有发生过什么事？”我问她，尽量掩盖住自己声音里的担忧。

爱丽丝只是笑了笑，我害怕极了，没有再问她。她身材瘦小，却很结实——她已经承受了太多东西。晚饭她做了一小碗炖牛肉，我知道，这花了她不少钱。她的慷慨令我感动，为这次请客她付出了很多。

我尝了尝炖牛肉，发现牛肉硬而无味。我怀念肯尼迪做的又香又辣的炖牛肉，不过我还是大声地夸赞她的手艺，还请她给我再添一些。

“你竟然愿意吃我吃的东西。”她喃喃地说，十分震惊。

我对她笑了笑。我要做一个体贴的客人。同为人类，我们有许多共同之处，这些简单的表情也提醒着我这一点。

突然，深深的疲乏感占据了我的全身。这种感觉袭来得太快，以至于我觉得我连坐都坐不住了。

“我得躺一会儿。”我对爱丽丝说。她拉开布单，后面是她的小床，她替我铺好毯子。我的身体有一种奇怪的感觉，就好像四肢不受我控制了一样。我不由自主地倒在了床上。

“杰茜，你病了吗？”爱丽丝被我突如其来的变化吓住了。

“没有，就是累了。”我说。我极度地希望我真的只是累了。

不知过了多久，也许是两小时，也许更久，我的关节开始抽痛，我的身体像着火一般发烫。

“水，给我水。”我几乎说不出话来。

爱丽丝坐在铁丝做的椅子上，紧张地看着我。她坐在那里前前后后地晃着，向上帝和耶稣祈祷不要让这个姆宗古女孩死在她家。祈祷没有帮到我。我坐起来喝了点水，然后就感到恶心、想吐。我四处看看，看到了一个空盆。来不及问她，我抓起盆就开始呕吐。剧烈的呕吐让我浑身震颤，我忍不住地哭喊：难受死了！爱丽丝开始更加热烈地祈祷，而我在地上蜷成一团。她摸摸我的前额，迅速缩回了手。

“好烫，你很烫。”她惊恐地说。

“爱丽丝，我要上厕所，很急。”

“你不能去，我们不能出去，晚上外面很危险，而且没有地方可去。”她把一个黄色塑料桶推向我，说，“用这个。”

我看了一眼，摇摇头。

“爱丽丝，我必须得去厕所，不是那种，我马上要去。”

我顾不得别的了。我发疯似的把沙发从门口拖走，打开门上的挂钩，走进漆黑的夜里。爱丽丝跟着我出来，抓着我的手，我们走过一排房子，来到一个黑暗的角落。在这个角落中间，围着一圈细细的栅栏。看得出来她很害怕，我开始控制不住地发抖。

“快点，拜托。”她恳求道，焦虑地张望着四周。

我看着她，不明白她的意思。难道我就在这里上厕所？在外面？

“去哪儿？”我急切地低声说。

“就在这儿，这是唯一的地方。我跟你说了，没有地方可去。”

没时间再想了。我的脑海里闪过几幅画面——肯尼迪的警告——两个女孩独自在外面。我脱下裙子，蹲下，瞬间得到了释放。然而，恶心想吐的感觉又来了。我虚弱到站不起来，爱丽丝扶起我，推着我沿原路返回家里。她扣上门锁，把沙发推回门后面，然后站在沙发前面喘着粗气。现在是半夜两点，我拿起手机，拨了肯尼迪的电话。

他迷迷糊糊地接起电话：“喂？”

“肯，出问题了。我病了，很严重，求你来接我。”我尖着嗓子说，猛然觉得这个半夜两点的电话有些大胆，有些过于亲密。我给他惹了个大麻烦。

“现在不行，太危险了。天一亮我就来。把电话给爱丽丝。”

我把手机递给她，听到她慌乱地讲着话，我的眼前一片模糊。我的头很沉，我支撑不住，又躺在了地上，挨着冰冷的坑坑洼洼的水泥地。我浑身都疼。我又开始给肯尼迪打电话，一个，三个，五个——打电话恳求他来救我。离天亮还太远，每一分钟都无比煎熬。从来没有哪一个夜晚像今天晚上这么长、这么残忍。

终于，有人敲门了，肯尼迪站在门口。从他的表情里，我能看得出我的状况多糟糕。我试着站起来，但是腿却直打弯。车只能停在离这里步行十五分钟的地方，肯尼迪一路架着我走出去。摊贩们正在刺眼的晨光中支起摊子，我们路过时，他们问肯尼迪：“她能撑得住吗？”还有人低声说着“Pole”，意思是太不幸了。欧多破旧的蓝色吉普车在市场外面等着我们。肯尼迪帮我打开后门，他坐进了副驾驶的位置。我躺在后座上，感觉到车开得飞快，我一定病得很严重。

我们来到了诊所，一切突然模糊起来。一个医生按了按我的胃部，我听到他对欧多说，**脾可能会裂**。其他的我就什么都不记得了。

我醒过来时，看到了周围的种种细节：些许褪色的床单，薄荷绿的餐盘上放着未动的食物，还有肯尼迪，他坐在一把椅子上，上半身趴在腿上，脸埋在手里，看起来他待在这里有一段时间了。

我从来没住过院。我舔了舔干燥开裂的嘴唇，觉得头还是很晕，我拼命回忆，试着组织语言。我的手上插着吊针。我不记得打吊针，我什么都不记得了。

“今天几号了？”

他吃惊地抬起头：“你醒了！”

他从椅子上跳起来，冲出房间，很快就和两个护士一起回来了。她们测量了我的脉搏和温度，然后给吊针换了一瓶药水。我有太多问题想问，但是我什么都没说。我发现，想要坐起来都特别困难，仿佛要耗尽全身的力气。我又全身放松地躺在硬板床上，闭上眼睛，感到极为轻松。

我再次醒来的时候，他还在。

“你像这样已经有两天了。”他温柔地说。我摇摇头，试着回忆。

“我睡了两天？”我慢慢地说。

“你中间醒来了几次，在床上翻来覆去的，但是你好像没有真正清醒过来，因为你从来都不记得你醒来过。你醒来会说话、大叫，但是他们说那都是发烧说的胡话。所有人都很担心。你得了疟疾，寄生虫神不知鬼不觉地在你的身体里待了好久，你的脾脏差点裂开。”

现在我想起来了。爱丽丝家，持续的高烧，我给肯尼迪打电话，把他带入危险之中。

“对不起。”

"你妈妈，你得给她打个电话。她给你打电话，我接了。她特别担心，让我找医生把给你用的每一种药都写下来。我知道你的固执和决断力是从哪里来的了，这几天你妈妈给我打了差不多有三十个电话。"

"你跟我妈妈说过话了？"想到他们通电话，我的脸红了。不知道妈妈在电话里都说了些什么。同样重要的是，他对她都说了什么？我急着想问肯尼迪，但是门开了，欧多和唐娜走进来，臂弯里抱着几盒果汁。

"她醒了！"唐娜叫起来，"我们给你带了这些。其实很难喝，但是肯尼亚人去医院看望别人都带这个！"

看到他们，我开心极了。

"你把我们都吓坏了。"欧多用他那善意、慈祥的语气说，"肯老板（bwana）[①]，你就像被卡在那把椅子里动不了了。"

"我现在要走了。"肯尼迪疲惫地说，"天黑之前我得回去。你保重啊，他们说你可能明天就能出院了。"

"非常好的小伙子，"唐娜看着他出去，"他这段时间几乎天天来医院，带了好多人来看你。他非常担心你。"

我摇摇头，我什么都不记得！还有谁来过？我试着回忆，脑子里闪过一道白光，我想起来了。肯尼迪的脸靠近我，他擦掉我额头上的汗，对我轻声说*我爱你*。我又摇摇头，无法区分记忆和发烧的

① 东非部分地区用此词称呼上司为老板、主人。

幻梦。

我的力气恢复得很慢。现在，我走一小段路就要付出巨大的努力，生活中最简单的事都会让我筋疲力尽。这场病也教会我为拥有健康而感恩，为自己能轻而易举做到许多事情而感恩。出院的那一日，十月明媚的阳光正洒向大地。我站在停车场，闭上双眼，尽情地享受着阳光的照耀，每一个毛孔都在贪婪地吸收着阳光的温度。我的心跳声从没像此刻这么明显过。

欧多让我给妈妈打电话。我打给她后，她把她在网上找到的不同种类的疟疾读给我听，她在网上查了很多资料。我得的到底是哪一种，我应不应该回家，肯尼亚的医院真的能治好这个病吗？我不停地对妈妈说，也许她想象不到，但其实疟疾在肯尼亚比在丹佛要常见得多。我把手机递给欧多，他向妈妈保证，我们的项目一定会照顾好我。我接过手机后，假装手机信号很差，支支吾吾地挂了电话，避免她问更多的问题。

欧多不情愿地开车送我去SHOFCO在奥林匹克的办公室，他的吉普车颠簸着开过坑坑洼洼的路面，一路上他一直在冲我嘀咕。我们来到办公室门口，推开门之前我深深地吸了一口气。欧多看出了我短暂的犹豫，他又问了我一次："你确定你不需要休息几天？"

"绝对不要。"在他阻止我之前，我就打开门冲了进去。

疟疾教给我，要珍惜一切东西：时间、健康，还有肯尼迪。

SHOFCO办公室里一片忙碌的景象，我一走进去，安娜就朝我跑来，拥抱了我。我问她肯尼迪在哪儿，她指了指楼上的小房间。我在房间门口站了几分钟，心里很紧张。我终于鼓起勇气敲了两下门，他打开门，看到是我，十分惊讶。

“你没有回去休息？”他问，回头看了一眼坐在他办公室里的几个年轻人。我打断了他们的开会。

“我好了。”

他让我先等几分钟，等他们开完会。他出来时皱着眉头，看起来有些心烦意乱。

“你确定你已经能散步了？”

“我确定。现在所有人都让我休息、休息，好像我是用**姆宗古**玻璃做的一样，太烦人了。”

我们走出办公室，在基贝拉弯弯曲曲的小路上默默地走着。我时不时地望向他的脸，猜想着当时在医院里发生了什么，没有发生什么。

肯尼迪打断了我的思路：“昨天我得到了一个工作，是个好工作。”

我突然反应过来，我所想的全都是我在医院里昏迷的事情，而他则另有所思。

“他们想让我在竞选中帮忙。”

我脑海中立刻跳出我爸爸向丹佛的邻居游说拉票的画面，不过我知道，这不是肯尼迪所指的工作。他声音里的不祥预感令我浑身发冷。

“你是要去游说人们投票吗？”我问。

我问完后，他看着我的样子让我觉得我是世界上最蠢的人。

“应该说是游说人们不要投票。”他嘟囔着。

“什么意思？”

“早上我接到一个电话，说大人物（mzee）想要见我。‘我？’我想。但是他们态度很坚决。他说他们会派一辆车来接我，但是我拒绝了。我说我可以坐马他图去。我不知道他们找我干吗，我不想欠他们任何东西。我到那儿以后，看到一个巨大的办公室，里面有很多带玻璃窗的大房间，有成堆的资料，还有好多人在飞快地打字。我被领进一个小房间，然后来了两个看起来是领导的人。他们问我这次选举支持谁，我有些害怕，想了一下才开口回答。我意识到只有一个答案是正确的：总统。他们的期待就是这个回答。果然，他们笑了，说他们需要我的帮助，我在基贝拉的影响力能帮助他们赢得投票。他们问我，有没有听说过上周的新闻，一个官员因为偷选票被抓了。”

我点点头。我听说过这个投票骗局，全国的新闻都报道了此事。关于选举的议论声一起，超市里就开始售卖平时割草用的大砍刀。人们都很害怕，做好了最坏的准备。显然，像基贝拉这样的反对派据点很重要，执政党花钱收买这里的人民，让他们交出他们参与选举的选票。

肯尼迪继续说：“这些人告诉我，他们不能再花钱买选票了，因为这样会有麻烦。他们想出了新的办法。接着，他们又问了我一次，我是不是真的支持他们。我说是的，因为我知道，只有说了这个答案，我才能离开这里。他们说，他们想让我在基贝拉找到反对党的支持者，然后用钱交换他们的姓名和身份证号码。这些反对党支持者可以保留他们的选票。我把到手的姓名和身份证号码交给他们，接着，有人会去电脑上把这些人的投票地点改掉。在选举当天，这些反对党支持者会发现他们不能投票，因为他们登记的投票地点不对。这些人的办公室里已经有好几沓写着姓名和身份证号码的纸了。他们告诉我，这次选举连死人都能投票。”

我目瞪口呆，这实在超乎我的想象。

他们给肯尼迪二十四小时的时间考虑。他们付给肯尼迪一天的报酬比他一个月挣的还要多，因此他们觉得肯尼迪不可能拒绝。如果肯尼迪接受了这份工作，就等于他放弃了自己坚守的一切东西，但是起码他可以保命。如果他不接受呢?

这件事的严重性把我吓住了，我发出了紧张的傻笑，这是我在紧张或害怕时的本能反应。我试着止住笑声，我知道这是一个讨厌的缺点，但是很快，我就开始控制不住地大笑。

我脱口而出："对不起啊，你刚才说的那些，和我以为你在想的事情完全不一样！"

肯尼迪一脸困惑。"你以为我在想什么？"他好奇地问。

"我以为你在为医院的事情困扰，为你说过的话。我以为你在躲着我，因为你不想提起那件事——"

肯尼迪也笑了起来。他那独特的、充满欢乐的尖锐笑声惹得我更加想笑，我们俩在路中间笑作一团，几乎站不住了。

突然，肯尼迪抓起我的手，把我拉进了一个狭窄的小巷，小巷两旁都是房子。我们走到小巷中一个隐蔽的角落里。他用双手捧住我的脸，我倒抽了一口气，他这个举动里的温柔和坚定都令我措手不及。

我在他的眼睛里看到了他想说的话，但是我想听他说出来。

“你是那个意思吗？”

“是的。”

我的心跳从没有这么快过，我的呼吸从没有像现在这么急促过。

“那就说出来，告诉我。”

他没有犹豫：“我爱你，杰茜卡。”

他的嘴唇柔软而凉爽，他的脸如此靠近，如此珍贵。我们的第一个吻让我像得了疟疾一样眩晕。

“他们会杀了你——”我停下了接吻，把双手放在他的胸前，轻轻地推开了他。一想到这里，我就无法忍受。

“嘘——”他又吻住我，这次更加用力，“现在你来说——”

“我……”这句话卡在了喉咙里，但是他会意地看着我，我轻轻地说下去，“我也爱你。”

他什么都没有说，拉起我的手走在路上，穿过铁轨，走上了大路。这是他第一次没有停下和任何人说话。我的心狂跳着，我知道我们要去哪里——去我们每天一起睡觉的那张床上。在这之前，我们睡在一起，但是什么都没发生。现在我有些害怕，害怕今晚过后一切都不再一样，害怕我的世界就要发生改变。肯尼迪看着我的样子，就像他在我身上看到了我自己还没有发现的东西。

肯尼迪从口袋里拿出钥匙，打开挂锁，为我支着门。我们一起站在他的小屋里，我脸红了，我对即将到来的新的亲密关系有些没把握。如果我说没有想象过这一幕，那我肯定是在说谎。我已经想象过一百万遍了，我想象过和他接吻时的感觉，想象过他皮肤的味道。但是我没有想到，这一刻真的会到来。

肯尼迪带着敬意慢慢地解开了我的衬衫。他的手在发抖，他丝毫没有掩饰他的紧张。

他亲吻着我露出来的肩膀，温柔地问我："你确定吗？"

"不确定——你呢？"

"不确定，我很担心。可能我会对你期待太多，比你能给我的要多。"

"以后再说吧，咱们以后再担心这个。"我说，然后我开始更用力地亲他。

他的手抚摩着我的身体，来到我的后腰，最后停在了臀部。我脱下他的 T 恤，用指尖在他的后背中线上轻轻划过，他的皮肤光滑而柔软。他把我拉向他，我感到他的重量压在了我的身上，他的身体好似把我和大地捆在了一起。最后，整个世界只剩下我们的小床，只剩下他，还有此刻。

过后，我拉过破旧的床单盖在身上，我们都侧身躺着，面对面地看着对方。

他完完全全说出了我想说的话。

“你带给我了宁静。”

此刻，我心如止水，充满感激。在我的生命中，这是为数不多的内心真正感到踏实的时刻。床单贴着我的皮肤，我可以感觉到它的纤维。我躺着的地方是如此地舒适和温柔，令我沉醉。没想到，生活把我选为了幸运儿。

“你觉得，其他人能不能理解这个？理解我们？”我轻声问。

“说实话，我觉得别人理解不了。”他轻描淡写地说，“在雷鬼音乐里，我们不说‘理解’，而是说‘相通’。我们之间的东西，我把它叫作杰茜肯文化，我们之间是相通的。”

我钻进他的怀里，紧紧地贴着他，我们之间新的秘密世界让我既兴奋又幸福，然而一想到外部世界可能永远无法和我们的小世界“相通”，我又非常难过。

平时在睡觉前，肯尼迪都会去跟他养的流浪狗“猎豹”说几句话，挠挠它的耳朵，给它喂一片肉。今晚，我也去找“猎豹”了。我给了它几片从我自己的晚饭里留出来的好肉，然后弯下身对着它的耳朵悄悄说了几句。我不想让肯尼迪听到我声音里的担心。

“‘猎豹’，今晚多留心一点，保护我们。”我轻声说。

今天夜里，我被外面的声响吵醒了好几次。老鼠在锡制屋顶上窸窸窣窣的跑动声，还有远处传来的狗吠，我以为我早已习惯了这些声音。

最后，肯尼迪搂在我身上的胳膊的重量将我带回了梦乡。

第二天早上，我醒得很早，不过肯尼迪比我醒得更早，他在床上应该已经躺了几小时了。

“你打算怎么办？我是指那个选举。”

“别担心这个了，”他说着，把手插进我的头发里轻轻抚摩着，“没关系的。”

“别说这种话了！”

“对不起，因为我从小到大，每天的生活都有很多解决不了的事，但是我一直假装没问题，告诉我妈妈和妹妹们，没关系，会好的。我们能不能也这样假装？”

“不行。”尽管我心里希望，我们能假装没事。

他温柔地看着我，渐渐地，他的呼吸声变得沉重起来，眼里满是无奈。

“如果我拒绝了他们，那我就成了他们的累赘，因为他们已经告诉了我太多东西。如果我答应了，那我就背叛了我的尊严和道德准则。不过，如果我们能想出来一个足够好的理由来拒绝他们，他们可能就会放过我。”他慢慢地说。

我们躺在一起，沉默了一会儿。

“你害怕过吗？你一直看起来都很有把握……”

“有时候也害怕。害怕的时候，我会读曼德拉最喜欢的一首诗。你想听听吗？”

“我当然想听。”我感兴趣地说。

他起身拿起一本破旧的书，直接翻到了他要找的那一页。

他像一个学生那样读得字正腔圆：“《永不屈服》，作者威廉·埃内斯特·亨利。”他越读越富有激情。

在覆盖我的黑夜之外
仍是无穷无尽的黑暗
无论是哪位神祇，我都感谢祂
赐予我不可征服的灵魂

即便被地狱牢牢禁锢
我也不会畏缩或者号哭
在命运的重重打击之下
我满头鲜血，却从不屈服

在这充满怒火和泪水之地
恐怖之影隐现上空
尽管多年以来经受威胁和恐吓
我仍然永不畏惧，一往无前

哪怕命运之门再狭窄
哪怕命运之书上写满惩罚

我仍是我命运的主人

我仍是我灵魂的统帅

他把书仔细地放回之前的地方。“永不畏惧。”他微笑着说，“威胁我们的人会发现我们永不畏惧，就像我们发现了彼此。”

肯尼迪几乎花了一整天去找他最好的几个朋友，听取他们对于如何摆脱参与操纵选举一事的建议。一个朋友提出，可以告诉那些人，肯尼迪被一所国外的职业学校录取了，还获得了奖学金，下个月就要走了。肯尼迪觉得，他别无选择，只有这个理由能用，于是他给联系他的人打了电话。他们好像接受了肯尼迪的说法。

我的一切都与原来不同了。我来肯尼亚的时候，很清楚自己想要什么。参加这个项目，可以让我成为一个视野更加开阔、了解多元文化的人，而这可以帮助我实现我的大目标：一个更好的演员、剧作家和导演。我没有想到，来一趟肯尼亚会让我的人生计划变得不再重要。这么短的时间里，我就会发生如此大的变化？就在几周前，我还觉得爱情只会令我分心，影响我实现目标。而现在，我对于那些目标和宏大计划都充满了怀疑。

我把这些告诉肯尼迪，他只说了一句话：“你得找到你在世界上的位置。”

他说得就好像在这个快速扩张的复杂的世界里，找到我的位置很容易一样。我还是没有答案。我希望肯尼迪能告诉我该怎么找。他非常确定自己在这个世界上的位置，他与他的大事业紧密相连。

从他的眼睛里，我能看出来他爱我，但是我知道，对他来说，爱并不是新鲜的事情。我以前从来没有真正地恋爱过，从来没有体会过这种感觉。然而肯尼迪一直爱恋着这里，爱恋着基贝拉，还有SHOFCO。

他们说，爱情会让人得到自由，而我觉得爱情会把人束缚住。只有在你最幸福的时候，你才能想象到失去幸福的绝望。

Chapter 10

肯尼迪

我在一家玉米厂找到了工作，整天在那里背运又大又重的玉米袋子。一天晚上，我浑身酸痛地走在下班的路上，遇到了一个卖二手足球的小男孩。我太需要这个足球了，于是掏出仅剩的二十分钱买下了它。我激动地从男孩手里接过足球，就像这个足球是我的救命稻草一样。我早已经厌倦了愤怒，厌倦了暴力。我觉得，如果大家能团结在一起成为一个团体，就算只是聚在一起踢踢球，也会是一个好的开端。众人拾柴火焰高，如果我们团结起来组成一个集体，就能产生更强大的力量，比大家各自勉强求生要强大得多。足球就是一个可以把大家团结在一起的运动，所以这是我想做的第一件事。

我先去找了乔治。我的脸激动得通红，连我的指尖都充满了力量。

我说："乔治，我厌倦了这里发生的一切。我们必须号召大家做点有意义的事情。我们得团结在一起想一个办法。我受够了，忍无可忍了。"

乔治正疲劳不堪地坐在家里。他看着我的眼神就像我发疯了一样。

他问我：“你这是什么意思？”

“我们把人们召集在一起，让大家联合起来解决问题。我们要把我们的困难说出来，再依靠自己寻找解决的方法，做出改变。”我把足球抱在胸前，以为足球能解释我刚才说的一切。可是乔治的表情没有任何变化。

他叹了口气，不抱希望地说：“需要我做些什么，你说就是了。”

刚开始我计划用我的足球在基贝拉组建一支男子足球队。我觉得如果我能把男人们聚集起来，暴力行为也许就会得到控制。很快，我就改进了最初的计划，因为我意识到，不仅要号召男人，还要让女性也加入进来。

我希望基贝拉的妇女和女孩们都能有机会过上更好的生活。我再也受不了男人们无耻地强奸六岁的女孩这样的事情了。我见过妈妈无数次地被丈夫虐待和恐吓，最让人难过的是，妈妈总是会原谅他。我见到我的妹妹毫无机会为自己的人生做出选择，她受辱、怀孕，只能忍受着屈辱嫁人。我想帮助基贝拉的女性，我想为那些不得不出卖肉体却只是为了活命的女性们发声。

考虑到提高大家的经济水平需要男人和女人共同参与，我便开始组织朋友们踢足球——男人、女人、年轻人，大家一起踢。我们踢完球就聚在一起聊天，大家讨论后决定，成立一个类似于我妈妈建立的“女性互助小组”那样的组织，大家一起存钱，做些小生意。

我们的互助小组运行得非常顺利，吸引了很多人加入，筹到了一笔很可观的资金。我还增加了一项“接力活动”：我把在工厂干活存下的钱借给别人，拿到钱的人在做生意赚到钱之后，不用把钱还给我，而是必须把这笔钱再借给其他人。越来越多的人做起了小生意，比如开理发店，摆蔬菜摊等等。“接力活动”这个方法取得成效的速度比我预想的要快得多。

我还建立了另外一个青年小组，每周日，小组成员在礼拜结束后去教堂会面。我童年时的经历让我不再信任教会，但是基贝拉附近的这个教会愿意给我们提供场地和一点资金支持。我给这个小组起名叫作“圣多米尼克”。圣多米尼克是圣若望·鲍思高的朋友，他们都是流浪儿童的守护神。

圣多米尼克小组成员聚会的时候，我们一起大声诵读圣经经文，在《圣经》中寻找指导和启发。我选择了一些《圣经》里最有影响力、最具启发性的片段，比如所罗门王、大卫王和摩西，想要给大家讲解这些经文对于我们在基贝拉的生活的指导意义。无奈的是，我一紧张说话就会结巴，也许是巴毕的常年虐待造成我现在不敢在公众面前讲话。所以我请我的朋友查尔斯来担任这个小组的组长。查尔斯做事井井有条，他非常愿意领导大家，而且讲话从不结巴。

这个青年小组一下子火了起来，吸引了很多年轻人加入，其中一些人还和我成了非常要好的朋友，比如凯文和詹姆斯。因为我们的积极性很高，所以我们在教会举办的很多项比赛中都获了奖，比如《圣经》问答竞赛、唱诗班比赛、戏剧比赛等等，当然，我们也赢得了足球比赛。每次小组聚会前，查尔斯都会同我见面，我会给他一些指导。起初我很喜欢当一个幕后工作者，后来我意识到，我们的小组活动缺少一个很重要的目标：我们从来不讨论与社会变革有关的东西，大家更关心的是如何从教会得到免费的食物。教会要求我们在教堂主持弥撒，参与讨论教会事务，以换取教会给我们的物质支持。然而天主教教义与我们小组的理念有许多背道而驰的地方。天主教教会坚决反对计划生育，也不许人们使用安全套，这是毫无道理的。我见过太多的未成年女孩过早地当上了母亲，我也有很多好朋友死于艾滋病。避免这些问题的唯一方法就是使用保护措施。

一天，我决定在小组里提出安全性行为的话题。我谈了使用安全套的必要性，同时请小组成员们在生活中传播安全性行为的重要性。我受够了看着朋友们一个接一个地死于艾滋病了。几天后，我被撵出了教会，而且他们告诉我再也别想回去——我的言论让教会的领导火冒三丈。我感到我和我的朋友们为青年小组所做的一切努力都付诸东流了。

我找到了凯文，他也是圣多米尼克小组的成员，我跟他分享了我的梦想。

“凯文，你和我，我们做了很多努力想要改变我们的社区。我们想借助于教会，但是没能达成我们的目标。现在我又有了一个主意。我计划发起一场运动，现在有很多人相信我们，我们在圣多米尼克小组做的事情已经把人们聚集在了一起。我们现在需要想想接下来该做什么，列出计划。”

凯文对我说：“肯尼迪，我相信你，我支持你。兄弟，这就是我们前进的道路。我们要奋力和贫穷做斗争。”

于是我邀请了乔治、凯文还有其他几个朋友来我家里开会。我备好了茶，准备了牛奶和面包，这些都是我自掏腰包买的。一共有七个人来：弗雷德、斯蒂夫、玛丽、安妮、凯文、麦克斯，还有乔治。大家都坐下喝了些茶之后，我开始说话了。我要说的这些话已经在我的脑海里反反复复地想了好几天了。

“女士们、先生们，我们今天齐聚一堂，是因为我相信如果我们团结起来，就能做到我们单打独斗时做不到的事情。我们每一个人都可以做出有意义的事情。今天我邀请你们来这里，是因为我信任你们，我相信你们可以为我们的社区带来积极的改变。”

这时玛丽打断我：“肯尼迪，你讲话之前应该先做祷告的。”

玛丽带领我们祷告，祈求上帝保佑我们。

之后我继续做我的“演讲”，我讲到了暴力和暴民正义的受害者的故事。我们都有认识的人自杀。我们都有年龄尚小的姐妹被强暴过，甚至我们之中就有人在小时候被强暴过。生活不能再这样继续下去了，这就是我们聚在一起的原因。其间我还向大家介绍了马丁·路德·金和纳尔逊·曼德拉的著作。最后，我表达了我的希望和决心：“今天，我们一起约定，将来的某一天，我们回想起此时此刻，我们会因为幸福而热泪盈眶，开怀大笑。”

弗雷德是一个虔诚的教徒，他问为什么我们不能在教会小组里实现我们的理想。

我回答他说：“我们还是可以去教堂，但是圣多米尼克小组的日常活动只是诵读《圣经》。当我们从《圣经》的经文里获得了启发和指导之后，我们就要创建这个小组，来采取一些实际的行动了。”

接下来，斯蒂夫打断了我：“肯尼迪，看起来你想要创建的是一个非营利组织，一个NGO，我们一定会支持你的。但是你的资金从哪里来？有没有姆宗古给你捐款？”

他的话让我热血沸腾。一直以来，总有人告诉我们，如果没有外界的捐款，没有西方世界的智慧和资金援助，只依靠我们自己，我们就什么事也做不成。但是实际上，只有我们自己真正了解我们所面临的困难，因此，我们能找到最好的解决方法。

马库斯·加维说过：“非洲是属于非洲人的。”这正是我想实现的。如果优越的西方人觉得，他们不需要对他们想要帮助的地方进行实际、深刻的了解，仅仅通过创建各种机构或者来非洲做志愿者，就能够拯救我们的社会，那么非洲的问题就永远都得不到解决。外国机构与非洲当地之间如果相互缺乏了解，如果没有属于当地的领导力，外国机构的工作最终都会失败，他们既会带给我们虚假的希望，又会利用当地社会的脆弱性。我们的社会也会利用那些志愿者，希望从他们那里得到一点点钱，希望他们带给我们一些蝇头小利。单纯的经济支援是徒劳的，我深知只有根植于当地的变革才是可持续的解决方案。就像我妈妈常说的：**“鞋子合不合脚，只有自己才知道。”**

我对国外NGO产生的担忧来自于几个在基贝拉工作过的NGO。

这些外界人士创办的免费诊所并不能真正使当地人受益，这些诊所不尊重当地人，也没有请当地人来领导。诊所里的大部分“当地员工”其实并不住在基贝拉，他们看不起基贝拉的居民。我还知道，一些西方机构创办的“免费学校”其实会秘密收费，并且在捐赠者回国之后，当地员工还会私自提高价格，中饱私囊。

这些 NGO 来到基贝拉，为当地员工提供当地政府和社区无法抗衡的丰厚薪水。这样一来，人们就会觉得这是为别人干活，不是为自己的社会做事。一些 NGO 标榜自己的发展策略是由基贝拉人提出来的，他们佯装出 NGO 是由当地人在管理的景象，这样就更容易吸引慈善捐款。“深入当地”不再是一个真正的目标，而是变成了一个空洞的口号。可悲的是，这些 NGO 的目标并不是培养属于当地的领导力，他们只是找了一些“假”当地人，让他们来做没有决定权的象征性的领导而已。

基贝拉的本土机构想做一些医疗卫生或教育项目，然而这些国外的机构从来不给当地机构提供任何帮助。他们似乎认为本土的机构对于他们来说是一种威胁，而我们的本土机构在没有大量资金支持的情况下，仍然在愚公移山般地努力工作。我明白，如果不促使当地社会参与进来，就无法实现真实、长久的社会变革。我的朋友们觉得如果只靠我们自己，我们就一事无成，就是因为他们被这些西方机构灌输了这种思想。

外界人士不可能为我们解决好基贝拉的问题，要想解决问题，必须依靠我们自己。外界组织只有与当地组织建立真正的合作关系，他们对基贝拉的援助才能够起到效果。我们必须像马丁·路德·金和纳尔逊·曼德拉一样，首先依靠自己，从内部发起运动。

我环顾四周，看得出来每个人都在想同样的问题：*如果不向外界寻求帮助，我们去哪里找发起改革的资金*？

我回答了他们，我发现我的回答与妈妈的宣讲和马丁·路德·金的《我有一个梦想》有异曲同工之处：

“朋友们，马库斯·加维教给我，不应该为身处困境而感到自卑。他说，我们必须打开禁锢着我们思想的枷锁。我们这么穷，我们靠自己不可能成功，这种思想就是我们要打破的第一道枷锁。”

我顿了一下，继续说：“我们团结起来，一起打扫街道，这不需要钱；我们把垃圾清理干净，这不需要钱；我们站出来保护我们的母亲、我们的姐妹，或者任何一个小女孩不受虐待，这不需要钱；我们一起踢球，互相支持，这也不需要钱。”

说着说着，我热泪盈眶。我试着控制住自己的情绪，可泪水还是夺眶而出。大家看到了我的眼泪，都明白了这件事的严肃性和重要性。

我继续说下去：“我们不能等着别人捐钱，现在情况很急迫。今天我把大家召集在一起，不是要创办一个 NGO，而是希望大家能立刻行动起来。创办 NGO 需要有详细的计划，需要筹集资金。我们今天要发起的是一场运动。这场运动刻不容缓，在走投无路的时候，只能背水一战。我把大家召集在一起就是为了这个。我们必须背水一战。”

大家都看着我。我想起了妈妈常说的一句话：**“如果有蛇咬你，**

不要花时间去找矛，手边有什么就用什么。”

这时玛丽说：“肯尼迪，我支持你。”

乔治说：“肯尼迪，我也支持你。虽然我不确定你的这些大理想一定能实现，但作为你的好兄弟，我支持你。需要我做些什么尽管告诉我。”

凯文郑重其事地说：“我们共同努力。”

我们一起列出我们面临的困难，凯文用我们仅有的一支钢笔把这些全都记录了下来。

我先说：“犯罪、暴力、家庭暴力，还有强奸。”

有人说：“绝望。”

还有人说：“卫生状况。”

我们每个人都提出了好几个问题，凯文列出了一份很长的清单。

我说：“凯文，现在我们再写一份清单，写出这些问题的解决方法。哪里有黑暗，哪里就有光明；哪里有光明，哪里就有黑暗。这就是前进的方法。”

我说完，大家都笑了。我们继续提出并且写下了很多措施：

我们可以一起打扫街道，呼吁大家关注公共卫生。

我们可以一起在街头表演关于家庭暴力和强奸的情景剧，让人们认识到应当尊重女性。

我们可以继续推广足球队，让年轻人有事可做，在合作中培养人们的荣誉感。我们希望女孩们也加入进来。

根据这份清单，我们计划出了我们要做的项目：环境卫生、戏剧、足球、新闻媒体，还有帮助女性掌握命运的女权项目。

大家选我做组织的总负责人，然后我给每个人都分配了一个职位。我希望这七位创始人都能感受到这些想法属于他们，这样他们就会对这一天取得的所有成果感到自豪。

我对大家说："在我们的会结束之前，还有一件事情。我们得给我们的组织起一个名字。"

我已经给这场运动想好了一个名字，我之前告诉过凯文：为社区点亮希望（Shining Hope for Communities）。我向大家提出了这个名字。起初大家都觉得这个名字很好，但是后来他们说，这个名字太长了，人们怎么记得住？恐怕行不通。他们去征求了几个在街边卖东西的女人的意见，她们也认为太长了，其中一个人说，"英语词太多了"。所以我们决定使用缩写，叫作"SHOFCO"。

乔治建议这个名字里应该包含基贝拉，比如"闪耀基贝拉"，或者"基贝拉之星"。

我不同意，我希望我们的目标是帮助全世界生活在贫民窟中的穷人。我说："'为社区点亮希望'是一个很有力量的名字，因为我们的目标不只是给基贝拉带来希望，也要为其他贫民窟的人们带去希望。现在我们从基贝拉开始，但我相信，将来我们的事业不会只局限于基贝拉，我们要点燃所有贫民窟的希望。最终，全世界都能看到今晚我们在这间贫民窟小屋里点亮的希望之光。"

每个人都被我的豪言壮语逗笑了。我们点亮了一支蜡烛，坐在一起静静地看着它的火光，“为社区点亮希望”就这样诞生了。

只有七个成员的SHOFCO队伍在第一个月里就发展到四十个人，其中很大一部分成员来自我们以前的圣多米尼克小组。看到大家虽然一无所有，但是依然能够团结起来，我感到十分惊喜和感动。很快，我的小屋就容不下全体成员一起开会了。我的屋子里挤满了人，进不来的人就坐在屋外参与我们的会议。我们必须得寻找一个更大的场地了。乔治帮我们联系到了教会的一个牧师，我们向他讲解了我们的工作。然而我们说完之后，他拒绝了我们。他说，教会的场地是属于上帝的，不能借给非宗教的组织。

我告诉他：“我们发起的是一场运动，我们不是宗教组织，也不是非宗教组织。”

我又一次认识到，教会并不能满足我们的需要。

我们决定以后在足球场开会，那里是唯一能容纳得下我们所有人的地方。

有上百人参与了我们的第一次街道大扫除。我们没有食物，也没有任何东西能发给参与的人们，大家仍然兴致高昂，一起边唱歌边打扫街道。大扫除开始前我们向附近的一个社会组织借清洁工具，但是遭到了拒绝。尽管我们缺少工具和物资，大扫除行动仍是旗开得胜。这次成功的行动让我坚信，SHOFCO一定能成就一番大事。

* * * * * *

我们就在这样的条件下坚持工作了近两年，这时，一个美国的社会组织“肯尼亚的美国朋友（American Friends of Kenya，AFK）”认识到了与当地机构合作的价值，决定对我们的工作提供支持。开始我们有些犹豫，不过 AFK 告诉我们，他们非常支持当地的领导者，他们想给我们提供一小笔钱，让我们盖起属于自己的办公场所。我们清理了一处垃圾堆，在原地建起了一个小屋，“执政者”乔治还免除了我们那块地的租金。从此，我们有了自己的办公室。

我们在基贝拉的工作逐渐开始为人们所知了。2007 年，世界社会论坛邀请 SHOFCO 去表演一个节目。我们不知道这个论坛是什么，不过我们听说在论坛上，可以遇到很多志同道合的人，与他们分享想法和经验。我们还听说，我们可以在那里卖东西，所以我们制作了一批文化衫和小装饰品带去出售，为我们的运动筹集资金。我们写了一个关于基贝拉的艰难生活的舞台剧，叫作《还有另一个世界》（*Another World Is Possible*）。我在这部剧里扮演一个喝醉的父亲，安妮扮演一个累死累活只为养活全家的母亲，这个角色的原型就是我妈妈。会场里挤满了来自全世界不同国家的人们，我从没有在一个地方见过这么多的白人面孔。

我感觉到肾上腺素在我的身体内涌动着。我很清楚这是一个绝好的机会，我们可以让外部世界的人们了解到基贝拉的社会问题和当地人顽强的生命力。表演结束后，我能看出来观众们被基贝拉女性的艰辛和挣扎深深地感动了。许多外国人围着我，他们都在问我同一个问题：这个 SHOFCO 到底是什么？

主办方邀请我在世界社会论坛上就基贝拉面临的问题做一个演讲。这是我第一次在这么多人面前讲话却没有结巴。SHOFCO 的财力和物力很贫乏，但是我们仍然完成了许多工作，这让人们惊叹不已。我们卖出去了很多文化衫，顺利筹集到了资金。我还认识了一些搞戏剧的美国朋友，他们想要和我保持联系，想要了解 SHOFCO 的最新动态，还有人甚至来到了基贝拉参观我们的工作。

我们发起这场运动四年后，SHOFCO 已经有了上千名成员，大多数成员是年轻人和各个年龄段的女性。人们做起了各种各样的小生意。女权项目发展良好，女性成员们可以通过制作首饰和装饰品来赚钱养家。我在基贝拉越来越有名了，人们都称呼我“市长”。

有一天，我收到了一个叫作杰茜卡的美国女孩发来的电子邮件。我在世界社会论坛上认识了一些在戏剧团体里的美国朋友，她从他们那里听说了我。她说她想来 SHOFCO 做志愿者。

想来 SHOFCO 做志愿者的白人，并不是直接就可以加入我们的，我们只接受能为这场运动带来实实在在的帮助的人。我让杰茜卡把她的简历发过来。看过她的简历之后，她给我留下了很深的印象。我可以看出来她很聪明，而且她还在戏剧领域拿过一些奖项。我把她的简历带去 SHOFCO 的领导人会议上讨论。

玛丽发言说：“她看上去的确很有才华。”

财务主管说："任何一个白人想来这里工作，我们就接受，那可不行。我们是不是应该让她缴纳一点报名费？"

我说："我们别把这个跟钱扯上关系。我们靠自己提供资金，拿了别人的钱，就得遵守他们的规矩。除了钱以外，我们看看他们能给我们提供什么别的帮助。我们可以让这个杰茜卡只在戏剧项目里工作，不让她参与管理。"

大家一致认为，如果杰茜卡对戏剧项目没有任何决定权，那就没什么问题了。

我给杰茜卡回了一封邮件，告诉她我们觉得她的个人简历非常好，我们决定接受她的申请。我让她把抵达时间告诉我，这样戏剧部门可以做好准备接待她。

我又找到了一份新的工作，在一家叫作"新视野"的计算机公司当清洁工。我的美国妈妈琳达给我出了学费，我报名参加了计算机基础培训班。我的工作是打扫厕所、厨房，还有清洁地板，但是大多数时候我都得打扫厕所。有很多人看到我是扫厕所的，对我的态度就很粗鲁。我用妈妈的话来鼓励自己：**"不论你做什么事情，都要尽全力做到最好。"**

一天晚上，我做了一个梦，梦见一个白人少女，身穿有红玫瑰花的裙子，站在基贝拉的角落里。在梦里，有一个声音对我说："肯尼迪，她就是你的伴侣。"

我回答说："万能的上帝，我不要。她是白人，我是黑人。我可是一个加维主义[①]者，我崇尚黑人身上的力量。我想要一个黑人女王。”

那个声音又对我说：“不行。去牵起她的手，和她一起渡江过桥。”

第二天，我给安东尼讲了这个梦。

他摇了摇头说：“你的梦总是会实现。”

我说：“安东尼，你可别这么说，这只是一个梦罢了。我不可能和一个白人女孩在一起。”

---

① 美国黑人领袖加维所倡导的黑人与白人分离，以及在非洲建立由黑人治理的国家的主张。

Chapter 11

杰茜卡和肯尼迪

杰茜卡

“嗨。”我关上 SHOFCO 办公室的门，把门反锁上。肯尼迪停下笔，惊讶地抬起头，说：“楼下没人，办公室是空的……”

看到他真诚的表情，看到他如此专注于手上的工作，我兴奋得有点头晕：“戏剧小组的人都在铁轨旁边吃午饭呢，我们至少有二十分钟。”

他坐在塑料椅子上，我爬上他的大腿，他向椅背靠过去，把我搂进怀里。

“二十分钟？”他吻着我，“这可是好长一段时间……你确定这里没人吧？”

我们商量好了，我们之间的事情要暂时保密，直到我们弄清楚这到底意味着什么。因此，我得随时管住自己，有其他人在场的时候，我要忍住不去拉他的手，不去摸他的脸，他讲的笑话我也不能笑得太大声。这比我想象的要难一些，但是，我们之间共享的这个秘密又让我觉得十分甜蜜。

他抱着我站起来，我开心地尖叫起来。他温柔地把我放在桌子上，站在我面前看着我。接着，他把脸凑过来，用鼻尖蹭着我的鼻尖。

昨天晚上，他告诉我，他对我还有我们的未来感到忧心忡忡，因为我的这个学期马上就要结束了。

突然，我想起来了什么："对了，昨天晚上和你聊到那么晚的那些人是谁？"

"没什么，不重要。"但是他的语气——我并不相信。

"看起来很重要啊，你昨晚那么严肃——"他转身走到窗户旁，双手支在小窗户的两边，"对不起，我不是想逼你——"

"你一定要知道所有事吗？"

"我想知道，和你在一起的时候，我就忍不住问。"

他转过来看着我，眼睛里没有了之前的温柔。

"我不想让你知道，因为我不想让你难过。自从你住进我家之后，很多人都来找我借钱。他们觉得因为你，我肯定有太多的钱。"

听完他的话，我像是被浇了一桶冷水。

"对不起，我不想告诉你，因为我知道这会伤害你。"他又走到我身边，用胳膊环住我，把脸贴在我的头发上，亲吻着我的耳朵和脸颊。

我应该想到会这样的。当我们单独在一起的时候，我们会如此开诚布公地讨论钱的事情，这很奇怪，因为我从来没有和任何人这么坦诚地讨论过钱。世人见过太多利用与欺骗，像我们的这种关系，他们只会从表面上去理解。

我也温柔地亲着他的脸。他是如此地善良和真诚，这是我的错，是我把他置于这个尴尬的境地之中。

我不怪那些人，虽然我希望生他们的气能让我好受一些。我想要责怪他们，因为他们认为我有钱，他们想要利用我；因为他们把肯尼迪夹在我与他们之间，进退两难。但是如果我是他们，我可能也会有同样的想法。我忍不住地想，我生于衣食无忧的家庭，这是多么不公平，又是多么地偶然；我从来不需要为了生存而日日出苦力，我可以自由地寻找快乐和幸福，这是何等的福气。无论我多么爱肯尼迪，无论肯尼迪对我有多么深的感情，不可改变的是，我们来自于截然不同的世界：我的世界应有尽有，他的世界一无所有。

昨天，我问他，我什么时候能和他妈妈见面。他说，他觉得不会过太久的，应该快了。他还没有告诉他妈妈我们的关系，怕她担心。他想保护她，也想保护我。他也没有告诉利兹。

他解释说：“她见过好多双方互相利用的恋爱，姆宗古来我们这里，然后又走了。非洲人也会利用他们，向姆宗古要钱和工作机会作为交换。对双方来说，这都是一种交易。”

“我不想从你这里得到任何东西。”他加了一句，虽然他不说我也知道。

其实，我也不敢想象我该怎么跟爸妈说这件事。只要想到他们必然会问的那些问题，我的火气就往上蹿。

我为肯尼迪和我自己的处境感到伤感。我们俩单独待在一个房间里的时候，我只想锁上门，永远不出去。我可以在他身边躺一整天，什么都不干；躺在他身边，我感到自己变得更完整，更有生命力。然而，只要我们一起走出去，外界就会对我们的关系产生特定的期待和推论。我们这种关系被一整套神话、一系列规则和问题围绕着，对我们来说，它们是不速而至的负担。

我来到一家网吧，把项目要求的最后一篇论文通过邮件发给老师。突然，在谷歌上，我哥哥的名字旁边亮起了一个绿色的标识。是麦克斯！他上线了！自从我搬去肯尼迪家，我和哥哥就没有联系过了，而现在一切都变了。我甚至不知道该从何说起。

我：麦克斯！

麦克斯：嗨，J，好久不见！

我们聊了聊他在家里和大学的生活。

麦克斯：肯尼亚怎么样？

我不知道该怎么回答。我对网上聊天突然充满了感激：麦克斯看不到我涨红的脸，也看不到我在慌张地思考答案。

我：你能保守秘密吗？

麦克斯：可以。

我：我搬进基贝拉了，住在肯尼迪家。我们恋爱了。

他有几分钟没有说话。

麦克斯：哇，你准备告诉爸妈吗？他们会疯掉的。

我：我不告诉他们，如果你告诉他们我就宰了你。我得走了。

我发送了论文，离开了网吧。我一直在想麦克斯的话，*他们会疯掉的*。我知道他说得没错，我也能理解他们不同意不仅是出于几个简单的理由，他们是为了保护我。在基贝拉以外的任何地方，我和肯尼迪的感情看起来都很难理解。我发誓要享受此刻的幸福。

一天，我去肯尼迪妈妈以前住的小屋敲了敲门。从肯尼迪家走过去只有几分钟的路程，利兹放学后就在那里学习。

利兹打开门，我从口袋里掏出一把她喜欢吃的辣味糖果，放在桌子上一本打开的书旁边。我坐在破旧的沙发上，沙发上整整齐齐地铺着手工钩织的沙发套。我在想，这是不是肯尼迪妈妈织的？

“你在干吗？”我问，利兹叹了口气，把她面前的书推开。

“我在学习，好难啊。我快要考全国联考了。八年级快结束了，我得好好考。”在肯尼亚，所有学生上完八年级都要参加全国联考，考试分数用来报考高中，高中结束后，学生们再参加高考报考大学。因为学校数量有限，所以中考和高考的分数既决定你能否升学，又决定你去的高中或大学是好还是差。

“我能问你一个问题吗？你能不能保证不告诉我哥？”她小声地问。我点点头。整个下午，我们都在小声地讨论关于避孕的问题。利兹有许多的问题，她的坦诚和大方让我深受感动。

最后我问：“你有男朋友吗？你的这些疑惑是因为他吗？”她把头摇得像拨浪鼓一般。

“没有，我不是为这个问的！我只是好奇。”我对她说，如果以后她需要任何避孕方面的帮助，都可以来找我，但是她只是点点头，然后就又埋头于课本中了。

门突然开了，进来了一个中年男人。他说了一声“你好”，然后就再也没有说话。他把手里的塑料袋放在地上，又立刻出去了。他脸色憔悴、面无表情，他的步伐很沉重，几乎有些机械。

“他是谁？”他一走我就问利兹。

“我叔叔，他住在这里。”利兹低声说。

“肯尼迪从来没跟我说过他叔叔住得这么近！”她没有说话，又去看书了，最后我悄悄走了。

在回家的路上，我碰到了艾米丽，她是我们的朋友，也要去找利兹。我告诉艾米丽，利兹正在特别投入地学习和备考，我还提到了我在她家见到了他们的叔叔。

“叔叔？你是指他们的爸爸？”艾米丽问。

“不是，利兹说他是她叔叔，我确定。”

“她和她爸爸一起住，不是和她叔叔一起住。我不知道她为什么要这么说。我从小就住在他们家隔壁，她爸爸的脾气特别差。”我点点头，边走边想，艾米丽肯定没弄清楚我说的人是谁。利兹干吗要骗我？这说不通啊。

那天晚上，我和肯尼迪一起做饭时，我说：“今天我去看利兹了，她学习特别用功。住在那儿的那个男人是谁？”听到我的话，他继续切着洋葱，连眼睛都没眨一下。

“你见到他了？”

“嗯——”

“他是我叔叔。”肯尼迪继续说。我点点头，确定是艾米丽弄错了。再一次见到艾米丽的时候，我告诉她她弄错了，那个人不是他们的爸爸，但是她坚持说那个男人就是。我突然觉得自己受骗了，肯尼迪和利兹还是把我当外人看待。肯尼迪与我无话不谈，为什么他不愿意对我说实话？

我去找肯尼迪对质，他犹豫了一下。

“我和利兹叫他叔叔，是想和他保持距离。我们和他关系不好，我小时候，他对我很残暴。利兹站在我这边，是我把她养大的。我和他从来不说话，我也不想谈起他。”

我说：“你把利兹养得很好。”我突然有些不知所措，变得小心翼翼起来。我还想问问他爸爸的情况，但是在我开口前，肯尼迪就转移了话题。

“现在我很担心利兹。几年前我给她找到了一个资助人，她去了一所好高中，一所寄宿学校，待在那里比在贫民窟里要安全得多。她从学校跑了。我实在想不通。她的日子比我的要好过一些，因为我在尽我所能地帮她。我都不知道她到底懂不懂，她能去那个学校有多么难得。她以为机会还会再来，但是我知道，机会不会再来的。”

他关了灯，我能感受到他身上担负着沉重的责任。美国的青少年可以偶尔做过分的事，人们觉得他们犯错误是正常的。在这里，没有人有犯错的机会。再无足轻重的错误，都会让打破贫穷恶性循环的微小希望落空。基贝拉的世界残酷无情。我感觉到了肯尼迪对利兹的矛盾情感，一方面，他想原谅她擅自离开了寄宿学校，另一方面，他对利兹的这个决定又深感失望。同时，我也在说服自己，肯尼迪没有把他浩瀚而复杂的内心世界完完全全向我敞开，我不应该生他的气，而是要理解和原谅他。

* * * * * *

几天后，肯尼迪带我去基贝拉深处的一个酒吧跳舞。以前路过这里，我从来都没有留意过这个又小又破的棚屋。棚屋外墙上的蓝色油漆已经褪色脱落，招牌上写着的“五边形”也模糊难辨。走进去后，我发现这里就像是一个秘密世界。乐手们弹着吉他和一架旧的雅马哈电子琴，现场演奏着节奏明快的本土音乐，叫作“林加拉”。整个酒吧都充满了欢快的音乐和动人的旋律。小小的酒吧里挤满了喝着图斯克的人们，当乐手弹奏起一首熟悉的歌，人们就愉快地叫喊起来。乐手开始即兴创作，把人们的名字唱进歌曲里向他们致敬。我听不懂卢奥语，但是我听到歌里出现了肯尼迪的名字，然后整个酒吧都开始欢呼。肯尼迪笑着凑到我耳边给我翻译。

“他说今晚我是和世界上最美丽的女人一起来的。”

“我不相信你！”酒吧里太吵，我大声对他说。

“但这是真的。”他含情脉脉地对我说，拉起我的手，把我带向舞池。舞池里也满是人，大多数都是男人，只有几个女人在人群中摆动着。我们走过去时，人群为我们让路，很多人喊着“市长”！几位年轻人不知从哪里突然出现，他们用对待君王般的礼遇领我们来到舞池边上的一张桌子旁，每个人都嚷嚷着要给我们买啤酒。

“明星待遇啊。”我扬起眉毛说道。

肯尼迪眨眨眼。

我们随着音乐尽情地跳起舞来。和他跳舞，我感到自己显得很优雅，甚至很大胆，我感到这个世界生机勃勃，充满活力。我们跳了几个小时，感受和适应对方的节奏，尝试新的动作。肯尼迪抱住我的腰，我向后仰下去，因为仰得太猛，头差点就挨到了地上，我们一起大笑起来。我们在这个动作上找到默契之后，就开始一遍遍地重复，人群中不停地传来鼓掌声和叫好声。我觉得这里好像只有我们两个人，乐手好像就是在为我们而演奏，尽管我知道每个人都在看我们。

其间，不时有我不认识的男人来到肯尼迪身边，拍拍他的背说："市长，安保措施很严！"说完，他们就消失在昏暗的酒吧里。定期检查已经成了惯例。肯尼迪把我拉到他的胸前，抱着我缓慢地轻轻摇着。突然间，欢乐逗趣的气氛变得有些暧昧。我觉得自己离家是这么近却又是那么远，这种感觉是我从没有过的。

跳完舞，肯尼迪跟我谈起了马库斯·加维、纳尔逊·曼德拉和马丁·路德·金。

"我特别崇拜加维，但是我知道你们美国人不喜欢他。"

"这倒不一定……"

"你是不是觉得他太激进？你们喜欢马丁·路德·金，因为他更听话？"

肯尼迪一说起这些，根本就停不下来。

"我把自己看作马库斯·加维，他为黑人争取权利，反抗压迫黑人的制度。加维为正义而战，他的目标是不论肤色，所有人都能获得平等的待遇。他倡导人们团结一心，还为底层人民争取社会和经济权利。他是一个无畏的勇士，没有任何人能令他退缩。他知道自由和经济公平的必要性，他四处宣讲，反对有权势的人压制黑人社会的繁荣发展。"

肯尼迪滔滔不绝，连口气都不喘。

"我觉得这两种领导人你都需要。你需要马丁的平和，也需要马库斯、纳尔逊和马尔科姆[1]的激进。但是，马丁很清楚自己在做什么！他是个战略家。纳尔逊，你知不知道他也是个坏蛋？他们后来需要他的时候，就把他宣传得很好听，但是那个家伙也很激进。不开玩笑。”

“你一直这样对他们直呼其名吗？这有点不礼貌吧。”

“他们不在乎，”他确定地说，“我从小都是这么叫他们的。在不同的年龄阶段里，我谈话的对象是不一样的。需要鼓励的时候，我跟马丁聊天；需要勇气的时候，所有人都告诉我我是不可能逃脱贫穷的时候，我跟马库斯谈话；需要同情的时候，需要学习领导力的时候，我就跟纳尔逊谈话。他们和我的对话救了我的命。”

“有时候我实在无法想象，你是怎么坚持下来的。如果是我，我可能做不到那么坚强。”

“你比你认为的要坚强得多。”他无比坚定地说，他的坚定让我忍不住想要更坚强一些，“杰茜，我跟你说件事。我上的是最难的大学，我叫它‘基贝拉大学’。每个人都得上学，不过我毕业的日子马上就要到了。”

* * * * * *

第二天晚上，我按照利兹教我的方法，把做恰巴提的生面团捏成一个个像小圆面包一样的圆面团。肯尼迪在做炖肉，他异常沉默，

---

① 马尔科姆（Malcolm，1925—1965）：伊斯兰教教士、美国黑人民权运动领导人物之一。

但是沉默无法掩盖他的紧张——他两次把长木勺掉在了地上。我看着他，想给他一个安慰的眼神，但是他一直不抬头。

几年来，今天是肯尼迪第一次和巴毕说话。他回家后，还一直魂不守舍。四年前，肯尼迪有了自己的房子，我实在没想到，他家和巴毕家只相隔几分钟的路程。他的弟弟妹妹们在这两个地方之间跑来跑去，但是肯尼迪和巴毕好几年来一直不说话，甚至互相避而不见。

“他不是我的亲生父亲，但是不管怎么说，我从小到大只知道他这么一个父亲。”肯尼迪昨天晚上说，“他对我们都很坏，但是他对我最恶毒，因为我不是他亲生的。连我的那几个小弟弟妹妹都不知道巴毕不是我亲爸。利兹和杰姬知道，但是她们从来不提。巴毕也不喜欢提我不是他亲生的。杰姬和利兹一知道这件事，杰姬就悄悄告诉我，我不是巴毕亲生的，利兹还试着要保护我。”

这个被肯尼迪叫作“巴毕”的男人，来找肯尼迪跟他说话。

肯尼迪说：“他找我是因为你，他听好多人说了他儿子和姆宗古在一起的事情。巴毕说作为家长，他得按照惯例来和我们吃顿饭，看看这个女人合不合适。”这些老旧的习俗让肯尼迪直摇头。

从肯尼迪的声音里，我听到了复杂的情感：他不太想和这个男人说话，也不想就此与他和好，但是同时，他隐藏不住最终能被巴毕接受的愿望。

我们仔细地打扫了房间。肯尼迪断断续续地跟我说了一些不连贯的信息。

“我从来没有被看作是家里真正的儿子，哪怕我在我爸老家的村子里修建了唯一的厕所。在卢奥族文化里，一个女人结婚了，就要离开她家的村子，搬到丈夫家。每个儿子都能分得一片家族的围地，来盖自己的新房，这是传统。我可能永远都得不到这样一块地。没有家族的承认，我很难在我的社区里成为一个受尊重的领袖。”

我没有完全理解，但是我还是支持地点点头。今晚我要扮演的角色让我也很紧张。

我问肯尼迪：“所以我应该给你们做一顿饭？”

他看了我一眼，边笑边摇头。他的表情告诉我，他是不会把一切都解释给我听的。想要达到传统卢奥族文化的要求，我需要做到太多太多小细节，我意识到，肯尼迪担心这些传统的职责里至少有一半会彻底地冒犯到我，甚至会直接把我送回美国。“你做恰巴提，我做肉，但我们假装全都是你做的。”他匆忙说道。肯尼迪的表情泄露了他内心的担忧：这顿晚饭可能会是一场灾难。

“我还应该做些什么？”

肯尼迪盯着我看了一会儿，我看着他把脑袋里的答案削减到可控的几件事。

“你要准备水，帮我们洗手，然后端上晚饭……就这些。”

我点点头，看得出肯尼迪对我的反应很紧张，他不知道我会对这些规定的任务做何评价。很奇怪，我并没有像我以为的那样对这些要求感到很不舒服。我愿意在这一晚上承担这些职责，我想让肯尼迪今晚好过一些，起码在我这里不让他难堪。我从不知道，我有这么贤惠的一面。

我告诉肯尼迪，我会严格按照安妮的指导去做：巴毕来之前，不要把恰巴提全都做好，这样他就能看到我会做饭。准备好一大壶热水，把盆和水壶递给他洗手。一定要给巴毕添一次饭。

“谢谢你。”肯尼迪感动地说。我能看出来，没有童年的肯尼迪一直对童年充满了渴望。

巴毕带着出人意料的权威走进他从没来过的这个房子。他慢慢地吃着肉，过于用力地掩盖自己对于这顿饭的享受之情。巴毕不想让我们知道他很久没有吃过肉，他想掩盖住自己一切弱势的地方。吃饭时，巴毕和肯尼迪都不怎么说话，明显都很谨慎。最后，巴毕把目光转向了我。他的声音粗糙刺耳，仿佛在表达，既然这个世界没有放过他，他凭什么要放过其他人。

“还有你，你和我儿子在一起想要什么？”他问。没有任何客气的开场白，或者任何想要了解我的意图，他的直接让我措手不及，我看着肯尼迪向他求助，但是他没有看我。他的脸上闪过了很多种感情，我知道，他在想的只有一个词：*儿子*。

我说：“先生，我不确定您的问题是什么意思。”巴毕又吃了几口肉，就像是在告诉我，他不用急着回答我，他想花多长时间就花多长时间。

“有很多像你一样的人，他们来这里，利用我们的人，然后就走了。”

听到这个公然的指责，我气得绷紧了全身。我一下子明白了巴毕为什么要来吃这顿饭。我看着他的眼睛，给了他一个不卑不亢的回答。我要让他知道我这个人是什么样的。

“我没有想要利用任何人，先生。”

我继续吃饭，一言不发，显出强硬的样子，让他知道我不害怕他。我现在感觉到肯尼迪用感激和敬畏的眼神在看我，我的脸唰地红了。

“你们来我们这里，带着我们的人离开他们的文化。作为一个卢奥族的男人，只有尊重我们的文化，才能获得平静。”巴毕毫不掩饰他的自以为是。但是他的下一个问题让肯尼迪和我都震惊了。

“你爱我儿子吗？”

肯尼迪看着他，满脸困惑。我心里想：“*你呢？*”

肯尼迪看起来不知所措。*他希望巴毕爱他吗？*

今晚，巴毕在这里，他也许终于听到了来自家长身份的独特感召：要保护你的孩子。这个时刻晚来了太多年，但是他还是听到了。他为肯尼迪担心，害怕我伤害他。我从没想过我会和这个男人有什么相同之处。刚才，我的心在他面前变硬了，然而此刻，我们都有些不知所措，因为我们的愿望是相同的，那就是保护肯尼迪。

我的心里涌起了一种特殊的同情。坐在我面前的这个男人，被他自己的生活所打败，受人轻视，满腔怒火。他遭受不公的反应，就是把这份痛苦再强加到其他人身上。这对并排坐着的父子就像人性学里的一组研究对象。他们都家境贫寒，饱尝苦难，然而，人们对待痛苦和折磨的态度竟会有如此大的差别，这令我震惊。巴毕的脸上写满了悔恨，我突然想到，也许这就是一种被忽视的爱。无论是去爱还是为人父母，一切都不像我之前想的那么简单和轻松。没有什么比声称另一个人属于自己更勇敢了。

“我爱你的儿子。”我轻声说。

巴毕唐突地问：“我们怎么把牛送给你家？”他的语气很殷勤，却也非常真诚，“我们怎么把你的彩礼给你家？”

我张大嘴巴，看着肯尼迪，一时不知道该怎么解释这么多事情。

巴毕皱起了眉毛：“飞机能运牛吗？”

我想象着飞机运了一群牛去丹佛然后到我家，拼了命才忍住没有笑出声来。在我看来，这太可笑了，但是对巴毕来说，这完全是合情合理的。

“一头牛也不用。”肯尼迪坚定地说。这句话既是说给巴毕，也是说给我。巴毕听完十分失落，再也没有说话。他的手叠放在膝盖上，我们三个人都一言不发地盯着桌子。我的世界和巴毕的世界之间的鸿沟清晰可见。

巴毕走后，肯尼迪和我并排站在一起洗碗，沉浸在各自的思绪里。

“谢谢你。”他看着我的眼睛说。

“不客气。”我点点头。我把剩下的恰巴提薄饼放进塑料袋里，留着明天吃。薄饼很好吃。

“你怎么做到的？你是怎么原谅他的？”这个问题从我嘴里冒了出来。

肯尼迪用悲伤的眼神看着我。

“原谅是我自己的事，与他无关。很早以前我就明白了，你拥有什么取决于你选择什么。你的选择能成就你，也能毁了你。”

他只比我大两岁，然而今晚，我觉得我们之间像是相差了二十岁。

肯尼迪

杰西卡得知我以前从来没喝过真正的葡萄酒，就带了一瓶葡萄酒回来，想给我一个惊喜。外形优美的酒瓶上面写着“加州乐事[①]”，这瓶酒的价格估计抵得上我的小妹妹三个月的学费了。我觉得它有些物非所值，但是我知道她是好心好意买给我喝的。我有两只珍贵的酒杯，是用真正的玻璃制成的。我把这两个杯子用纸裹起来，小心翼翼地装在盒子里面，从来都不舍得用。但是，为了今晚这个特殊的场合，我拿出了这两只杯子。

“再给我倒一杯。”我对她说。

她给自己也添了些酒，然后坐在地板上，我们举起杯子碰了碰：“干杯。”

“你不能看别的地方，不然就不算数了！”我说。我们非洲人很迷信。

这时，灯泡闪了几下，然后熄灭了。

---

① 加州乐事（Carlo Rossi）：始创于 1974 年美国加州，以酿酒师卡露·乐事命名。

杰茜卡跳起来去拿我的手电筒，碰倒了我的书架。她急忙伸手去接掉下来的书——书可不会被摔坏——结果她碰翻了她的酒杯。酒杯是真正给摔碎了。我听到酒杯摔碎的声音，轻轻地叹了口气。我的龙卷风，杰茜卡说她爸爸总是这样叫她。在家里的时候，她经常得去买新的东西来替换被她摔坏的东西，而且她好像总得弄坏些东西。

杰茜卡惊叫道："啊！太对不起了。"

我把杰茜卡一把搂住，亲了亲她，说："没关系。"杯子碎了还能再买新的，但是这个姑娘很快就要离开我，回到她那遥远的祖国去了。

她说："我在尽力改这个毛病。"

我又说了一遍："我知道。你走进房间，房间里的东西就开始噼里啪啦地掉，这也是我爱你的一个原因。我挺喜欢看你毛手毛脚打坏东西的样子的。"这是真的。

我把我的杯子递给了她。两个人共用一只杯子喝酒反而更有意思。我扫掉了地上的碎玻璃碴儿，打开了收音机，然后又坐在了她身旁。广播里，鲍勃·马利[①]给我俩唱起了情歌：

> 我想要一直爱你，对你好；
> 我想要每日每夜都爱着你。

我温柔地把杰茜卡放在床上，吻遍了她美丽的身体。

---

① 鲍勃·马利（Bob Marley）：牙买加唱作歌手，雷鬼乐鼻祖，拉斯塔法教徒。2010年获选美国CNN近五十年"世界五大指标音乐人"。

我们要一起住在同一个屋檐下，

我们要一起躺在我的单人床上。

杰茜卡躺在我的怀里，告诉我她总是觉得没有自信，担心她的身材和她的食欲。在我看来，她的身体美极了。杰茜卡总是把她的身材看作应该被控制的东西，就像她的身体不属于她自己，是独立存在的身外之物一样。

“美国男人太古怪了。我不明白他们为什么喜欢那么瘦的女人，瘦到得在床上搜才能找到。”

我闭上眼睛假装看不到，伸出手四处摸着，就像在找掉在地上的东西一样逗她。我特别喜欢逗她笑，看着她的眼睛闪闪发亮。我们一起笑了起来。

最后一个晚上，我们在SHOFCO的办公室里相拥而眠。

我是一只早起的鸟，每天早上六点我就醒了。杰茜卡老是取笑我早上起得太早。她特别爱晚睡晚起，可以一觉睡到十点，有时候甚至到十一点。她能睡到这么晚真是让我吃惊。

杰茜卡该离开了。我背着她的行李，我们边走边擦去脸上的泪水。在基贝拉，路上的人们问我们她要去哪儿，我告诉他们去基苏木。基苏木离我老家的村子很近。我把她唤作“尼亚罗卡”，在卢奥语里的意思是“从湖对面来的人”。

她走之前，我带她去了独立花园[1]。在公交车上，我们手拉着手，十指相扣。

我带了一块我们当地的花布，把它铺在草地上，花布紫底黄花，颜色鲜艳。我们依偎着坐在花布上，四目相对，潸然泪下——杰西卡就要走了。

我们聊着生活、梦想和志向。

“肯尼迪，你是怎么做到这么充满希望的？”

我看着她的眼睛：“杰西卡，我见过很多困难，人能遭遇的所有可怕的事情，我都见过。从零开始创造自己的生活是最幸福的事。我生于艰难的环境中，我知道，就算前方的路无比黑暗，只要我穿过了黑暗，就能看到一点光明。远处的那一点点光明，就是我叫作希望的东西。”

“肯尼迪，你太厉害了。我爱你。”

她笑着，满是活力。

我们继续依偎在一起。

我跟她说，我马上就回来。我的口袋里有一点钱。我走向卖汽水的男人，他站在一个小小的冰柜后，满脸疲惫。杰西卡特别爱喝一种叫“斯托尼”的姜味汽水，美国没有这种汽水。我买了一瓶汽水、一条面包，这是特殊的款待。

我们一人吃着一半面包，一起喝着这瓶汽水。我从不知道，生活可以如此幸福。

---

① 独立公园（Uhuru Park）：位于肯尼亚首都内罗毕。

杰茜卡

我不想去参加我们项目最后的聚餐，但是他坚持要我去。肯尼迪是第一个能够说服我改变主意的人。饭后，大家去夜总会玩，我没去。我坐上公交车，请司机在 SHOFCO 办公室停下，让我下车。我们计划在这里一起度过最后一晚。我打开门，看到肯尼迪坐在办公桌前，专注地看着手里的文件。我一动不动地站着，盯着他看了几分钟，想把他的模样印在我的心里，想记住他坐在椅子上的样子，记住他身体的轮廓。

我慢慢地用胳膊环住他的脖子，亲吻着他的发际线。他抬起手，极为温柔地抚摩着我的头发，他的温柔几乎快让我哭出来。我爬上他的大腿，就像我又变成了一个小孩，回到了纯真的初始状态。他静静地摇着我，我把脸用力地贴在他的胸口上。我们都不想动，也不想承认时间在流逝。

今天早上，我们的最后一个早上，我比他醒得还要早，我想要好好体味躺在肯尼迪身边的感觉。看着他平静地呼吸，我想象不了我该如何忍受离开这里。为了不吵醒他，我慢慢地下床，拿起了我的日记。在我难过的时候，我爸爸常常给我听玛丽·翠萍·卡朋特的歌，现在我想起了一句歌词：*意外和鼓舞，能带你到达目的地。*我从日记里撕下了这句话，把纸片对折，塞进他扔在脑袋旁边的牛仔裤口袋里。

我温柔地吻着他的眉毛、他的鼻子、他的下巴。他把脸皱成一团，我笑了。我们把他的这副样子叫作“起床脸”。

“别动，就这样再待五分钟。”他请求我，把我紧紧抱住。

“五分钟，就五分钟。”我喃喃地说。

还有一个地方，肯尼迪坚持今天要带我去看看。我们穿过奥林匹克的时候，人们叫住我们，鞋摊后面站着几个男孩，其中一个人问：“她要去哪儿？”

“基苏木。”他边说边冲我眨眨眼。“我的尼亚罗卡。”他在我耳边悄声说。尼亚罗卡是卢奥语，意思是“从湖对面来的人”。如果我是尼亚罗卡，那我们之间的湖真是非常非常大。

我们坐公交车来到市里，在市中心的独立花园下了车。他从我的背包里拿出来一块紫底黄花的布，把它铺在草地上。我的手指划过花布边上印着的斯瓦希里语谚语。

“从小到大，这都是我最喜欢的地方。无法忍受基贝拉的时候，我就走路来这里。我想带你也来看看。”他说。我完全明白他的意思，我的眼泪又涌了出来，一次次地滑过脸颊。我用手擦掉了他脸上的泪水，想起来他哭的时候是无声的。

“现在怎么办？”我问。

“我送你去公交车站，然后我走回家。”他带着伤感的笑容说。

“我不是问这个。我是说以后。”

“我的生活会回归原样——不过跟以前还是不一样了。我对SHOFCO有很多大计划。”他摸着我的脸，温柔地说，“我有我的生活，你也有你的。在我的生活里，我会经常想起你的。”

“那我们呢？我们怎么办？”

他对我苦笑着，缓缓地摇着头。

我现在明白了，这个时刻总会来的。我得走了，我可以离开这里，而他不能。此刻，我们之间最大的区别一目了然，无处可藏。

我突然意识到，他有多么勇敢，而我又是怎样的一个懦夫。我的世界里，一切都顺风顺水，如愿以偿。我一直在人生之路上恣意飞驰，没有经历过失去，我也从未想过失去带给我的影响。他从头到尾都知道，结果会是这样，但是他仍然爱着我。

肯尼迪

我妈妈常说，如果你看到一只蝴蝶，用双手把它扣在手里，它就会一直拍打翅膀，直到死去。但是，如果你张开手让它飞走，也许有一天它还会回来。就算它没有回来，你的掌心里起码有过一只蝴蝶。

Part 02

第 二 部

Chapter 12

杰茜卡和肯尼迪

杰茜卡

现在是十二月底，我的手机屏幕上闪起了肯尼迪的号码。我把他的名字存为“肯尼迪 – 肯尼亚”，后面的那个词让在丹佛家中的我感到，我和他之间远隔着无尽的世界。

我兴奋不已地接起了电话——自从肯尼亚选举开始，局势一片混乱，那边的电话根本打不通。电话的杂音很大，听筒里一直都是嗡嗡声，我能听到的全都是电话那头乱七八糟的叫喊声。我只依稀听清了肯尼迪说的几个词：**枪、暴力、逃跑**。接着，电话断了，留下我忧心忡忡，无计可施，简直要急疯了。

在选举期间，我整夜整夜地睡不着觉。一个政府网站持续公布投票的进展，我不停地在浏览器上点着“刷新”。消息更新的间隔时长是无法预知的，有时候一小时一次，有时候更频繁，而有时候三四个小时也毫无动静。最新的新闻也大多是泛泛之谈：国际新闻不仅会有几个小时的延迟，而且都是简短的概要，完全没有我渴望知道的细节。肯尼亚的新闻网站也是内容空洞，我上网查了几个小时，学会了如何播放当地的电台 KTN。

突然，一切都变了：反对党领袖拉伊拉·奥廷加的票数从大幅领先，到微微胜出，再到远远落后。当局仓促地宣布，现任总统齐贝吉获胜。他当晚在一个匆忙举办的、不向公众开放的仪式上宣誓就职。欧盟不接受这个竞选结果，但是美国政府就像肯尼迪预测的那样，向齐贝吉总统表示了祝贺。这个结果一公布，肯尼亚就发生了大规模的暴乱：人们打砸抢烧，残忍地杀害少数民族。整个国家处于水深火热之中，而基贝拉是情况最严重的地方。肯尼亚政府切断了全国的新闻服务，因此我也听不到 KTN 了。几天后，终于有了肯尼亚的新闻，我在新闻里看到了基贝拉的画面：封锁的道路、扛着砍刀的年轻人、燃烧的车辆、四处射击的警察。

我和家人坐在一家巴西牛排店里，我焦急万分，一筹莫展，觉得自己被困在了丹佛，快要失去理智了。我和家人来这里是为了庆祝元旦，但是看着服务员切好牛排和羊排，再放到我们的盘子里，我脑子里唯一的念头就是肯尼迪到底能不能在这场动乱中活下来。我不停地看着手机，它是能把我和肯尼迪连在一起的唯一的希望，我和肯尼迪，远隔着万水千山。

肯尼迪

我希望她听到了我的那句“*杰茜卡，我爱你*”。

手机只剩下最后一格电了，我关掉了手机。我必须想办法趁着夜色赶到 SHOFCO 办公室。现在返回基贝拉仍然很危险。我必须坚持下去，继续向前走。贫民窟里到处都是死亡和破坏的痕迹。城里火光冲天，浓烟滚滚。

这次备受争议的总统大选引发的暴乱席卷了内罗毕的大街小巷和肯尼亚全国各地，国家陷入了种族分裂之中。然而，这不仅仅是一场部族之间的冲突，更是人们对社会严重不公的愤怒，以及对获得大部分资源和机会的既得利益者的不满。自从肯尼亚 1963 年脱离英国统治宣告独立以来，只有几个种族掌控过国家的政治，他们从中获取了更好的资源。这次总统大选点燃了肯尼亚人在四十四年中积攒下来的对不平等和不公正的怒火，而基贝拉的情况是全国最糟糕的。大选结果公布之后，人们纷纷走上街头，肆无忌惮地纵火、抢劫，杀害相识多年的老邻居。年轻的暴徒们手握着弯刀，四处焚烧轮胎，就像有一只怪兽突然来到了基贝拉一样。

我深感难过，不仅仅是为遇难者，也为这些备受压迫的年轻人，痛苦和绝望让他们变得如此疯狂。很多基贝拉人一无所有，自暴自弃，生无可恋。我经常听说一些邻国发生这种可怕的事情，比如卢旺达和刚果，而我以为这只会在非常极端的情况下发生。现在我明白了，根本不需要多么极端的情况，只要人们足够贫穷和绝望，一个小小的火星就能造成燎原大火。

奥林匹克小区一片死寂。很多房屋已经人去楼空了。安东尼住在这里，我去找他。

我一边敲门一边说："安东尼，安东尼……我是肯尼迪……开开门吧。"

"你是一个人吗？"

犯罪团伙会劫持一个人，然后逼迫受害人去朋友家敲门，他们跟随其后。朋友以为是熟人来找，就会把门打开。安东尼可能是怀疑我被劫持了。

"安东尼，我发誓只有我自己。"

安东尼从窗户里看到我，打开了门。

我大声地说："安东尼，好兄弟，见到你太高兴啦！"

"嘘……嘘……别这么大声用卢奥语说话！"

安东尼一向胆子很大，看到他这么害怕，更加深了我的恐惧。

他陪我走到了SHOFCO的办公室，边走边聊了聊近况。

"坏消息太多了，我不知道从哪里说起。"安东尼清了清嗓子，"肯，你一定要坚强。"

"安东尼，我们该怎么办？"我心里很清楚，安东尼也没有答案。

我看到安东尼的眼睛里映着月光，但是他的脸阴沉沉的。

"安吉尔死了。"

安吉尔只是一个不到六岁的小女孩。安吉尔的妈妈海伦参加了我们的女权项目SWEP，我们给安吉尔起了个外号，叫她"SHOFCO宝贝"。安吉尔是海伦和基贝拉的一个酒鬼的私生女。海伦想把孩子打掉，但是失败了。安吉尔出生时极为瘦小，医生断言她活不过一岁。没想到，她竟然坚强地活了下来，所以人们叫她安吉尔[①]，上帝送来的天使。

“谁会杀害这样一个无辜的小生命啊？”

安东尼告诉我：“她被警察的一颗流弹射中了。”

泪水顺着我的脸颊流了下来。我结结巴巴，说不出话来。我们两个人都沉默了很久。

我们来到了 SHOFCO 办公室。打开门后，安东尼四处查看了一下，确认没有人藏在这里。现在已是深夜，我累得要命，今天除了在基贝拉喝了邻居给的一小口稀饭，我没吃过任何东西，饿得前胸贴后背。SHOFCO 办公室里有床垫，是为晚上加班的同事们准备的。互道晚安之后，安东尼和我连衣服都没脱，倒头就睡了。

刚睡了半个小时，我被吵醒了。我听到一辆卡车停在了我们办公室的围墙外面。有人在说话，说话的声音离我们越来越近，我紧张得心怦怦直跳。

我低声说：“安东尼，安东尼！你听到了吗？”

“嘘，别说话，我听到了。”

“天哪，我们今天死定了。”

安东尼和我紧挨着躺在同一张单人床垫上，我们是朋友，死也要死在一起。

外面那些人在说基库尤语，我听不太清楚他们的声音，只听明白了只言片语。

① 安吉尔（Angel）：意思是“天使”。

我给安东尼翻译："他们是蒙吉基的人。蒙吉基发誓要给在莱尼萨巴村被杀的基库尤人报仇。"蒙吉基是一个臭名昭著的基库尤族黑帮。安东尼和我是卢奥族人，我俩的处境极其危险。在蒙吉基眼中，杀了我们用来报仇刚刚好。

安东尼爬到了窗边："天哪，他们真的是黑帮的人。我看到手电筒了。"

"求你了安东尼，别趴在窗边，他们会看到我们的！"

一道手电筒的光束射进了窗子。安东尼马上平躺在我旁边，一动不动，我连他的呼吸都听不到了。

我们在二楼。他们目前还没进入办公楼。

我掏出了手机，手机马上就没电了，但还能再坚持一小会儿。我捂着听筒，钻在毯子里面，悄悄地给乔治打电话。

"政府，政府，我是市长。乔治，我遇上大麻烦了，我不知道该怎么办。"

"怎么了？"

"我和安东尼现在在SHOFCO办公楼里。蒙吉基的人开着卡车来了，我俩要完蛋了。"

我还没说完手机就没电了。

安东尼仍像尸体一样躺着。

我听到有人在外面走动。如果他们进不来，他们就会直接一把火把这儿烧了。这种事情屡见不鲜。

这时有人在外面大喊："快点快点，他们来了！"

接着我们听到了引擎声，卡车迅速开走了，轮胎发出了刺耳的声音。

我推了推安东尼，说：“安东尼，安东尼，他们走了！”

“你确定吗？”

“你没听到卡车开走了？”

“我听到了，可是……”

安东尼到窗边看了看，确认后，说：“嗯，他们走了。”

我俩长舒了一口气。

突然，外面又传来了一阵声响。

我问：“有人把我们的门打开了？”

这动静听上去像是有人跳进了院子里。

安东尼马上又平躺在了地上。

紧接着，有人在敲门。

我对安东尼耳语：“咱俩被耍了。他们假装走了，其实已经进到院子里面了。”

有人在外面喊：“市长，快开门！”

“如果我们不开门的话，这群人会直接放火把我们活活烧死的。”

“既然横竖都是死，我不会给他们开门的。”

“安东尼，我们要不要使劲弄出些动静，附近的邻居们听到之后可能会来救我们？”

“不行，不行，不行。已经没人住在这附近了。”

外面的声音越来越大了。

“谁来救救我们吧！”我实在忍不住了，绝望地大喊起来。安东尼也跟着我一起喊。

有人在外面大声说：“别喊了！我们是乔治的人。”

我急忙冲过去开门。乔治正站在门口等我，他带着十好几个人来的。看到他们的一瞬间，我欣喜若狂，一下子就安心了。

当时乔治把他带来的弟兄们分成了三队，包围住了蒙吉基的人，他们还在其他地方放置了很多手电筒，看上去就像是来了好多人。乔治是一个不折不扣的战略大师。

乔治说：“肯尼迪，安东尼，你俩今天差点就死了。蒙吉基的人知道现在住在奥林匹克的一定都是卢奥人，因为基库尤人早都已经搬走了。肯尼迪，你放心，只要我还活着，你永远都不用害怕。小兄弟，我会永远在你身边。你为基贝拉做了太多的贡献。”乔治的声音缓慢而轻柔。

他说话时，所有人都在安安静静地听着。

乔治对我的友爱让我感动得泪流满面。

虽然我和乔治都是卢奥人，但之前我还是请求乔治去保护在基贝拉的基库尤人。昨天晚上，乔治勇敢地把几个SHOFCO的基库尤青年藏在了家里，尽管很多人叫嚣着要取他们的性命。

乔治说：“一开始我想，我是因为你才这样做的，但后来我意识到，这样做也是为了我自己，为了人性。”

乔治的话触动了我的心。他冒着生命危险，搭救了几个外族人。

乔治不敢把我们单独留在这里，决定和我们一起在这儿待到第二天。我们分食了一点点吃的，我还给手机充上了电。我已经累得要死了。

乔治说："你和安东尼赶紧去睡觉吧，过几个小时天就亮了。"

离开基贝拉才刚刚一个晚上，我就忍不住想回去了。我想去安慰安慰海伦，还想去参加安吉尔的葬礼。第二天天刚刚亮，我就回基贝拉了。我给我的朋友约翰打了个电话，打算去他家待着。他家在莱尼萨巴，是基贝拉距离我家最远的地方。

我正小心翼翼地横穿铁轨时，手机响了，是杰茜卡。我接通了电话，严阵以待，只等杰茜卡一连串的问题接踵而至。

她轻声说："喂。"她的声音听上去好遥远。

我捂着话筒，不让她听到背景里基贝拉的声音："喂。"

"你在哪儿？"

我太累了，实在不想给她解释一大堆东西，就说了她想听到的答案。

"我和安东尼在一起呢，我们在城里。"

杰茜卡没有出声，我知道她一定是在听我这边的背景声——她太聪明了，这也是我爱上她的一万个理由中的其中一个。

"真的吗？"她的声音有些颤抖，就像是她几乎相信了我的话，但是她又太了解我，所以还在犹豫。

我在心里默默祈祷*"饶了我吧"*。昨晚我被折腾得精疲力竭，实在不想再吵架了。我刚从鬼门关里逃出来，只想和她还有朋友们好好在一起。

“真的。”

“我不相信。求你了，肯，一定要注意安全。我们一直没机会一起去做任何——去做那么多事情。你一定要照顾好自己啊。”

她的声音特别温柔，我真想紧紧地抱住她，使劲闻闻她的发香。挂了电话之后，我意识到我正面临着一个选择：如果我还想再听到她的声音，还想再抱抱她，我就得远离危险和冲突，好好活下去，尽管这意味着我得和我的社区保持距离，让自己置身事外。想到这里，我很生气。她并不在这里，她根本不能理解我眼前正在上演的这些惨剧。就算我真的逃了出去，目睹过这么多的惨剧之后，我该怎么生活下去？

但是，我心里一直有一个声音告诉我，应该听从杰茜卡的劝告。我只好又给约翰打了个电话，告诉他我不去了。我朝着奥林匹克走回去，几个小时后我终于到了安东尼家。

半夜，我从睡梦中惊醒，浑身冷汗。我摸到手机，给约翰打了个电话。他没有接。我又打给克里斯，他前天来报信说警察要来抓我，救了我的命。我知道他当晚会和约翰住在一起，但是克里斯也没接电话。我提心吊胆，有种不祥的预感，怎么都睡不着了。几个小时后，丹尼斯打来了电话。听到他的话，我泪如雨下。我最担心的事情还是发生了，而且比我想象的还要可怕。

夜里，几个帮派成员闯进了约翰家，杀死了熟睡中的四个年轻人。这些帮派成员残忍地对我的朋友们实施了强制割礼，然后让他们失血致死。这四个朋友和我一样都是卢奥族人，卢奥族是肯尼亚少数几个没有割礼传统的部族之一，我们也常常因此受到诋毁和侮辱。人们因仇恨而变得冷血无情，我的朋友们就是被仇恨害死的。如果那天住在了约翰家，我也会死在那里。

冥冥之中，杰西卡救了我的命，是她阻止了我去约翰家。但是反过来想，我却没能救朋友们的命。

我给杰西卡打了个电话，拨号时我就忍不住失声痛哭。铃声一响她就接起了电话，听到她的声音，我哭得更厉害了。

“他们被杀了，杰西，他们被杀了……”

“谁？”

“昨天，你告诉我不要做会后悔的事情。我当时骗了你。你打电话的时候，我不是和安东尼在一起在城里。当时我就在基贝拉，你感觉到了。我本来想去找约翰和克里斯，和他们一起待在基贝拉，我不想让自己显得与众不同。基贝拉需要我，除了这里，我不知道我应该去哪儿。我们打算住在约翰家，但我实在没法不听你的。结果他们被杀了。他们都死了，死得太惨了……”我的声音越来越小。

“天哪，肯，我明白你有多难受……我们会熬过去的。”

我听到了她的话，但是我不知道，不知道我们该怎么渡过这一关。

在电话里，我听到她也哭了。都是因为我，她才会经受这些可怕的事，这让我非常愧疚。我从小就伴随着暴力长大，直到现在我都不能对暴力习以为常。杰茜卡的生活里从来都没有这样的事情，她只在新闻和摘要里看到过此类事件的报道。

我们在电话两头沉默着，不知道该说些什么。我仍然身处险境，随时都有可能被抓住，幸运的话，我也只能躲几天了。如果我想活过这段动荡的时期，就必须得逃离肯尼亚。

我对她说："坦桑尼亚。我需要帮助，求你了，帮我逃到坦桑尼亚吧。"我的声音既低落又无奈。

她答应我，会想尽一切办法帮我逃出去。杰茜卡像一只母狮子一样强大，但是这次我不知道她还有没有办法了。

非法警察在好几个地方设了检查站，随机盘查过路人的身份证。如果一个人来自"错误的"部族，他就会被当场处决。幸好我的身份证没有带在身上，而且我精通两大对立部族使用的卢奥语和基库尤语。我祈祷着，无论哪个部族的人盘问我，我都能使用正确的语言蒙混过关。为了阻止百姓们逃出基贝拉，警方在路的尽头处设置了路障。那里的情况非常恶劣，警察朝人群不分青红皂白地开枪，扔催泪弹。一切物品都无法出入基贝拉，包括医疗用品和食品。每当我想到已经有无数人遇难，还有无数人将要遇害，我就难受得要命。这么多人的性命就这样没了。我们到底是为了什么而争斗不休？任何一个政党都不在乎我们老百姓的死活啊。

******

杰茜卡给我们认识的所有人和她认识的所有人都发了求助邮件：欧多和唐娜，介绍我们认识的世界社会论坛的朋友，还有她自己的家人等等。她四处筹钱给我买机票，然后通过西联汇款把钱转给了我。她害怕如果我们再拖下去，机场有可能会关闭，所以就立刻给我订了第二天去坦桑尼亚的机票。

我叫了开出租车的朋友姆布古阿送我去奥林匹克，因为我的护照在SHOFCO办公室里。我后悔死了，当时就不该把护照留在那儿的。姆布古阿觉得我们晚上十点左右再去那里比较好，于是我们就一直在基贝拉边上等着。

车开到路障附近时，警察拦下了我们的车，检查我们有没有携带武器，还查验了我们的身份证件。查完之后，警察居然没有索要任何钱财，就放我们走了。我们兴奋不已。

姆布古阿说："这是警察头一回没问我要买路钱。"

"姆布古阿，我们真幸运。"

姆布古阿每次都甘愿为我两肋插刀，我向他表达了谢意。

"肯尼迪，因为你是一个好人。"

我们到了奥林匹克小区门口，我立马冲到了办公室里，拿上我的护照和手机充电器，又装了几本书和几件衣服。

奥林匹克小区里一片寂静。我想给安东尼打个电话，告诉他我要出国了，但是电话怎么也打不通。

开车回城里的路上，我们看到前面有四辆车被拦住，排成一排停在路边。现在已经是半夜了。一群人打着手电筒朝我们走来。我从车窗里往外看，那群暴徒从第一辆车里拽出来了一个人。他们要检查所有人的身份证，从身份证上的姓就能直接看出一个人是哪个部族的。

那个人尖叫道："求求你们，别杀我！"

暴徒们砍下了他的脑袋。我惊讶得张口结舌，被这种残暴行径吓呆了，呼哧呼哧地喘着粗气。

姆布古阿紧闭双眼，不敢相信自己的眼睛。我吓得直打哆嗦。

真的，死神总是跟着我。我已经躲过去两次了，但是今天我又一次大难临头了。

我们的车前后都停着车，所以姆布古阿进退不得。前面的第二辆车里坐着基库尤人，因为我听到他们在说基库尤语。暴徒们看过他们的身份证之后，就放他们走了。

暴徒们走到了我们前面的那辆白色斯巴鲁跟前。车里的乘客不会说基库尤语。暴徒们要求乘客们拿出身份证件。

负责拦截车辆的年轻暴徒中，有一个人在深夜里还戴着墨镜。他对车里的乘客说："你们以为我们抓不到你们，你们杀了我们的族人，我们就要让你们血债血偿！"

他命令车里的乘客："一个一个地给我下车。"

这辆车里的人都大哭起来。暴徒们挥舞着砍刀朝他们砍去，他们的尸体僵硬地倒在了地上，尖叫声和求饶声回荡在夜空中。我们实在无法相信自己的眼睛。

现在轮到我们了。我颤抖着，像个婴儿一样哭了起来，但姆布古阿依旧面不改色。

姆布古阿明白，他会被当作一个基库尤叛徒。因为他保护我这个卢奥人，所以他也会被杀死。在暴徒眼中，我们不是朋友，也不是两个独立的个体，只是在一场与我们无关的斗争中各自部族的符号而已。

这时，我对着那个戴墨镜的暴徒说起了基库尤语，就像是着了魔一样。

我边哭边说："卢奥人杀了我全家人，还一把火烧了我的房子，我们要逃跑！他们把所有东西都烧掉了，连我的身份证也被烧掉了！"

姆布古阿也加入了进来，说了些卢奥人干的坏事。

这群暴徒看着我们，对我们表达了同情。戴墨镜的人放了我们，还叫我们路上小心。

我不敢相信我又从死神手里逃了出来。

姆布古阿说他从今以后每周都会去教堂，因为上帝救了他的命，他还要给家人讲这个故事。姆布古阿原本以为他会因为"私通敌族"而毙命的。

我们平安抵达了一所廉价旅馆，今晚我住在这里，明天我就要去坦桑尼亚了。姆布古阿已经两次死里逃生了，他说，他非常愿意帮我，但是今天他不会再开车送我回基贝拉了。

“再一再二不再三，第三次我们就不会这么好运了，死神已经给我们最后的警告了。”

姆布古阿还是答应我明天白天送我去机场。

那天晚上，我也向上帝祷告，谢谢他救了我的命。我永远都不想告诉杰西卡今晚发生了什么。这样惨痛的经历对她来说实在太难以承受。

几周后，我住在坦桑尼亚首都达累斯萨拉姆的一家破旧的宾馆里。杰西卡发动了所有亲朋好友，给我凑够了逃走要用的钱，我成功逃了出来。在达累斯萨拉姆，我有大把的时间，却不知道该干些什么才好。一天，我在一家当地商店买茶喝的时候，一个坦桑尼亚老人从口音听出了我是肯尼亚人。他告诉我，他听说了我们国家的情况，觉得非常难过，他还请我喝了一杯茶，欢迎我来到坦桑尼亚。他的好心却让我越发觉得孤单，背井离乡寻求庇护的滋味实在是不好受。因为祖国局势动荡，我不得不只身待在国外，前路茫茫，不知自己该走向何处。我不知道这场动乱什么时候才会结束，也不知道什么时候才能回到我的祖国。这段时间，我只能在城里闲逛，有电的时候查看电子邮箱（达累斯萨拉姆经常停电或者限量供应水电），尽管这里的手机信号时断时续，我还是会联系我在国内的亲友们，还有和杰西卡通电话。我还会如饥似渴地阅读我带来的马丁·路德·金、马尔科姆和马库斯·加维的书。有时候，我无法原谅自己离开了家乡，懊悔不已；而其他时候，我心里也明白，除此之外，我别无选择。

今天早上我吃的是米饭，不得不承认，我很喜欢坦桑尼亚的这个习俗。松软的米饭入口即化，再喝上一口香甜的茶水，真的是绝配。我朝一家网吧走去，一路上都在期盼今天有电。很幸运，今天网吧开门了，我立刻冲进去登录了邮箱，期待看到杰西卡给我的留言。我可以整天一遍又一遍地翻看她写的留言。

但是，收件箱里没有一条充满爱意的留言，只有一封杰西卡发给我的简短的邮件。我打开邮件，看到几个链接，点开之后是美国大学的申请页面，都很长。这封邮件的主题栏里只有一个加粗的词——**申请**。

杰西卡发来了所有需要填写的相关表格，我把这些表格都填好了。我之所以顺从她，是因为我爱她，想让她高兴。反正我在这里也没有什么事可做，填填表格还可以打发时间。我并不相信这些努力能有什么结果。杰西卡就像疯了一样，简直就是个疯狂的美国女人。美国的孩子从小到大受到的教育是，你可以做成任何事。我也想充满希望，积极行动，但是我和美国孩子的区别在于，我很现实。我觉得填写这些申请表、写这些文书都只是在浪费时间。我连肯尼亚的大学都上不起，更别说昂贵的美国大学了。但是杰西卡坚持要我填好这些申请表，我只好听她的了。

有一张表格需要我填写父母的收入和财产情况，里面的问题是我的父母是否有房产，以及他们持有哪些资产。还有一个问题：“你家的年收入是多少？”我在这张表格里已经填了太多个“0”，所以我在这一项中填了900美元。我填完了整张表格，扫描后，发给了杰西卡。

杰西卡收到邮件后马上就给我打来了电话。

“肯尼迪，你父母的收入到底是多少？”

我说：“杰西卡，他们没有收入，我们家没有固定的收入。你知道我是家里唯一能赚钱的人。但是作为一个非洲男人，我也要维护自己的颜面。我不想没完没了地填0、0、0了。”

杰西卡又把这个表格给我发了回来。

Chapter 13

杰茜卡

我爸和我妈都避开我的目光，他们直勾勾地盯着电梯门中间的缝儿，盼望门赶紧打开，好让他们出去。我也坚定地目视着前方，表明我的决心：不管他们说什么，我都不会改变主意。

“这太荒唐了。”我爸小声嘀咕着。他坚信，孩子是一个独立的个体，但是在面对孩子独立带来的后果时，他夹在其中左右为难，说话便老是含混不清地咕哝。

“一开始就是你鼓励她去那么远的地方的。”我妈不满地对他咕哝道。他们俩说话声音都很小，好像这样就可以假装我不在场一样。

“拜托你们冷静点！”我插嘴。

“我们够冷静了，”我爸气急败坏地说，“什么样的父母会像我们这样，带着他们二十一岁的女儿来见移民律师，咨询怎么帮她的非洲男朋友获得签证，甚至包括要和他结婚？”

这一刻，我对我的父母充满了同情和深深的感激。送我去非洲时，爸爸满怀热情，而妈妈有些犹豫不决。我回来后，一切都变得非常复杂，我也觉得自己成熟了许多。

一周前，我在半夜一点把我爸叫醒，让他帮忙把我辛苦筹到的钱通过西联汇款转给肯尼迪。西联不批准我在电话里转钱，而肯尼迪必须立刻赶到市里，取上钱，在暴乱再次发生前离开那里。我担心如果肯尼迪没有迅速拿到钱，他唯一的逃命机会便一去不返。我爸爸睡眼惺忪地打通了电话，报出他的信用卡账号，回答了无数个毫无意义的问题。我心中满是感激，但是，我还需要他帮我更多的忙。在汇款终于成功后，我筋疲力尽地躺在地上，乞求爸爸帮我预约一个移民律师。

谢天谢地，电梯门终于开了。在开车回家的路上，和律师的谈话仍然回荡在我们的脑海中。

这位律师直言不讳，她快速地分析了现状，然后告诉我们，肯尼迪获得学生签证的唯一方法，是被美国的大学以全额奖学金录取，即使这样，他也不一定能拿到签证。法律规定，只有能证明自己“有回国意愿”才能获得学生签证，而证明的方法是银行存款和房产证，也就是钱。他的机构和家庭都不符合这些条件。

“我代表的是谁的利益？”律师温和地问道。

我爸和我妈都不自在地在座位上挪了一下。

“你们的利益与你们女儿的利益——可能是不一样的。”

在我看来，我们一共有两个选择：A 计划，肯尼迪被美国的大学录取，获得学生签证；B 计划，我们先结婚，他就能获得签证，然后再去上大学。

A 计划看起来完全不可能实现。我不想先唤起肯尼迪的希望，因为我不确定他还能否承受再一次的失去。我上网查询了哪些大学会给外国学生提供经济帮助，只得到了一份很短的名单，其中还包括几所要求很高的大学，比如卫斯理、耶鲁、安姆斯特、罕布什尔和巴德。此外，还有一个问题。今天是一月十号，申请大学的截止日期已经过了。我决定给这些学校的招生办主任写一封信。我们已经无路可退了，还怕什么？我花了一下午的时间写好了邮件，总共发给了超过十五所大学。

主题：特殊事件

尊敬的招生办主任：

我叫杰茜卡·波斯纳，是卫斯理大学的一名大三学生，专业是戏剧和非裔美国人研究。大学期间，我参与了大量卫斯理大学和米德尔敦[①]的社区活动。我去肯尼亚交换了一个学期，现在已经回国。写这封信是因为现有一个十分特殊的情况，拜托您给予严肃考虑。

我在肯尼亚时，与一个非常优秀的年轻人在内罗毕的基贝拉贫民窟里共事，他叫肯尼迪·欧戴德，现在二十三岁。三年前，他在基贝拉贫民窟里发起了当地唯一一个社区组织，叫作 SHOFCO（为社区点亮希望）。基贝拉是非洲最大的城市贫民窟之一。困苦的生活

① 米德尔顿（Middletown）：位于美国康涅狄格州，卫斯理大学位于此镇。

磨灭了年轻人的活力，令他们身心俱疲。肯尼迪意识到，他们的社区应该有一个安全的地方，让年轻人可以聚在一起，做一些有意义的事情。他萌发了组建足球队的想法，因为他可以买得起一个足球。接着，他又想到组建一个戏剧小组，把贫民窟中的问题表演出来，再表演出解决困难的方法。此后，他成立了一个帮助女孩掌握命运的项目、计算机教育小组、新闻小组、卫生和环境项目，还有一个用来帮助贫民窟里感染艾滋病的女性的小额融资项目。SHOFCO 影响了基贝拉贫民窟里数以千计的人，肯尼迪受到人们诚挚的爱戴，整个社区都称呼他为基贝拉的市长。

肯尼迪就是在基贝拉长大的。由于经济原因，他一直没有机会接受高等教育。

我向您介绍肯尼迪非凡的故事，是因为他现在正处于极为不幸的境地。我相信，您对于肯尼亚的极端局势有所耳闻，而肯尼迪正处于非常危险的情况之中。他是卢奥族（反对派少数民族），因为他所做的杰出的社区工作，他在当地是一个著名的领袖。现在他的人身安全受到了重大威胁，因此人们劝说他逃离肯尼亚。

为了避免悲剧发生，他准备离开他用心血建立的事业和生活。我和他一起讨论了各种可行的办法，这便是我写信向您求助的原因。在这种极为特殊的境况下，我想您也许能对破格录取肯尼迪进入贵校给予考虑。他能够在二月一日以前完成所有需要的申请材料。我知道这个请求非常地不合常规，但是我相信这件事是值得您考虑的。

作为卫斯理大学的一名学生，我可以真心实意地说，没有人能比肯尼迪给一个高等学府带来更多的东西。我们想来您所在的知名学府求学，比如我上卫斯理大学，其中一个原因就是可以结交来自世界各地和各领域的杰出年轻人。肯尼迪丰富而不同寻常的经历一定会使他在这样的环境中脱颖而出，他也会给身边的同学们带来深刻的影响。

如果有什么需要我做的，或者我能够代表他与哪位老师直接交流，拜托您告知我，我热切盼望您的回复。肯尼迪在贵校一定能受益良多，也一定能够给贵校带来杰出的贡献。

谨启

杰茜卡·波斯纳
卫斯理大学 2009 级

我一遍遍地查看我的电子邮箱，没有收到任何回复。就算有大学对此表示出了兴趣，这件事还是有太多困难。肯尼迪没有 SAT 成绩，他在非正规学校断断续续的学习总共加起来也不过几年，他的“成绩单”是一张印有横线的纸，纸上是手写的成绩。肯尼迪的档案中没有美国大学所要求的背景。一想到他枯坐在坦桑尼亚，压根儿不知道自己能不能回国，什么时候能回国，我只想让他立刻出现在我身边。

肯尼亚的暴动仍在持续，党派领导间没有达成权力分掌的协议，因此暴力活动毫无停止的迹象。我知道肯尼迪忧心忡忡。他很难得到确切的消息，无数人下落不明，而我们还有太多的疑问：暴乱何时停止？事态平息后，肯尼迪回国就安全了吗？

达累斯萨拉姆的电力供应十分糟糕，肯尼迪的手机几乎没法充电。一天前，我终于联系上了肯尼迪，我告诉他，他有两种方法可以获得签证，一种方法是先来美国上社区大学，然后再转学，另一种是我们直接结婚。他没说什么，最近他一直寡言少语。事情的发展与我们想象的完全不同。离开肯尼亚的时候，我确定我们之间就要结束了。现在，面对极端情况，我们又回到了“我们”。一次改变人生的爱情，一夜之间沦为了一种实用工具，在申请结婚时还要被逐一开箱检查。

“以后我不会用这个来束缚你，用这次婚姻。”他意志消沉地说。

离开肯尼亚还不到一个月，我却觉得已经过了几辈子。我回来了——至少我的身体回来了，我回到了美国，回到了大学，回到了“家”。我走在美丽的校园中，这里绿树成荫，布满了雄伟的建筑，这是我曾经深爱的地方。在这里，在这生于此、长于此的地方，我做着我一直都在做的事情，却觉得自己不属于这里。我时刻不停地想着基贝拉和肯尼迪。

通常，出国交换的学生在第二学期回来，会被随便分配进一个宿舍。我很幸运，我和达芙妮住进了一个双人公寓。但是，一切都不再一样了。对我来说曾经那么重要的事情，上课、派对、论文，都变得无足轻重了。上课时我无法集中注意力，在我的人生里这可是从未有过的事。我迟交了一份论文，那些以前看起来无比严重的后果，我都觉得无所谓了。有时候我还会翘课，在宿舍里睡一整天，起不来床。我去学校的健康中心咨询，心理医生说我有“创伤后应激障碍”。我开始考虑，这学期先休学，回家处理好一切后再回学校。

很多个夜里，我尖叫着从睡梦中醒来，浑身冷汗，满脑子都是暴力的画面。达芙妮冲过来安慰我，告诉我我在美国。在学校里，我很安全，而我却更加担忧——肯尼迪还不安全。她把床垫从她的房间里搬到了门厅，晚上就睡在那儿。

肯尼迪经常在半夜打来电话。有时候他把他听说的新闻告诉我，有时候我们无话可说，只是静静地听着对方的呼吸声，听上一两个小时。在半夜两点听到对方的吸气和呼气声，对我们而言就是极大的幸福。肯尼迪不愿提起基贝拉的恐怖事件，也从不说起他困在坦桑尼亚的状态和感受。

接着，我收到了耶鲁大学、罕布什尔学院和卫斯理大学的回复，这三所学校都同意接受肯尼迪的延期申请。我们有两周时间准备申请材料，写文书，写推荐信，把能够证明肯尼迪教育背景的一切残留的资料和档案拼凑在一起——尽管他几乎没有什么“教育背景”。我完全顾不上上课，一头扎进他的申请中。我给肯尼迪发了无数的表格、文书写作建议、推荐信要求和个人信息要求。我游说朋友们写信，支持肯尼迪进入卫斯理大学，我还拜托了几位他在工作中结识的知名人士为他写推荐信。达芙妮帮我把这些信件都整理到了一起。

达累斯萨拉姆的网络太差，因此我负责整理和编辑所有的材料。每所学校都告诉我，肯尼迪是一位**非常特殊**的申请者，因此不要让他抱有太大的期望。尽管如此，我还是憧憬着我们的梦想能够成真。

肯尼迪突然不回邮件，也不接电话了。申请的截止日期马上就要到了，他写的申请文书还没发给我。对于他心中的担忧，我感同身受。我一直忙于申请的具体事务，眼看着成功好像近在咫尺，却忘了这本身就是一件可能性很小的事。肯尼迪已经失去了太多东西。如果他没能被大学录取，没能获得美国学生签证，这对他来说将是一个无法承受的打击。

就在我对按时提交材料已经失去希望的时候，肯尼迪发来了邮件。标成粗体的“**申请文书**”四个字赫然出现在主题栏里。他在邮件里附上了文书，并且请我和达芙妮帮他修改后再提交。我和达芙妮一起读着肯尼迪的文章，文章的字里行间都透露出他对人生的热切希望。文章的最后一句话是：“我相信，我们会有一个更美好的世界。”读到这句的时候，达芙妮的手紧紧地捏住了我的肩膀。我们让他提交了文书。

三月初，罕布什尔学院发来了带有全额奖学金的录取通知书。我们都惊呆了。肯尼迪又惊又喜，激动万分，兴奋得不能自制。

我对他说：“肯尼迪，这简直太棒了。我们再等等看，看看其他学校会怎么样。我还是希望你能进卫斯理，我想和你在一起。”他在电话那头默不作声。

卫斯理大学的反馈是，只有肯尼迪考了SAT或者ACT，他们才能在六月初决定是否录取他，而罕布什尔学院不要求他有SAT成绩。我知道，肯尼迪一想到要参加SAT考试就很害怕。

他在坦桑尼亚无事可做，深感无聊，最终决定回到基贝拉，哪怕回去会有风险。基贝拉的暴乱虽然已经基本停止，但暴力事件仍时不时地发生，所以肯尼迪的安全无法得到保障。

肯尼迪报名了SAT考试，但是在考试当天，军警封锁了基贝拉的路，抗议者和警察之间又爆发了冲突，因此肯尼迪无法去参加考试。这是一个相当好的借口。肯尼迪告诉我，反正SAT的大部分内容他都没有学过，参加考试也是徒劳。我们怎么可能指望他能考出好成绩?

我决定去找卫斯理的国际学生办公室主任爱丽丝·哈德勒谈一谈。她对肯尼迪的申请一直鼎力支持，并且提供了许多宝贵的帮助。现在我们有了罕布什尔的录取通知书，也许我们可以和学校协商此事。爱丽丝和我都希望能用罕布什尔的录取通知书向学校施压，罕布什尔要肯尼迪尽快给出回答，而且他们不需要SAT成绩，因此卫斯理可能会错过肯尼迪。

我收到了一封肯尼迪的邮件："市长有了去罕布什尔的通行证，但是我的心愿是去卫斯理。我能不能成为你们的校友？有结果立刻告诉我。"

肯尼迪找到了卫斯理大学校长的电子邮件地址，没有和我商量，便直接给他发了一封邮件：

尊敬的罗斯校长：

这封邮件写给卫斯理大学的校长。我是基贝拉的市长，我无比渴望读书。虽然没上过什么学，但我已经为基贝拉带来了不少改变。我希望进入贵校求学，恳请您支持这个请求。我要创造一个更加美好的未来，而我想给您的学校一个参与其中的机会。我认识贵校的两位学生，杰西卡和麦特，他们目光高远，头脑严谨，非常优秀。加入卫斯理大学是我的心愿，我想知道，我是否有这样的机会。

最终，卫斯理大学的招生办公室发来了邮件。我还没读完邮件，就拨通了他的电话。

“你被卫斯理录取了！”

邮件里说，卫斯理会给肯尼迪提供全额奖学金，还会给他买机票。他还得到了校园里的一份勤工俭学的工作，这样他就能自己挣钱支付其他的开销。

我们在电话里又喊又叫，喜极而泣——这太不可思议了。

“人生总有转折点的，我的转折点到了，杰西卡。”肯尼迪说。我听得出来他在哭。我无法相信我们做到了。我实在无法相信。

我迫不及待地想要见到他。我立刻行动，向学校申请了研究基金，准备花一个夏天的时间在肯尼亚调查竞选后暴力，这将是我的毕业论文题目。

“欢迎回到肯尼亚。”

海关官员在签证上盖章的那一刻，我的心狂跳起来。因为肯尼亚局势动荡，学校的外事办老师十分担心我的安全，他们差点拒绝资助我的项目，但是我决心已定。我一定要亲眼去那里看看，才能真正了解过去的一年里发生的事情。

我冲下楼梯，奔向行李提取处，盼着我的行李早点出来。他在等我，我知道他一定在等我。行李出现的那一刻，我满心感激，拎起行李狂奔过了海关。我看到他了。过去的半年里发生了太多的事情，而现在，他就站在我的面前，这种感觉好似做梦一般——就像一切都没变，一切又都变了。他抱住我，把我的头按在他的胸口上，仿佛要用尽全身的力气来抱紧我。

“嗨。”他说。

“嗨。”我的大脑一片空白。

我们有六个月没见面了。*他对我还是一样的感觉吗？我对他呢？*

深呼吸，我在心里对自己说。我捧着肯尼迪的脸，把它朝我拉近，然后深情、忘我地吻着他。至少我们的身体记得对方。

我没想到，内罗毕的六月这么冷。肯尼迪在奥林匹克租了房子，他说现在他不敢带我住在基贝拉了，害怕我们不会像上次那样“幸运”。我可能会被强奸、抢劫，任何事都可能发生。他第一次说这些的时候，我不以为然。

“我们为什么一定要住在这儿？这个地方很陌生，没有人会跟我说话，住在这儿感觉又冷又孤独。我不明白我们为什么不能去你家住。”

“现在不一样了。”

“怎么不一样了？给我解释一下吧。”我央求道。

“你不会懂的，你是美国人。”

“这是什么意思？我是美国人？那又怎么样？”

“我以为你会喜欢这张床。我请人专门给你做的。”

“这张床很好，我不是在说床的事。”

“这些东西都是给你买的，想让你高兴。我不想再说这件事了。现在跟以前不一样了，就这么简单。你不会明白的。我很抱歉你不喜欢这张床。”

“你得给我一个了解的机会啊。你不给我解释，我怎么能明白呢。而且我很喜欢这张床，很好、很大。”

“任何事都可能发生，随时都会发生。如果他们再次封路，我们会被困在里面，没法穿过路障，永远都出不来。到处都在着火，没有安全的地方，哪怕这里也不安全。现在我得保护好你，所以我们得住在这儿。我已经尽力了，至少这里的墙是真的墙，门也能锁住。”

“对不起。”我轻轻地说，“我明白了。因为你回来了，我也回来了，所以我以为现在已经没什么问题了。”

我伸出手想摸摸他的胳膊，但是他抽走了胳膊，我只摸到了空气。

“我要出去一下。”他含混不清地说，站起来快速朝门口走去。

暴力停息了，然而肯尼迪发生了微妙的变化。如果晚饭我做了炸香蕉，他还是会笑我；早上他还会给我唱自己编的歌。但是有时候他会突然消失，去我不知道的地方。我感到极其孤单。

肯尼迪给我看了海伦的孩子安吉尔的葬礼照片，她只有六岁。以前在 SHOFCO 办公室，我经常和安吉尔一起玩。

选举暴力发生后，基贝拉的种族隔阂变得十分严重，但是人们还是像以前一样住在一起。在脆弱的和平中，邻居之间不得不面对彼此的背叛行为：住在旁边的人可能杀了你的家人，或者毁了你的生意，或者你对你的邻居做了某种恶行。我和 SHOFCO 的成员创作了一个新剧本，想要帮助人们处理这个问题（如果这有可能的话）。肯尼迪挑选了十位 SHOFCO 的成员来表演这个话剧。在竞选后的暴动中，他们有的人目睹过家人或朋友遭受暴行，有的人本身就是受害者。

肯尼迪一直在帮我做调查，他采访了很多人，请他们讲述暴乱中的经历。每天晚上，我都听着他带回来的磁带，把一个个撕心裂肺的故事记录下来。在采访中，肯尼迪与受访者惺惺相惜，他的声音很温柔，提问也小心谨慎。一个女人以前有一个小商店，店铺被人放火烧毁了，而她的女儿当时还在店里。听完磁带，肯尼迪总是动情地谈论着这些故事，我仿佛能从他的话里看到他个人的经历，但是他从不愿与我谈起这些。

半夜，我突然惊醒，浑身冷汗，不知道自己身处何处。过了一会儿，我才适应眼前的黑暗和外面奇怪的声响。我甚至无法确定自己是醒着还是在梦中。我害怕极了，怕刚才做的噩梦是真的。我梦到妈妈死了。现实中，她在几个月前做了背部手术，而我梦到妈妈在术后突发了并发症，没过多久就去世了。这个梦感觉很真实，因为我像是在梦里度过了整整一年。她的死带给了我巨大的创伤：从开始的惊愕和怀疑，到后来的痛彻心扉，再到永久的伤痛和遗憾。在梦中，我的生活回到了正轨，但老是出问题：找不到自己的衣服、没按时完成论文、错过重要的会议，最痛苦的是，在毕业典礼上找不到我妈妈。我看着黑压压的人群，拼命搜寻她的身影，最后想起来她已经去世了，便起身离开了毕业典礼。在梦中，一部分的意识告诉我，我在睡觉，这只是个梦，我会醒来的。但是，这个梦怎么都做不完。

我坐在床上，身上裹着蓝色的蚊帐。我晕晕乎乎地拿起手机，拨通了家里的电话。

“妈？是你吗？你没事吧？我梦到你死了。”我焦急地问，声音里还带着睡意。

“亲爱的，别怕，我好着呢。你那儿几点了？”她的声音听起来很遥远。

“我这个梦感觉太真了。我不知道几点了，可能很晚了，可能还早。”

“亲爱的，我很好，家里一切都很好。”

我感到困意再次袭来：“妈妈，我爱你。”

“我好爱你，杰茜。我一直都在想你。”

“我也是。”我挂了电话，睡意蒙眬地钻进了肯尼迪的怀里。他搂住了我，我这才发现这通电话把他吵醒了。

“对不起，把你吵醒啦。”我边说边擦掉了脸上的眼泪。

“没关系。”他有节奏地抚摩着我的头发，安慰我，“在我的文化里，如果你梦到有人死了，其实是代表那个人遇到了好事，比如吃到了自己爱吃的东西；如果一个人真的死了，我们会梦到他在吃肉，因为人死之后要宰牛，这是我们的风俗。”

“所以如果我梦到一个人在吃肉，那才是可怕的梦？”我带着笑意问。

“没错。”

我又睡了几个小时。醒来时，我想，我真的很幸运，还能给妈妈打电话，而这里有无数人再也没机会和他们的母亲说话了。在基贝拉，我的所见所闻都是悲伤的故事——人们失去了生命，失去了财产，失去了彼此间的信任。这里的人们在暴乱中失去了太多东西。每一天，我都会想到，生命无比珍贵，又无比脆弱。我与各种各样的人交谈，他们中有人房子被毁，有人失去了从小到大的所有积蓄，有人被剥夺了谋生的手段，有人失去了社区、家人，还有人失去了眼睛、胳膊或腿。

我拥有的东西，他们中的一些人曾经也拥有过，但是全都被这场灾难夺走了。有的人在谈恋爱，有的人结婚了，有的人已经有了孩子，有的人也许跟我一样，日常生活中满溢着平凡的乐趣和平静的喜悦。然后在几天内、几小时内，甚至在一瞬间，一切都化为乌有。警察滥用枪支，许多孩子死于流弹；人们的房屋被烧成灰烬；珍贵的私有物品被邻居和朋友掠夺一空；曝尸街头的男人再也不能回家亲吻妻子，而他的妻子仍苦苦坐在家里等丈夫回去。

然而，肯尼迪活下来了，我们活下来了。我逐渐明白，我们有两种选择，要么胆战心惊地活着，要么充实自在地活着。我们选择后者，选择热情、幸福和满足的生活。夜里，我带着敬意静静地看着睡梦中的肯尼迪，他的胸口平稳起伏，如魔法般神奇，而他的脸颊衬着睫毛柔和的曲线，如艺术般精致。

我的选择是：珍惜和享受我们差点就失去的东西。

我告诉肯尼迪，三周后我们就要去美国，去卫斯理上学。我们要开始准备东西，打包行李了。

“我还没准备好，”他的声音很刺耳，“我还没准备好离开这里。”

“你还会回来的。”我底气不足地对他说，并不确定这是真的。

“我们得去我老家的村子，和长老们见面。我得在那儿盖一个房子才能走。”

“房子？你在说什么啊？”

“我就知道你不会明白的。”他沮丧地叹了口气。

“我们得存钱买课本！还要买冬天的衣服！不是去一个村子里盖房子！”

没过多久，安东尼叫我出去喝汽水，跟我解释了这件事。如果肯尼迪不在村子里盖一个传统的屋子，他的家人就不会同意他去美国。在卢奥族文化里，这是成年男子的象征。

“要是他不盖这个房子，村里人就不会把他当自己人了，他们永远都不会接受他。如果那样，肯尼迪就没有根了。”

我回到家，把火腿和面包放在小小的野营炉子上烤热，做好了火腿芝士三明治，作为给肯尼迪的谢罪之礼。

“什么情况？”肯尼迪一进家就问。他知道，如果我做饭了，肯定是有什么事。

“如果你打算回去盖房子，我也和你一起去。”

他走到我面前，捧住我的脸，并用大拇指摩挲着我的脸颊。

“谢谢你。”他轻轻地说。

我们出发的前一晚，利兹来和我们一起住。看到我装在行李箱里的衣服，她吓坏了。她从我的衣橱里挑了一件最讲究的连衣裙和最好看的黑色上衣，告诉我在村子里必须穿这些。因为我们要坐八个小时的巴士，所以我准备穿短袖 T 恤和热裤，但是利兹坚持让我穿这件黑上衣和一条白色的七分裤。

肯尼迪买了两只鸡带回乡下。利兹、肯尼迪和我带着鸡和行李上了车，虽然我们只在村子里住四天，但是我足足准备了够用一个月的行李。我们从内罗毕出发，坐了八个小时车到达基苏木，又从基苏木坐了两小时车才到达肯尼迪老家的小村庄。村庄位于肯尼亚的内陆，一到这里，我立刻就明白了人们为什么把这里叫作“腹地”——这是一个被世界遗忘了的角落。

我第一次见到了肯尼迪的母亲。这对母子十分相像：她那热情奔放的手势和表情，她身上散发出的魅力，还有她的自信与果敢，都与肯尼迪一模一样。第一次见面时，她给了我一个热情洋溢的拥抱，我们没法用各自的母语和对方交谈，这让她觉得特别遗憾。对我们来说，斯瓦希里语只是一个折中的交流办法，因为我们俩的斯瓦希里语水平都不高。

我给她带了一本介绍卫斯理大学的书，里面有很多校园的照片。我想，这样她就能了解肯尼迪要去的地方了。但是当我指着书里的图片给她看时，她只是点点头，把书合上，塞进了一张桌子底下。

“她不高兴了吗？”我问肯尼迪。

“我妈妈不想让我走，想让我待在她身边。”他耸了耸肩，“卫斯理的学费是多少钱？”

“很贵，差不多一年五万美元。”

肯尼迪用卢奥语给他妈妈说了些什么，她大声惊呼起来，立刻拿起了那本书。

“你跟她说什么了？”

他笑着对我说：“我把一年的学费换算成牛的数量告诉她了。”

肯尼迪最小的弟弟叫希拉里，一见到我，他就尖叫起来，把我们逗得捧腹大笑。很显然，两岁的他还从没见过白人呢。

不管我们去哪里，人们都会为了照顾我而说斯瓦希里语，但是过不了一会儿，他们就放弃了，又切换回卢奥语。因此，大部分时间我都听不懂大家在说什么，只能做一个旁观者。我坐在肯尼迪家门口狭窄的门阶上，看着一个比我小的女孩头上顶着一大壶水，优雅地走过。她看起来差不多十八岁，应该从没离开过这个小村子，对外面的世界毫无概念。我试着想象，一辈子只待在一个地方，是一种什么样的感觉。

我正带着希拉里在草地里玩儿的时候，乔治急匆匆地跑来找我。他刚到村子，来帮肯尼迪盖房子。希拉里慢慢地跟我亲近起来，尽管他对我的好奇还是多于信任。我们每天下午都一起读书。我读的是《我父亲的梦想》[①]，而我现在离贝拉克·奥巴马的父亲长大的村子只隔着几分钟的路程，在这里读此书，感觉非同一般。希拉里拿着我给他买的书，虽然看不懂，但是仍坐着看了一下午——书是倒过来拿着的。他只有两岁，竟然能全神贯注地捧着书坐一下午，看着完全看不懂的文字，他的专注力令我惊讶。在他身上，我能看到肯尼迪小时候的样子，小小的人儿有着强大的决心。“房子要开始盖了，他们叫你过去。”乔治气喘吁吁地说。

希拉里耸耸肩，追着村里的一只狗跑开了。我把裙子上的灰尘

① 第44任美国总统贝拉克·奥巴马的自传。

和草叶拍掉，跟着乔治走，心里嘀咕着“我去能帮上什么忙”。现在正是清晨，太阳的热力还未出现，天气是那么地清新、舒爽。昨晚，为庆祝肯尼迪盖新房，全村人举行了一场盛宴，一直持续到好晚。早上五点，我听到人们还在外面唱歌，他们喝了太多当地酿制的啤酒，喝得醉醺醺的。

肯尼迪的母亲、巴毕和比阿特丽斯姨姨一起站在一片空地上，到今天晚上，这片空地上就会盖起肯尼迪的房子。每个卢奥族家宅（boma）里都有一片指定的地分给长子，就在父母房子的右边。走进任何一个卢奥族家宅，你都能从房子的位置看出这家有几个儿子，顺序是什么样的。村里的几位长老站成一圈，乔治把我推到了肯尼迪的对面。我环顾四周，冲人们微笑着。他的姨姨比阿特丽斯站出来，用卢奥语开始祷告。祷告到一半，她抓起我的手，放进肯尼迪的手里。我突然觉得不对劲。我和肯尼迪手拉着手站在要盖房子的地方，所有人站成一圈围着我们，比阿特丽斯在祷告……

“肯尼迪，什么情况？看着好奇怪，跟结婚一样。”我急切地对他耳语，并且朝他那里移了移，这样别人就不会听到我在说话了。刚好这时比阿特丽斯的祷告声变得更大，更加热烈。

他凑到我耳朵旁边，恳求地说道：“求你了，一会儿再说行吗？”

天哪，他脸上的表情——这就是一场婚礼。不管他们说的是什么语言，我都能看出来这是场婚礼。我们站在村子的中央，站在他妈妈、亲戚和村里长者的面前，他们在给肯尼迪娶亲。

“肯尼迪，这是个笑话吗？”我咬牙切齿地说，既惊慌又生气，

“你连**问都不问**就把我拖来办婚礼了？”

“就算我告诉你，你也不会明白的。拜托了，先保持微笑行吗？”

比阿特丽斯宣布，婚礼圆满结束，新人成为丈夫和妻子。人们欢呼起来，乔治走过来，他假装看不出来我的震惊，一本正经地对我们说，现在肯尼迪要去砍盖房子用的第一棵树，我要和好盖房子用的第一桶泥，仪式才算是正式结束。大家都看着我们，我别无选择，只能把水倒进沙堆里，用希拉里递给我的棍子把沙土搅拌成泥。

“按卢奥族的传统，这个房子其实是**你的房子**。”肯尼迪不好意思地对我耳语。

“我要一个你村子里的房子干吗？”我厉声回答，“我们得谈谈。”

“你给他们说，你要去走一走，我十分钟后去找你。”

我怒气冲冲地沿着村边的路走着。村里很多家宅根本没有栅栏，牛群和孩子们都跑来跑去——不管是孩子还是牛，看到我的时候都停下了脚步。肯尼迪找到我，我们默默地走了几分钟，不知道怎么开口。

“对不起。不过你理解不了这些。”他说。

我感到火气噌地冲上来了：“你至少得给我一个了解的机会吧！”

“我现在解释。”

“你不觉得现在有点晚了吗？你家里的所有人都觉得我们已经结婚了。”

“卢奥族的文化是男人和妻子一起盖新房。房子是属于妻子的，真的。如果我没有盖房子就走，他们就会宣布我‘丢了’。如果你没和我一起来盖房子，我就得和村子里的一个女人盖这个房子。”

“是包办婚姻吗？”

“差不多吧。我二十三岁，这个年龄在我们这儿早都应该结婚了。”他带着歉意说，“老规矩是，我们盖好房子后，今晚就一起住进去，这样才算正式结婚。全村人都会来看我们住进里面，确保我们睡在了一起。”

“肯尼迪……这也……太可怕了。”

“他们也不是真的看——”他急切地说，就好像我担心的只是这一个问题一样，“他们只是看着我们住进去。我的计划是，如果你不愿意来，我就和村里的一个女人一起盖房子，但是我不会和她睡在一起。”

“哦，那太棒了。你好忠诚啊，我高兴死了……”

“但问题是，我得一直给她寄钱，一直对她负责，而且我永远都不能带你来这儿，你永远没法见我妈。所以我想了想，觉得不行。我知道这对你来说很难接受，咱们就假装什么都没发生过，我们没有结婚。我想和你完成这个仪式，这样将来有一天，我还能有机会带你回来，作为真正的妻子回来。”

“所以你的意思是，我们把这次结婚忘掉，发生在村里的事就让它留在村里？”

他的脸上慢慢绽开了微笑。“差不多。”他充满希望地说，语气很可爱。

停顿了一会儿后，我叹了口气，问：“这个小屋结婚仪式还有什么规矩？”

“你得在屋子里做顿饭，让大家知道，就算家宅里一个人都没有，你也能待在家里。还有，我们做的事情，我的弟弟们以后也得和他们的妻子一模一样地做一遍。”

“如果我们俩一起做饭呢？他们也得和妻子一起做饭吗？”我淘气地笑着说。

肯尼迪也坏笑起来：“这会成为村里的头条新闻的，咱们就这么干。”

晚饭时间，利兹抓着一只我们带的鸡过来。我从没杀过鸡，利兹把刀递给我，然后抓着它的脖子，架在一个金属碗上。我深吸了一口气，扭头看着别的地方，切开了鸡脖子。鸡血流进了碗里，肯尼迪佩服地看着我。

“你总有新的地方让我惊讶。”

我们一起做了晚饭，全村人都震惊了。我们给他的弟弟们立下了这个惯例。

当晚，我们单独待在尚未完工的新房里，肯尼迪紧紧地搂着我。夜晚的村庄万籁俱寂，与喧嚣的城市完全不同。我听到远处传来一声嗥叫，肯尼迪说他们这里有鬣狗，我不知道他是在吓唬我还是说真的。

“你们美国人会怎么说？是不是说你心好大，看得太开了？”他温柔地说，揉了揉我的头发，把我拉得更近。

“如果你真的想和我结婚，你得求婚，但我还没想好答案是什么。”我轻轻地说。

“我知道。”他停顿了一下，又说，“咱们是不是应该把洞房这事办了？”

Chapter 14

肯尼迪和杰西卡

肯尼迪

空姐们都称呼我“先生”。她们不仅给我送来吃的，还问我要不要葡萄酒，我喝完后叫空姐来，她又给我加了一杯。这简直令人难以置信。她们对待我的态度让我觉得自己是个人物，是个国王。

我险些没能上得了这架飞机。收拾东西离开基贝拉，离开我的朋友们，离开 SHOFCO，这对我来说太难了。那可是我所知道的整个世界啊。

我去跟朋友们道别的时候，他们都说我肯定会留在美国。

“你现在有了白人女人，肯定就在美国工作了。”

我反驳道：“大家听我说，我去美国不是为了在杂货店里打工。在基贝拉，我可是市长，我自尊心很强的。我的心永远留在这里，永远和你们在一起。毕业后我一定会回来的。”

在出发的前一天晚上，我还没开始收拾行李。杰西卡知道后大发雷霆，我从没见她这么生气过。她付出了那么多的努力才帮我走到这一步，如果我现在决定拒绝奖学金，不和她一起去美国，放弃这个大好机会，她肯定要气死。

她摔门而去之前冲我怒吼："这不是什么机会不机会的事！这是你我将来的事！明天我要坐飞机走，如果你还想和我在一起的话，你也得上飞机！"

就这样，我赶上了飞机。飞机这东西真是奇妙极了。我只要按一下座位上的按钮，靠背就能后放。杰茜卡说，飞机上还有商务舱和头等舱，那里更舒服。我不在乎什么商务舱头等舱，我觉得一切已经非常震撼了。从窗口向下看，可以看到美国。看得出来，美国的城市规划相当好。

杰茜卡的朋友达芙妮在肯尼迪机场接我们。她一看到我们，就大喊起来："酋长来啦！酋长来啦！"

我跟达芙妮开玩笑说："你们这个机场的名字不错。"

我们坐上了出租车。这里的街道一尘不染，一切看上去都井然有序。我可不能再是那个基贝拉的肯尼迪了，我得改变一下自己，变成一个新的肯尼迪。

达芙妮住在中央公园附近的一栋非常漂亮的大楼里，大楼还有门卫。但最让我感到惊奇的是浴室。一打开开关，热水就像魔术一样从上面的喷头里流出来，我惊讶得跳了起来。我把开关从热调到冷，从冷调到热，水温也跟着瞬间调节，我高兴得大叫了几声。杰茜卡闻声而来，结果看到我正抖着肩膀，扭着屁股，又唱又跳地洗着澡。

我指着杰西卡，唱道：**“摇摆起来，我要和你一起摇摆。”**杰西卡听得哈哈大笑。

我只想跳来跳去地泼水，享受这神奇的浴室。以前我想要洗澡的话，得先提着塑料桶去打水，再用我珍贵的燃料把水烧热，洗澡的时候只能用手捧起水洗。我足足洗了一个小时，直到杰西来催我，说我在浪费水，让我赶紧出来。听到这话，我笑了——我这辈子还从来没浪费过水呢。

杰西卡和达芙妮带我去了纽约时代广场。那里简直太神奇了，在高楼的墙上可以直接看电视。在街上，有人给了我几张免费酒水券，我们去了酒吧。

我说：“我们喝点最贵的酒吧！香鞭怎么样？”

杰西卡笑了：“‘香鞭’？你是说香槟吧？”

我们在酒吧里喝酒、跳舞，一直玩到了凌晨五点。

我又坐飞机去了俄亥俄州，第一次见到了我的美国妈妈琳达。在这十多年里，她一直给我写信，给予我支持，但是我们从没见过面。我有一张她的照片，照片上她满面笑容，在机场见到她的时候，她露出了比照片上更灿烂的笑容。能见到这个我一直叫作“妈妈”的人，我感觉很幸福。

他们让我爱上了俄亥俄州，还给我买了俄亥俄球队的 T 恤和帽子。

有一次我们开车的时候，琳达问我饿不饿，我说我饿了，想吃鸡肉。于是她开车带我去了一个地方，把手从车窗伸出去，从外面的墙里取了一些钱出来。

我心想：这怎么弄的？

接着，她又开车带我去了另一堵墙边，对着墙说她想要鸡肉。

她问我：“肯尼迪，你想喝什么？”

我说：“可乐。”

我们点的食物和饮料落进了车窗里，然后琳达用一张卡付了钱。美国都是什么情况？连车都不用下，想要的东西就能像这样自动掉在大腿上？我震惊了，但是我没法给琳达和杰茜卡解释清楚我的感受。美国啊美国！

琳达就像妈妈一样给我指导和建议。她给我讲了一些黑人在美国应该注意的事情。她说如果有警察拦下了我，我应该马上举起双手，绝对不能和他们起争执。

她严肃地告诉我：“在美国，有不少这样的例子，警察冲无辜的黑人开枪。”

我没想到美国也这么可怕。

终于，我要和杰茜卡的父母见面了。我们去纽约州的伊萨卡镇看杰茜卡的哥哥麦克斯创作的一部戏剧，杰茜卡的父母也会去那里。在美国，黑人会遭遇种种困难，来这里之后我在书上看到过，也听说过很多这样的事，因此我很担心杰茜卡的父母会不喜欢黑人。表面上，我想装出不在乎他们是否喜欢我，只要杰茜卡和我在一起就行了，但我心里还是希望他们能喜欢我、接受我。

我最先见到的是杰茜卡的爸爸。拥抱我的时候，他流下了眼泪。杰茜卡之前给我说过，在她们家每一个最重要的时刻，她爸爸都会哭。我又见到了杰茜卡的妈妈，她一直在对我微笑，还有杰茜卡的哥哥，他的热情就像拥抱一样温暖。

我们一起乘坐杰茜卡家的车去看她哥哥创作的这部戏。我从没来过这种剧院。这部戏讲的是杰茜卡、我，还有一条狗的故事。说实话，我没看懂，但我知道这个故事里有我。我听到他们讲贫民窟的事情，也看出来这部戏里有很多非洲元素。我以为看戏的时候有爆米花吃，结果并没有。其间我觉得有些无聊，想睡觉，但是大家都朝我看，看我喜不喜欢这部戏，搞得我得一直正襟危坐。

我们一起去外面吃饭，吃的时候我一直小心翼翼，我不想在他们面前像个基贝拉人一样狼吞虎咽。杰茜卡的妈妈教我如何使用刀叉，左手握刀，右手拿叉。她说美国人很讲究这些细节。这对她来说似乎很重要，所以我尽力学着做。

我们坐飞机去了丹佛，杰茜卡家的房子使我十分惊奇。但是看到杰茜卡有好多好多衣服和鞋子，我却有点失望，有点受不了。我太了解她了，所以我以为她以前的生活会更朴素一点。

走在丹佛街头，我特别害怕会有人突然冲我开枪，杀了我。我听说很多美国人都有枪。美国文化中有很多我理解不了的东西。现在麦克斯和我很熟，他笑话我，说我是个“文化文盲”，因为我对美国的音乐和电视剧一点也不了解，连最火的那些我都不知道。

他叫我“文盲”的时候，我很不爽，但是我每次都会原谅他，因为我还挺喜欢他这种直率的玩笑方式的。

杰茜卡的爷爷是个数学家，他也非常直率。我第一次见到他的时候，他就明确表示对我和杰茜卡的感情持怀疑态度。他觉得我俩在一起很不现实。他说如果我们将来结了婚，我俩的孩子会面临很多问题。他告诉我，杰茜卡的直系亲属中从没有人和非犹太人结过婚。

我喜欢那些对我坦诚的人，因此，我也喜欢杰茜卡的爷爷。

我们总算该去卫斯理了，学校要开学了。卫斯理的校园绿意盎然，是个美丽的地方。当杰茜卡去拿公寓钥匙的时候，我跪在地上，亲吻了脚下的土地。历经了千辛万苦，我终于来到了这片圣地。

“希望在接下来的四年里，这里能成为我的家。”

杰茜卡

肯尼迪走在校园里，抱着书，背着双肩包，身上穿着一件卫斯理的校衫，看起来就是个普普通通的卫斯理大一新生。只有我突然发现，大学生活的每一个细节和点滴都是无与伦比的，连那些普普通通的新生入学仪式都变得充满魔力。我很享受与肯尼迪一起分享这个新世界，因为他，以前的世界在我眼中焕然一新。走到学校里的书店后，我兴奋地帮他挑选着上课用的文件夹，文件夹的扉页上印着卫斯理的校徽图章。我注意到他用手指反复抚摩着校徽，就像要把校徽印到手上一样。

接着，我们去了学校里的“派（Pi）”咖啡店，肯尼迪发现，他特别爱喝卡布奇诺。我们坐在图书馆的台阶上喝着卡布奇诺，不用刻意交谈。我想起来我在图书馆里度过的那些长夜，也想象着肯尼迪将要写什么论文，看什么书，他的大学旅程正在我们的面前展开。他的上嘴唇上沾上了一圈泡沫胡子，我伸手帮他擦掉，他搂住我，把脸埋进我的头发里，连他的呼吸里都透露出潜力。他模仿着美式口音，开玩笑地说：“你把我嘴上的牛奶擦了，别人就不知道我喝过卡布奇诺了。”我被他的口音逗笑了，他把这种口音叫作“丹佛口音”。我看到他的卫斯理 T 恤上还带着吊牌，便一把把它扯了下来。

“喂！现在别人就看不出来这是新的了！”他喊起来。

“相信我，他们能看出来。”我笑着说。

肯尼迪

我十分享受卫斯理的生活。这里的人们对我既友好又好奇。在这里不用担心饿肚子，什么时候想吃东西都行。有一次，杰茜卡见到我和一个同样来自肯尼亚农村的朋友在校园里狂奔，她叫住我们，问我们急着去哪儿。

我急忙看了一下表，已经十二点了。我说：“现在是午饭时间了，这里有这么多人，食堂里不可能有足够的吃的。在肯尼亚的婚礼上，你必须得排在前面，要不然就没的吃了。快走吧！”

我不明白杰西卡为什么笑了起来，而不是赶紧去吃饭。然后，杰西卡告诉了我一件难以置信的事：在卫斯理，吃饭根本就不用抢。我的新朋友彼得耐心地跟我解释，卫斯理的食堂有“营业”时间，只要食堂开着，就绝对不会没有吃的。这是我见过的最不可思议的事情。我们一起去食堂的时候，彼得总是看着我，他喜欢看我惊讶的样子。这里的饭菜花样太多了，每一种我都想尝尝，除了沙拉，这东西跟喂兔子的差不多。在我探索新天地的时候，彼得就像是我的活指南一样。

第一次写论文的时候，我不知道怎么使用打印机。眼看着马上就要迟到了，我开始慌了，突然有一种强烈的感觉，觉得自己与这里格格不入。

我慌忙问了一个同学：“怎么打印东西？”

我想，所有的姆宗古都会用这玩意儿。他疑惑地看了看我，熟练地按了几个按键，然后我的论文像变戏法一样，从那个机器里冒了出来。我欣喜若狂，给了他一个大大的拥抱。我正要跑着去交论文的时候，看到他摇了摇头。他一定在想：“*这个疯狂的非洲人为什么为了这么简单的事拥抱我啊？*”现在我发现了，对于美国人来说轻而易举的事情，对我来说可不容易。结果，我拥抱的那个家伙是校报的编辑，没过多久他就写了一篇文章，讲了我来卫斯理的“奇妙之旅”。

我把《阿格斯》（*The Argus*）校报摊开在书桌上让杰西卡看。

校报已经连续两周用整版刊登我的故事了。

“杰茜，看这个。”

她一把抓起报纸，惊讶地说：“他们真的登了！”

“是你告诉我，美国人会喜欢我的故事的。”一开始，我不愿意告诉别人我来自基贝拉，因为我以为这里的人们会和肯尼亚人一样，一听说我的家乡在基贝拉，就感到恐惧和鄙视。“你说的是对的。好多人邀请我一起吃午饭、吃晚饭、喝咖啡，或者向我买基贝拉带来的SWEP制作的手链。他们都知道我叫什么，但我不认识他们，所以我不好意思问，我的手机里面存的都是‘午饭’、‘晚饭’、‘咖啡’，还有‘手链’等等，这不太好吧。”我不好意思地耸了耸肩。

“肯尼迪！你直接问他们的名字嘛，要不然你接下来怎么弄？存‘午饭一号’、‘午饭二号’吗？”

“好啦好啦。”我亲了她一口，把她送出了门，“上课别迟到了！”

没过多久，不管我走到哪儿，都会有人跟我打招呼。杰茜卡开玩笑说，我在这里也当上了市长。

我带着杰茜卡和达芙妮开展了一项叫作“交友之旅”的活动。我们挨家挨户地串门，不管认识不认识，敲开门之后都热情地跟对方打个招呼。人们总是主动邀请我们进去坐坐，进门之后，我们一起聊天、喝饮料，就这样交到了不少新朋友。校园里面，戴SWEP五颜六色的手链的人越来越多，我们的SHOFCO运动也传播开来。

一天晚上，我和杰西卡从图书馆里出来，在月光下走在景色优美的校园里。这个月亮和基贝拉夜空中的是同一个，只是在基贝拉，我从来都没心思赏月。

我对杰西卡说：“有些事情我没搞明白，能问问你吗？”

“当然！”

“我没搞明白。在这里，我每天要做的事情只有看书、上课，讨论我们看的书，然后写论文。”

“差不多是这样。”

“我有饭吃，能洗澡，我需要的所有东西这里都有，但是我只需要做这么点事情？”

杰西卡笑了起来，我说的话听起来确实像在开玩笑，但是我这次是严肃的。我说：“有一件事我想不明白。有时候我觉得现在的生活就像是死了来到了天堂一样，但我有个问题，如果这里就是天堂，那为什么我还能打电话回家，还能和那个世界里的人说话？”

杰西卡看到了我痛苦的表情，听到了我苦涩的声音，她也一下子严肃起来。

“我以为你的挣扎会突然结束，其实只是换了一种形式而已。虽然现在你不用再为了活下去而斗争了，但你现在得弄明白怎么从你的世界里走出来，适应这个新世界。”

至少杰西卡能理解我的感受，我的两个不同的世界。我感激地牵起她的手，我们一起默默地走回家。

我在图书馆找到了一份兼职工作。我的上司是位女士，叫黛安。黛安非常严厉，而且我能看得出，在她眼里，卫斯理的很多学生都被娇惯坏了。我很害怕黛安，我可不想跟她作对。有一次，因为晚上熬夜写论文，我睡过了头，早上八点才去上班，迟到了一小时。我满身大汗，觉得黛安一定会辞退我的，那我该怎么赚钱贴补家用呢？丢了这份工作的后果非常严重。我硬着头皮去找黛安道歉，告诉她我昨天晚上在熬夜学习，请求她再给我一次机会。没想到的是，她居然告诉我没关系，不必放在心上。一周后，我又迟到了一次。这次是因为一个叫作“夏令时”的东西。没有人跟我说过，美国人老是调整时间。我有一块表，但美国人要把上面的时间改掉，我也不知道这是为什么。

黛安和另一位正在工作的女士听了我的解释之后笑了起来，她又一次让我留在了这里工作。我向自己保证，以后绝对不会再迟到了。

除了“夏令时”之外，还有一件我搞不明白的事情，那就是健身房。我曾经在一家工厂干过活儿，也在建筑工地做过工。在那些地方工作的时候，我不停地流汗，直到汗流干开始流血。我是绝对不会去健身房里再让自己出汗的。现在我只想吃吃喝喝，享受生活。这里的学生们都开着车从宿舍去健身房。开着汽车去健身让我无法理解。

我一直密切关注着有关移民和非法移民的新闻。我是个外国人，完成了学业之后，我一定会回到我的祖国去。人们非常担心像我这样的外国人会抢了他们那些“真正的”美国人的饭碗。在我看来，美国已经忘记了自己昔日的辉煌了。曾几何时，这里是世界上唯一一个向移民敞开大门的国度。正因为这些来自不同地方、不同种族的人做出的贡献，美国才能成为超级大国，才能有如此辉煌的成就。

还有一次，我读到这样的新闻，讲经济下滑严重，还有一个叫作什么“墙街[①]”的地方塌了。这个新闻让我想起了本·拉登发动的、摧毁了纽约的大楼的恐怖袭击。我去找了我的导师罗布教授。他叫罗布·罗森塔尔，是社会学的教授。他曾经在荷兰留过学，因为他是美国人，所以他的留学经历并不顺利。他非常愿意帮助我，好让我的留学生活轻松一些。

“教授，我想问您一个问题。”

他说：“有问题尽管问。”

“美国是不是又遭到了袭击？这次是谁袭击了我们？我听说他们把纽约街上的一堵墙毁了，还造成了经济下滑。我没找到图片。有人员伤亡吗？到底发生了什么？”

罗布教授大笑起来。他为什么笑得都快从椅子上摔下来了？我觉得很尴尬。

他告诉我，经济才是那个被毁掉的东西，这和墙一点关系都没有。

---

① 华尔街（Wall Street）中 wall 的意思是墙，所以作者才会理解成“墙街”。

这个国家的事情太复杂了。

万圣节那天晚上，校园里举办了一个派对。参加这个派对的人都要穿上奇装异服，但是我没有这种服装。我有个朋友叫内森，他平时话不多，但是他特别聪明、善良。内森想到了一个主意，我们可以去善意之家慈善二手店买万圣节服装。我们开车去买衣服的路上，我坐在车里一直在想，我的生活变得好奇怪，跟我以前的世界完全脱离开来了。而我明白，以前的世界才是“真实的世界”。现在，在我的新生活中，我居然要花宝贵的钱去买一套只穿一次的节日服装。在基贝拉，在我过去的生活中，这样的想法简直是太荒唐了。

我们到了善意之家，在里面逛了几分钟之后，我觉得有些恶心，并且怒火中烧。内森看到我什么东西都没拿，就问我有没有想买的。我想客气一点。

“哥们儿，我忽然想起来，我可以用家里的东西自己做一套衣服。”

内森看着我的眼睛，似乎看出了我的想法。他也什么都没买，我们两手空空地离开了商店。

在车里我忍不住开始笑，内森也笑了起来。

他问我：“我们为什么突然改主意了？”

我严肃起来，说：“你是我的朋友，我得跟你说实话。我从小家里就很穷，现在我要买只穿一次的衣服，这感觉很难受。我在工厂里做过好几年的苦力，我不想忘本。”

内森认真地听了我的话，说他也有同样的感觉，觉得这样做有些浪费。尽管我们成长的环境完全不同，但他能体会到我以前的艰辛生活。他完全能理解我，他是一个很棒的朋友。

在那天晚上的聚会上，我注意到住宿生活协调员、公共安全官员和警察都来了，他们来这里只是为了保证我们的安全。从小到大都没有人这么在意过我的安全。在肯尼亚我每次遇到警察，都是被勒索，而不是被保护。如果我不给钱，肯尼亚的警察就会威胁要抓我进监狱，而我唯一的罪行就是贫穷。

我艰难地适应着新的世界，杰茜卡则开始考虑她毕业后想干什么了。她的决定会给我们的生活带来什么影响呢？我这才意识到，我来美国主要是为了和她在一起。我做不到把基贝拉的一切抛到脑后，也没有受过足够的教育来达到人们对我的高期望，没有准备好面对种种要求和责任。我害怕卫斯理会发现我是个不够格的大学生，把我遣返回基贝拉。虽然我现在不想回基贝拉，我仍然在努力和那里的亲朋好友们保持联系。

在卫斯理大学里，我开始写作了。我的教授们鼓励我把自己的经历写下来，我越写越起劲。我有一位助教叫恰琪，她非常有耐心。她花了很大工夫帮助我，告诉我只管大胆写，把想说的故事都写下来。她说她妈妈艾比一定会特别喜欢我的故事。我耸了耸肩，竟然会有人如此真诚地表现出兴趣，这让我受宠若惊。

有时候，当我想起那么多年里我经常没饭可吃，我就忍不住流泪。那时候的我根本不在乎食物有没有营养，任何能填饱肚子的东西我都吃。我看到这里有很多学生不需要努力奋斗，因为他们依靠自己的家庭就能有美好的未来。他们有大把的时间去考虑毕业后干什么。在美国，机会太多了，根本不用急着做决定。

在基贝拉，人们却无路可选。当我算是运气好有一份工作的时候，我根本没有选择的余地，只能在凌晨三点爬起来，去建筑工地干活，靠手提肩扛把石块运上楼，没有手套，光着脊背。我在美国接受最好的教育，实在是太幸运了。但我也总是想到，世界上还有很多人没有我这样的好机会。我明白，我在美国拥有的这一切，都不是我应得的。生活不应该完全靠运气，想要碰到这样的机会简直就像是买彩票中头奖一样难。

我仍然不敢相信，在这个地方我不用走很远的路去找水，也不用为每周洗一次澡和妈妈吵架；我不用只吃一半的饭，把剩下的留给我的小弟弟希拉里，不然我要是吃饱肚子，他就得挨饿了；我仍然不敢相信，我不用再担心明天有没有吃的，我不用再担心自己能不能活过今年，也不用再担心我会被关进牢房——不是因为我犯了罪，是因为遇到警察勒索却两手空空。我还是不敢相信，在这里我可以选择成为一名医生或者律师，我可以做自己喜欢的任何工作。

在卫斯理学习了一段时间之后，我有了一个梦想。我想当医生，因为大家都说当医生很赚钱。但是我的数学和科学没有考及格，我也就没法实现这个梦想了。杰茜卡跟我说，想要学好数学和科学，需要有多年的教育基础才行。听了这话，我很生气。我嫉妒美国的孩子们，他们有机会从小打好基础。虽然我现在在卫斯理大学学习，但是我永远都不能回到过去，重新补上这么多年落下的知识。

我又问了另一个人："在美国什么工作最赚钱？"

这人告诉我，公司的律师特别挣钱，所以我现在想当律师。我没有告诉杰西卡，她要是知道了，肯定会觉得我违背了初心。当初我决定来美国学习，是为了将来给基贝拉做贡献。但是如果我赚了很多钱，不就可以给基贝拉做更多的贡献吗？

后来有一天，我恍然大悟，我不一定要努力成为医生或者律师，我可以成为通往基贝拉的桥梁。我告诉杰西卡，我想在校园里创建一个社团来宣传SHOFCO，就叫"SHOFCO-卫斯理"。

她说："祝你好运。想要动员卫斯理的学生是很难的。"

内森非常热爱非洲。我把创建社团的想法告诉了他，他帮我把人们聚在了一起。我们第一次开会的时候一共来了六个人。

我带着浓浓的口音做了欢迎词："欢迎各位来到这里，谢谢大家来参与这次活动。对我来说你们的出现表示真的有人关心这个活动，真是太棒了！卫斯理是拥有特权的人们才能来的地方。如果想要成为真正的卫斯理人，我们得跳出自己的局限来思考。首先，我给大家讲讲我自己的故事，讲一讲我的家乡。"

我给大家分享了我的故事，以及我是如何来到卫斯理大学的。我讲了我是如何怀揣着对美好生活的憧憬，用二十分钱买了一个足球并且组建了一支足球队的故事。我说："在卫斯理大学这里，我们拥有的远比二十分钱多得多。我们有各种各样的人脉，有良好的教育条件，我们有清洁的水，还有充足的食物。依靠这么多资源，我们就有影响力。如果我们能让世界上的其他地方变得更好一些，那么卫斯理也会取得进步。”

我演讲完之后，在场的每个人都被打动了。我能感觉到我的热情喷涌而出，点燃了他们。我们发起了一场运动。我让这六个人找人来加入我们，跟其他人分享这个故事。这是一个关乎希望和未来的故事。

第二次开会是在一个星期五的晚上。那天，人们蜂拥而至，房间里挤满了人。内森一直在笑。

“再讲一遍吧，肯尼迪。”

杰茜卡

我以为，我们之间的交易很公平。在肯尼亚，我生活在他的世界里，而现在他来了，来到了我的世界里。我们俩在彼此的世界里都一起生活过，那么他的世界和我的世界应该都能变成我们的世界了。

但是自从到了卫斯理，我们就一直在吵架，很小的事情就能让我们爆发争吵。肯尼迪总是试着压低声音，但是他很难控制住嗓门，而且他越生气，结巴就越厉害。

昨晚我几乎一夜没睡，现在我觉得头晕眼花，关节酸痛。他想上一门课，但是不知道该怎么报名，我答应帮他但忘了。他什么都没说，拿起背包和图书管理员借给他的笔记本电脑就直接走了。当他真正生气的时候，就是像这样一声不吭。我想追出去，但是我的室友正在客厅里看曲棍球比赛，我知道如果让他们看到我们吵架，他会更加生气。一整晚，我都在想他现在为什么这么易怒。我们最近的争吵都是这样的——表面上风平浪静，底下却是暗流涌动。

我们吵架后，他有时候会不接我的电话，我就闭上眼睛平复心情，然后再用我们在基贝拉编出的一个游戏解决问题。游戏规则是，如果我们吵架了，只要有一个人主动找到了另一个人，我们就要立即和好，主动求和的人就是争吵的胜利者。没想到这个游戏在卫斯理仍然很有用。

我的宿舍面积不大，里面有两个抽屉柜，虽然肯尼迪有自己的房间，但是其中一个柜子里还是放满了他的东西。在“家长周末来访日”里，我妈来我的房间看了看，发现房子里到处都是我们的东西，显得很拥挤。

“如果他不回他的宿舍住，你们可以把不用的东西放到他宿舍去，这样肯尼迪就能看到大家送给他的所有新衣服了。”

我知道妈妈只是想让我们的房间更整洁，更舒服。但是肯尼迪误会了她的话，大发雷霆。

“我知道！我听出来了！你爸妈不想让我和你在一起。我也不想和你在一起！”他冲了出去。

他的敏感让我心力交瘁。我已经尽我所能地帮助他适应新的生活，但是他压根儿就看不出来我的付出，要么就是对此毫不在意。

这次争吵之后，我们两天没有说话，这是我们冷战时间最长的一次。最后我主动去找他，我们很快就和好了——无论如何，我们还是深爱着对方。

我以为，我们的爱情可以从基贝拉直接移植到卫斯理来，现在看来这个想法太幼稚了，毕竟在新环境里，我们都面对着新的压力和期望。他改变了我的人生，反过来，我也给了他一个机会改变他的人生。在非裔美国人理论课上，教授说过一个我无法反驳的观点：跨种族婚姻比跨阶级婚姻更常见。尽管肯尼迪来到了卫斯理，与我朝夕相处，我们之间的不同有时候反而会显得更加突出。

肯尼迪

一天晚上，在和杰西卡大吵一架之后，我们又像以前一样重归于好了。我们决定像以前一样，一起在厨房里做恰巴提吃。正在厨房里忙活的时候，我的手机响了，是妹妹利兹打来的。听到她的声音，我满心期待想跟她聊聊。但是我立刻就听出来有什么地方不对劲。

她怀孕了，她才十九岁。我亲爱的小妹妹。我突然想起另一个妹妹杰姬告诉我她怀孕的时候，她才十七岁。愤怒、失望和沮丧一起涌上心头。我觉得是我没有保护好她。

我问她："你知道多久了？"

她说："几个月。"

利兹说她被强暴了。一天晚上，她在外面喝酒，玩到很晚，回家路上有人和她搭讪。她说她觉得太丢人，事情发生后从没给别人说过这件事。她觉得这是她自己的错。

我让她去医院化验一下 HIV 病毒。我许诺给她寄去检查的费用。

电话挂断了。我心如刀绞，泪流满面。

“我要是能做点什么就好了，任何事都可以。”

我整夜都在流泪，杰茜卡一直抱着我。非洲男人把痛苦放在心里，从不会轻易流眼泪，但是那天晚上我实在控制不住了。我强烈地感觉到，我和妹妹、和家乡之间的距离是那么遥远。

等待 HIV 化验结果的那几天里，我满脑子都是这件事。我想不明白，为什么基贝拉和卫斯理这两个世界竟然能同时存在。我对卫斯理的这些孩子很不满，他们对于命运的优待既没有概念，也没有感激之情。我的母亲和妹妹们的悲惨经历一直萦绕在我的心头。虽然我在地球的另一边，但是我的心思全部都在基贝拉上。

我担忧 SHOFCO 的未来。这个组织从无到有，已经初具规模了。它曾经是我的一切，它也象征着基贝拉的希望。

我去找杰茜卡：“我想清楚我要干什么了。我想当一座桥梁，但是这只是个开始。我想在基贝拉建一所学校，为像我妹妹一样的女孩子们建一所学校。这样，基贝拉的女性就能成为领导者，她们就不会再任人蹂躏和践踏。基贝拉女子学校。”

“基贝拉女子学校。”杰茜卡重复了一遍。她专注地看着我，从我的脸上看得出来，这不是心血来潮。我告诉她，我觉得这个想法很有可能会实现。

杰西卡和我开始越来越开诚布公地讨论基贝拉女性的生活，比如巴毕是如何对待我妈妈的，比如我走在基贝拉街头看到在臭水沟里玩耍的小女孩们，我知道用不了多久，她们就得被迫出卖身体换取食物，只是为了能活下去。我忘不了那个叫作比阿特丽斯的小女孩，她被强暴后，裙子上沾着血迹。我仿佛可以看到，男孩子聚在一起抽着大麻，对过路的女人们轻蔑地品头论足，吹嘘自己搞到手的姑娘们。我给杰西卡讲了染上艾滋病的女孩们的故事，还有仍是孩子的女孩们怀孕的故事。我的妹妹只是其中的一个例子，在基贝拉，这样的事情不断地发生，却没有人报警。也许我们可以改变这样的现状。

我的母亲生我的时候还未成年，她没有受过教育，也无法摆脱贫穷的生活。我的继父虐待妈妈，她常常被打得半死，却从来没有放弃过她的孩子们。她教会我怎么去关心别人，告诉我想要做出改变必须采取行动。我的妈妈相信教育的作用，虽然我身边的女性都饱受屈辱，她还是让我认识到了女性的价值。我回想起以前妈妈总是让我和妹妹们轮流洗碗，这是非常少见的。我抱怨说自己是个男孩，妈妈说，如果我再抱怨，就让我到路边去洗碗，让所有人都看到。这所学校也是为她而建的。

我希望基贝拉的女性可以为她们自己以及孩子的教育做主。我愿意付出自己的一生，帮助基贝拉的妇女和女孩都能拥有改变自身命运的力量。但是，我希望整个基贝拉都能参与进来：男人、女人，还有孩子们。我们只有团结一致，才能做出改变。

我理想中的学校要真正地关爱、培养学生，学校的课程能让孩子们爱上学习，对于世间万物能够辩证地思考，这些都与基贝拉的孩子们上的非正规“学校”完全不同。在非正规学校里，学生们直挺挺地站着，知道任何错误的举动或者回答都会让自己立刻挨打。老师们会用《圣经》来给体罚辩护：“《圣经》说了，孩子不打不成器。”孩子们当然痛恨去这种学校上学。基贝拉的生活已经十分艰难了，他们不愿意再忍受学校里的痛苦生活。

基贝拉女子学校会鼓励女孩们相信自己的能力，并且把她们培养成未来的领袖人物。

一天下午，杰西卡急忙忙地跑来找我。

“快走，”她一边说，一边拽着我走，“我要给你看个东西。”

她拉着我去了学生活动中心，指着一个牌子：百佳和平项目，奖金一万美元。凯瑟琳·沃瑟曼·戴维斯基金会将给一百个为世界和平做出贡献的项目提供资金支持，每个项目可以获得一万美元的项目经费。

我困惑地问杰西卡：“什么意思？”她现在要去维护世界和平了？

她叫起来：“你的那个女子学校啊！我们可以申请这个奖金来盖

学校了！”

“这是和平项目，杰茜卡，得在打仗的地方才行吧。”

杰茜卡教育我说：“受过教育的女性会把 90% 的收入用于家庭，她们不会过早生孩子，因此孩子的存活率更高，而且她们感染 HIV 的概率更小。在女性受教育比例更高的社区中，儿童的死亡率更低，社区的经济水平也会提高。女性接受教育会带来方方面面的影响。我觉得我们有强有力的理由证明，在非洲最大的贫民窟之一创办一所女子学校，能够为世界和平做出贡献。”

我摇摇头说：“我还是觉得我们申请不上。”我走开了，因为我害怕失败。

但是杰茜卡像一只咬住骨头的狗一样，绝对不会松口。忙活了几个晚上之后，她把写好的项目资金申请书的草稿拿给了我。

“你觉得怎么样？”她紧张地问我，“当然这只是一份草稿，你得告诉我，我们怎么具体操作？把细节补充进去，比如我们要怎么找到盖学校的地，去哪里聘请老师等等。我把所有需要你补充的地方都加粗了……”

我的心情非常激动。我注视着她的眼睛说：“这太好了。”从她的眼睛里看得出，她能帮我把这件事做成。她对我的信心给了我巨大的鼓励，让我对这个疯狂的、不可能的梦想也有了信心。

我大声地朗读了其中一段很棒的话：

“这是贫民窟中第一所为女孩子创办的小学。这所学校要给她们提供优质的、创新的教育，提供每日营养，还会成为她们贫民窟生

活的庇护所。”

“天哪，杰西。你觉得我们真的能做到吗？”

她把我的手握在手里，说：“我能搞定教育这部分的事情，只要你告诉我后勤怎么做，我就能给你的学校做出计划。”

我把她的手放进我的手里，说：“我相信你说的。你什么都能做到。这是**我们的学校**。”我真心希望我们能一起创办这所学校。

“你们得写得更有个性一点。”达芙妮看完我们的申请书之后说。现在是凌晨一点，而申请的截止时间是明天中午。“我在想，如果我是委员会的人，我怎么确定你们能完成这个项目呢？也就是说，如果我不了解你们，那这个计划听起来就有些不切实际了。”

杰西卡说：“达芙妮说得有道理。我们应该再加一些具体的细节。”杰西卡已经逼着我增补了不少细节了，我对这所学校已经有了非常明确的构想。

我们要办的是一所小学，因为等到了上初中的年龄时，最贫困的女孩们都已经辍学好几年了，她们将再也得不到任何机会了。如果学校提供早期儿童教育，最聪明又最贫困的女孩们就能在一开始接受教育，而那时正是教育极为重要的阶段。

我又加了几条阻碍女孩们每天去学校上学的原因。很多时候，基贝拉的女孩们不得不出卖肉体换取食物，因为这是活下去的唯一办法。她们生病时得不到高质量的医疗服务和医疗资源，只能离开学校。重男轻女的思想令很多贫困的女孩永远没有机会上学。我们的学校要为学生们扫清障碍，让她们能够接受教育，充分发挥潜力。

我甚至已经想好了请谁来当老师。我认识一些幸运的基贝拉人，他们曾经在教会的资助下上学，成功地改变了命运，当上了老师。我也许能说服他们中的一部分人回到基贝拉教书。

我们收到了一封邮件，说我们的项目入选了决赛，必须去参加一个面试。委员会的人问了我无数个问题：**我们怎么拿到这所学校的用地？谁来建造这所学校？谁来管理学校？**

我遵从我的内心和直觉回答了这些问题。

面试完杰西卡怀疑地问我："你说的那些是真的吗？"

"会成真的，我们全都能做到。"

她摇了摇头。

几天后，我收到了一封邮件，我尖叫着喊来杰西。

"怎么了？！"

"我们申请到了'百佳和平项目'！"

我们俩欢呼雀跃。我给妈妈打电话讲了这个好消息。一万美元就像是全世界所有的钱一样多。

Chapter 15

杰茜卡

在基贝拉为女孩们办一所学校——肯尼迪的这个梦想正在一点点变成现实，现在它也成了我的梦想。拥有共同的梦想让我们充满力量。

我和肯尼迪还有哥哥麦克斯坐在去内罗毕的飞机上。我们只有六周的时间来实施我们在卫斯理制定好的计划。肯尼迪得了一份人权奖金，六月去巴黎领奖，所以我们只有七月和八月的上半个月能待在肯尼亚。他每天都在念叨着夏天要回家，要去见妈妈、利兹和乔治。

获得和平奖之后，我把所有时间都花在计划新学校的项目上面了。我规划出了每一天的具体日程，包括施工进度、截止日期、招聘计划、预算、还有招生政策。一位来自"人道建筑"的建造师志愿者帮助我们设计学校，画了美丽的设计图。我找了很多关于儿童早期发展及课程的书和文章，把它们通通读了一遍。我对于课程和教学风格的设想主要是基于我在丹佛上学时的经历，我的小学母校是一所 K–8 学校[①]，主张的是体验式教育。如何执行和实现课堂宣

① K–8 学校：美国的一种包括小学与初中的学校，有学前班（5 岁）到八年级（14 岁）的学生。

言是个让我很头疼的问题，我问自己，*我学前班和一年级的老师丽莎·戴维斯是怎么做的*？母校的前校长马蒂·卡普兰和他的妻子阿尼花了几年时间帮助我们的老师构建了创新语文和数学课程。纽约的第一所女校查宾学校也给予了我们很大的支持，帮助我们设计入学考试及课程、培训教师。筹划及整理这一切对我来说并不陌生——跟创作一部剧本差不多，不同之处就是这次的创作会出现在真实世界里。

在飞机上，我从包里拿出装有 Excel 表格的文件夹。我们得在开学前按时回到卫斯理，肯尼迪要开始读大二，我也要回学校开始做项目，因此我们能待在肯尼亚的时间非常有限。六周时间，远远不够盖完一所学校。我给这六周的每一天都做了详尽的计划，列出了每日的目标及重点，还给这几件事情设置了截止日期：招聘和培训教师、招生、购买设备和材料。如果一切都严格按照计划执行的话，六周时间刚好能完工，不过我的计划里没有给我们留出睡觉的时间。

我问肯尼迪，我们是不是真的已经有一块地了。

"你不用担心，我是市长。我们一到那儿，我就能找到地。"我真想掐死他。

不管我问什么，他都是这句话："别担心，我们到那儿了就知道了。"

"各位旅客，飞机即将降落在内罗毕。"

我感觉到飞机在降落，心里突然紧张起来，不敢相信自己又回来了。去年夏天和肯尼迪一起离开肯尼亚的时候，我十分确定那是我最后一次和肯尼亚道别了。看得出来，肯尼迪既激动又紧张，我也一样。

肯尼迪的妈妈，挺着大肚子的利兹，还有杰姬和杰斯敏都站在机场里等我们出海关。见到我们，她们高兴地欢呼起来，脸上因为肯尼迪的归来写满了兴奋和喜悦。她们轮流拥抱了我，我感受得到她们皮肤的温度，还有肯尼迪妈妈汗津津的脸颊。她们也拥抱了我哥哥麦克斯，不过他看起来有些不太自在。

回到基贝拉后，肯尼迪兴奋得几乎睡不着觉。第二天他很早就起床了，我们和麦克斯一起乘坐马他图去了奥林匹克的SHOFCO办公室。肯尼迪打开门后，我们都吓呆了。办公室惨遭洗劫，一片狼藉，“肯尼亚的美国朋友”捐赠的五台电脑不见了，还有一部分家具也丢失了。

肯尼迪

*我就不该走的。*以前放置电脑的桌子现在空空如也，那可是别人捐赠给我们的宝贵电脑。我多么想让时间倒流，我还能看到电脑在办公室里好好地放着。被背叛的愤怒让我出了一身冷汗。

我以为回到基贝拉会是回家的感觉，但是基贝拉已经和原来不一样了，因为这里的人们不再把我看作以前的肯尼迪了。有些人很诧异我竟然会回来，他们觉得我是个傻子，不愿意留在那片遍地流油的土地[1]。还有些人热情地欢迎我回来，我能看得出他们很高兴，但是对他们来说，我不再是那个在基贝拉的犄角旮旯长大的、在街角吃着炸薯条的流浪少年了。在他们眼中，我变了一个人，他们想从我这里得到些什么。我开始感觉到，他们和我的每一次交谈背后都藏着其他的意图。突然之间，我不仅仅是我们家的生命线了，而是变成了整个社区的生命线，我得不断地应付别人找我借钱，让我帮忙找工作这些事。有时候，这样的负担可以激励我奋斗，但是很多时候，我都焦头烂额、疲于应对。幸亏有杰西卡帮我分担一些压力，但是离开基贝拉的后果，回到基贝拉的种种麻烦，这些都压得我喘不过气来。

后来我发现，原来是安东尼趁我不在的时候卖掉了电脑。现在他人不见了，给他打电话也不接。九岁时，我就和安东尼成了朋友，我人生中的第一条内裤就是他买给我的。我一直把所有的秘密都告诉他。杰西卡第一次来基贝拉住在我家的时候，我把她的护照就放在安东尼家请他保管。他曾是最支持 SHOFCO 的人之一。他的背叛出乎我的意料，给我带来了极大的影响。我越发地意识到，我去美国求学付出了什么样的代价：不仅让 SHOFCO 停止了前进和发展，也让我丧失了对同胞的信任。

我带着杰西卡穿过一条堆满垃圾的小路，去看我少年时期和一帮当地的男孩们一起住的房子。垃圾一层层堆得很深，被这几天的

① 此处原文为 Land of milk and honey，语出《圣经·旧约·出埃及记》。

雨水泡透了，脏水渗进了我们的鞋子，走起路来嘎吱作响，而我以前从来没有注意过这种声音。巷子越来越窄，头顶上还有凸起的锋利的铁皮屋顶，我们只好半蹲着前进。我们路过一个特别锋利的铁皮尖角时，我伸出手护住杰茜卡的脑袋，担心她会被划伤。我们走到了一个棚屋前，它是这条巷子里最简陋的屋子之一。这个小屋是用泥土和木棍搭起来的，墙上、纸板和铁皮搭成的屋顶上到处都是大窟窿。这就是我以前居住的棚屋。这屋子又小又破，我不知道自己以前是怎么在这里生存下来的。

我轻声说："就是这儿了，我在这里住过。"杰茜卡没说话，脸上写满了痛苦。我知道，她想到我以前就住在这样的地方，心里很难受。我轻轻地敲了敲门，一个女人来开了门。

我立刻看出来，她知道我是谁。

我恭敬地说："大姐，我以前就住在这里，我们能进去吗？"她疑惑的表情消失了，然后她抓住我的手，把我拉了进去。她在门口自豪地大叫起来，让所有的邻居都能听到肯尼迪·欧戴德以前也住在这里。

杰茜卡

回来几天后，肯尼迪都没有找到盖学校的地方，虽然他提出了几个地点，但是一直没有确切的答案。基贝拉实在是没有空地，如果找不到盖学校的地方，那就不会有学校了。

我绝望地看着自己制定好的进度表和各种电子表格，觉得一切都完蛋了。我们的时间很紧，一天都耽搁不起。我有点泄气了。

面对安东尼的背叛，肯尼迪和乔治的关系更加密切了。SHOFCO 的第一个铁皮房办公室就是乔治帮忙在铁轨旁边弄到的地。每天下午，乔治和肯尼迪都会聊上几个小时，探讨方案，制定计划，他们说着说着，就从斯瓦希里语转到了卢奥语，我在一旁什么都听不懂。他们常常低着头陷入沉思。乔治是个说干就干的人。

几天后，乔治在基贝拉中心发现了一块地。一个国际组织已经弄好了各类许可文件，获得了这块地的使用权，但是他们去盖房子的时候，遭到了当地人的抗议，因此他们根本没法干下去。

基贝拉有两种政府，一种是正规的政府，另一种是由当地的长老和社区领袖组成的政府，比如乔治就是其中一例。如果当地政府不同意盖房，就算你从正规政府那里拿到了一大堆审批文件也是白搭，还是什么都盖不成。

如果想把学校盖在这块地上，我们需要完成三步：第一步，征得社区居民的同意；第二步，获得民间政府的许可；第三步，获得正规政府的批准。

肯尼迪想尽一切办法让基贝拉的居民同意为当地的女孩们修建学校这件事。他希望所有人都能明白，这是一个 SHOFCO 的项目，源于基贝拉，也属于基贝拉。

肯尼迪不让我去看那片地，事实上，他压根儿不让我去基贝拉，我只能先待在奥林匹克。肯尼迪说，只要人们一看到我，他们就会觉得盖学校的钱是姆宗古给的，或者觉得肯尼迪受到了美国人的恩惠。这所学校必须完完全全地属于这个社区，不受任何外界的影响，才能得到当地人的信任和认可。无论肯尼迪的威望有多高，一旦我和麦克斯出现，这块地的价格就会飙升，因为卖方想从姆宗古身上大捞一笔。我们的预算非常紧张，连买铅笔的余地都没有，因此最好的选择就是不让他们看到姆宗古。

每天，我都要盯着 Excel 表格看上半天，试着调整资金的安排，好让这笔钱得到最大化的利用。除了“百佳和平项目”提供的一万美元，我们还收到了肯尼迪的同学耶尔·查侬夫的家人捐赠的八千美元，以及其他亲朋好友的小额捐赠。我们要靠这些钱盖起一所学校、聘用员工、买学校设备和教学用具，就算在基贝拉这种一美元都很值钱的地方，我们的资金也只是刚刚够用。

每晚睡前，我都会跟肯尼迪念叨这些，但是他的回答却让我更加紧张。

他每次都说：“这件事我们一定能干得成。”

他觉得钱不是问题，总会有办法的。我希望我能像他这么乐观和坚定。

到了这个时候，我们已经来不及回头了，只能硬着头皮走下去。直到现在我才彻底意识到，这件事是一份多么巨大的责任和承担。就算我们用现有的钱盖好了学校，以后还需要不断的资金给老师发工资。我们招收的学生都是家庭条件很差的女孩，她们只有在学校里才能吃上饭。如果她们空着肚子，上课又有什么用？因此，我们还需要筹钱给孩子们提供早饭和午饭。

但是，这件事一直毫无动静，我那些详尽的计划根本没用上。我和麦克斯整日待在SHOFCO办公室里聊天，在床垫上午睡，等待消息。我们已经比计划落后了近一周时间了。我几乎每小时都给肯尼迪打电话询问事情的进展，他有一半时间不接电话，所以我开始给乔治打电话。最后，肯尼迪让乔治也不要接我的电话。他们不接，我还是一样打给他们，因为我实在是没事可做。

“你别再打电话了，这是在捣乱。”麦克斯躺在床垫上说。他不停地把一个网球扔起来再接住。

“你能不能别扔那个网球了？我看着就头晕。如果我不打电话，谁知道他们到底**什么时候**能干成事。”

“你知道你的长处和缺点吧，杰西？如果有一栋楼着火了，大家都会过马路绕过它，只有你要冲进去。”麦克斯说。

突然，一个缩小版的肯尼迪跌跌撞撞地走进门来——三岁的希拉里，我在肯尼迪老家的村子里见过他。肯尼迪的妈妈阿洁最近身体不好，所以她回到城里来住，把肯尼迪最小的弟弟也带来了。阿洁一直感到很疲乏，就像是过去三十九年里她承受的苦难终于赶上了她。她需要每天静养，希拉里没人看管，整天在外面跑来跑去。

我预想中的夏天并不是照顾一个三岁小孩，但是现在看来只能这样了。希拉里和麦克斯很合得来。希拉里不会说英语，所以麦克斯主动教他。我听到他们练习的声音，麦克斯最先教给他的几句话就让我直摇头。

“你疯了吗？”麦克斯问。

“有可能！”希拉里回答。

“你疯了？”麦克斯又问。

“你是不是有病？”希拉里大喊。

“出去！”麦克斯指着门。

“我要打败你！”希拉里说着，像一个拳击手一样挥着拳头，“约翰·塞纳[①]！”他大喊一声，然后冲到床垫旁，以相扑摔跤手的姿势扑倒在床垫上，好像他刚刚获得了拳击世界冠军一样。

“你应该知道吧，他会说的所有英语就是这些可爱的小句子，嗯？”

“这多棒！”麦克斯笑着说。

肯尼迪和乔治第二天早早起床去办最后一道手续，他们回来时兴高采烈。当地居民、民间政府和正规政府，所有人都同意了建学校。但是肯尼迪告诉我，学校没法建得像我们想象的那么大。

“这是什么意思？”

“你做的那些规划可能得调整一下了。”

我想起那些美丽的设计图，想起我和建筑师一起来来回回地讨论和修改付出的心血。教学楼的设计最大限度地利用了空间和自然光线，并且十分注意室内通风。为了设计好教学楼，我几乎忙了整

---

① 约翰·塞纳（John Cena，1977— ）：美国著名职业摔跤手，三次获得世界重量级冠军，三次获得全美冠军，十四次获得 WWE 冠军。

整一个月。

我只点了点头。在这种情况下，“调整”不可避免。我开始明白，在这里，不要抱有任何期待才能好过一些。

在接下来的几天里，乔治和肯尼迪忙着雇用建筑工人，他们还找了一个当地最好的建筑师，他叫苏比提。我到现在都没见过那块地。苏比提和我一起看我带来的设计图，他看了一眼，就开始在图上乱画，破坏了好多我辛辛苦苦想出来的环保设计。

“你在干吗？”我惊恐地大叫。

他冲我笑了，嘴里少了三颗门牙：“我在让它变得适合基贝拉。”

“你毁了我的图纸！”

“他不是在搞破坏，他只是在试着调整。”乔治插进来调解争执。

施工队开始工作的第一天，乔治在中午十二点给我打电话，他只说了一句话：“不管你听到什么都别担心，一切都很好。”

他说完就挂了。我一遍遍地给他打电话，但是他不接。我急得要命，不停地想着：*到底发生了什么？我会听到什么事？*要等楼盖完一半的时候，我才能去建筑工地。我气呼呼地在办公室里走来走去。

肯尼迪和乔治晚上才回到办公室，气氛很沉重。今天工人们刚刚破土动工，几个人就带着大砍刀冲进工地，想要阻止施工。

“然后呢？”

苏比提和他的施工队也有大砍刀，肯尼迪来不及劝阻，苏比提就已经挥刀划伤了一个人的脸，他咆哮着：“你竟然破坏社区发展！”

肯尼迪赶紧站在他们中间，让大家都冷静。他当场掏钱给伤者让他去医院。

肯尼迪的举动让大家目瞪口呆，苏比提对他大吼：“那个人来破坏你的学校，你还给他付医药费？”

肯尼迪只是耸耸肩，说：“贫穷会让人失去理智干坏事，我觉得他很可怜。”

第二天，这伙人又去了工地，向肯尼迪道歉。他们承认他们是被人买通来搞破坏的。几天后，他们还来到工地帮忙干活。

乔治把我拉到一旁：“肯不让我告诉你，但是我觉得你应该知道，是安东尼雇人来害肯的。幸亏这儿的大部分人都对肯很忠心，所以那个受伤的人把真相告诉了他。他还是得注意安全。”

他的话给了我当头一棒，我几乎喘不上气来。

很多人看到肯尼迪回到基贝拉，都显得很惊讶，也很开心。当他出现在基贝拉的街上，他受到的欢迎比以前更为热烈。每个人都想跟他说话、祝贺他，因为外界通过他认识到了他们的挣扎和艰辛。不过我也深知，肯定有一些人看到他的成就会想，*为什么成功的是他不是我？*成功的机会确实应该属于每个人。

我在这里待的时间越长，遇见的既聪明又优秀的人才就越多。在贫民窟，人们的潜力、创造力和才华被白白地浪费了，这是最残忍的事情之一。按道理来说，只要你有天赋，只要你肯付出汗水，你就有可能打破贫穷的桎梏，但是在这里，天赋和汗水都帮不了你。

如果我们的学校能做到一件事，可能就是给聪慧而努力的女孩们提供一条路，让她们像肯尼迪一样，通过自己的努力走出去，再回来帮助自己的同胞们。

但是像安东尼这样被嫉妒冲昏了头脑的人，他们的一念之差就会把这一切都毁掉。

“为什么？为什么安东尼想伤害肯尼迪？”

“忌妒就像毒蛇一样厉害。他想让肯知道，他在SHOFCO有多么重要，没有他肯就做不成事。”

“所以他想让学校也盖不成？他竟然到了要害肯尼迪的地步了？”

乔治耸耸肩，在他的世界里，问题经常是这样解决的。

“谢谢你告诉我。”我说。

“跟他谈谈吧，他会听你的话的。让他不要冒险，晚上不要出去，不要老走同一条路。”

我明白了，点点头说：“我会跟他谈的。”

我找肯尼迪问了那些人收钱来闹事的事情。我深吸一口气，问他这要多少钱，安东尼为什么要这样干。

肯尼迪难过地摇摇头，说：“在这儿，只要一千先令就能雇一个人卖一天命。安东尼不想看到我成功。”

“这是来真的？真的是安东尼？”

“是的。乔治觉得他什么都干得出来。忌妒让他变得疯狂了。”

这确实是真的。我感到一阵寒意，就像我拥有的一切、我爱的一切都要被人立刻夺走。我突然想起我和肯尼迪还有他的家人住在基贝拉里面的那一年，我是多么地无忧无虑，天真无知，就像肯尼迪说的那样，没有发生任何坏事，我们是多么幸运。我拼命试着把我知道的基贝拉和肯尼迪描述的大选暴力中的基贝拉联系在一起。

“咱们要不别干了？要不要直接回美国？”

“不行，学校一定得建。”

乔治和肯尼迪成功说服了城市电力公司给基贝拉安装合法的电线杆，但是这需要一千五百美元，我们的预算里实在拿不出这笔钱。我试着四处削减开支，但是老师六个月的工资、教学用具、餐食项目、学校设备还有施工建设，这些加起来已经超出预算一千五百美元，这样算下来，一共缺三千美元。我们已经把所有能想到的人都问了个遍，我不知道该怎么填上这个缺口。如果我们不管，那该怎么办？学校没有电？或者延期施工？

我在黄色的标准拍纸簿上详细记录了每一笔支出，再把这些记录做成 Excel 表格。我拿着装着收据的文件袋算了又算，飞快地在本子上写着，但是很快，我就烦躁地砸着计算器的按键。

“愁死了！”

“放轻松点，牛仔女郎。”麦克斯说。

“闭嘴。”我冲他说，“肯尼迪又迟到了。”我小声嘀咕着。我从银行取了钱，约好和他还有乔治见面，把钱给他们。身上装着几百美元现金的感觉很奇怪，但是我们没法用支票，因为当地市场的小贩卖的材料更便宜，而他们只收现金。不同的经济制度同时运行令我十分惊奇。因为SHOFCO和肯尼迪在当地很受欢迎，所以他能从当地商店和摊贩那里以极低的价格买到建筑材料甚至钢笔和铅笔，其他任何人都不可能拿到这样的价格。肯尼迪这方面的优势给我们省了不少钱，如果是我去同一家店里买同样的东西，他们的要价几乎会翻倍。

刚开始，我觉得人们的做法很古怪，甚至很不公正：他们见到外国顾客就提高价格，就算是给当地提供教育和医疗的慈善机构前来采买，他们也会这样。不过跟肯尼迪讨论过之后，我就开始理解他们了。他们的想法跟浮动计算法[①]差不多：外国人能接受更高的价格，提高价格可以多赚一点，外国顾客也不会觉得贵。而每位小贩给肯尼迪的最低价则带有一种捐赠的意味，表示他们信任和支持他的工作。对此，我们充满感激，因为我们要把每一先令都花在刀刃上。我仔仔细细地做账，按顺序把每一张收据保存好，记下花出去的每一分钱。

我和肯尼迪还有一个大胆的想法：我们打算免费办学。因此，谨慎用钱就变得尤为重要。学校不收取学费，除此之外，学生的文具、校服、早饭、午饭，还有放学后的点心都是免费的。这样，孩子们就不会饿着肚子学习了。

我们是这样想的，不向家长收取费用，但是要求家长每年来学

① 依情况变化而调整工资、税收的制度。

校志愿工作五周，作为他们女儿在学校读书的条件。因为我们可能有很多学生没有父母，所以孩子家里的任何人愿意来学校帮忙都可以，姐姐、哥哥、父亲、姑母，甚至是邻居，只要他们愿意为孩子付出宝贵的时间。肯尼迪不确定这个方法是不是行得通，但是我们想试一试，所以在入学面试的时候，我们会问家长，是否愿意接受这项任务。

终于，我可以去学校的施工现场了。这是我们的学校。

我闭上眼睛，呼吸着清新的泥土气息。教学楼的结构令我赞叹不已，每个房间都是由格子木架构成的，上面包着泥巴。等泥干了之后，工人会在墙上涂上灰泥。最后，我沿着走廊来到了我最喜欢的房间——图书室。狭窄的走廊一次只能容一人通过。图书室很大，尤其是和其他教室相比，就更显得宽敞了。由于条件所限，教室的面积都很小。我站在屋子中央，感受着它的宁静。

我们在基贝拉边缘的小山坡上，山坡下面就是一条臭气熏天的污水河，肯尼迪小时候，这条河还是干净的。不知为什么，当我站在山坡上，看着另一边绿色的住宅区时，我只觉得满眼绿意，一切都很美好。

工人挖地基时，发现图书室这个位置有个近一米高的岩石层。因为电力通不到这么远，他们没法用机器把它挖掉，所以盖学校的男人和女人们用小斧头一小块一小块地把它砸开。麦克斯想到了一个很妙的主意，在房间最后面留下一条石阶作为“舞台”。

我坐在“舞台”的边上，上面还是坑坑洼洼的，我想象着铺上混凝土之后，它的表面会变得十分光滑。想到这个舞台上以后会上演的种种表演，诗歌、歌曲、话剧，我就忍不住地微笑。我的脑海中已经出现了这个房间以后的样子：墙上安好了窗户，并且贴满了孩子们的艺术作品，房间里摆放着桌椅和书籍。这段时间我和苏比提建筑师边喝啤酒边聊，沟通效果比以前好多了，他认同了之前大体的设计，也同意修建天窗和通风口。

“你看起来很开心嘛。”肯尼迪温柔地说。他站在没有门的门框里，我根本没注意到他来了。他满头大汗地冲我笑着，这几天他一直在工地上干活，因为大家都开玩笑说美国让他变得娇气了，以前天天干的粗活重活现在肯定干不动了。肯尼迪一定要证明自己，他抓起一把铁锹，这三天里都没有放下。

盖楼的时候，好像没有人在乎细节。遭到所有人反对的天窗虽然修了，但是每个天窗之间的距离都不一样。天花板和墙之间的通风口比我预想的要小。我每天都会记录下施工中数据的变动，想要跟上和适应苏比提每日做出的变动，也想极力保留下来修建学校的一切过程。可能要付更多薪水才能请来一个按照精确数据施工的建筑师，而我们承担不起这笔费用。

一天，乔治委婉地对我说，虽然我可能很难舍弃自己对学校建设的愿景，我还是应该相信苏比提。在基贝拉，他是最好的建筑师，人们都觉得他很有眼光。学校最后呈现出来的样子，也许跟我仔细的设计和规划有所出入，但是它的不完美仍会让它看起来很美丽、很可爱。

“我**很开心**。”我静静地说。不敢相信，我们已经做完了这么多事。

肯尼迪站在门口，看出来了我的想法。

“想坐一会儿吗？这个台子很舒服。”我问他。

“弄这个舞台真是个好主意。”他笑着说，“那些砸石头的人听到留下这一层不用干了，简直像得救了一样。麦克斯就像一个小神。”

“这个舞台会变得很美丽。”我说。

“我就跟你说嘛，不用担心。”他说着，轻轻地从我的头发上取下来一小块干泥巴。今天我也去工地干活了，主要是因为盖房子的进度太慢，我很着急。如果我加入进去，也许能带动士气。在刚开始的半小时里，没人相信我是来真的，大家都又叫又笑地用卢奥语对肯尼迪说着什么，而他不肯翻译给我听。我不停地干，没想到我比好多男人砌泥砌得更快。不过大多数女人还是比我干得快，今天我们干完的活儿比平时多得多。

苏比提和有些男人不想雇女工来干活，但是肯尼迪和乔治坚持这样做。现在，没人觉得女工盖房子有什么不妥了，但是因为我是白人，所以他们觉得不一样。大家都为此嘲弄他，好像我不守规矩也连累了他。

“你真犟！”他来检查我的工作时悄声对我说，又给我递了一把更好用的铁锹。现在我的胳膊酸痛，但是我觉得我起到了带头作用。

“如果以后你对我说不用担心，我再也不会相信了，因为这次你什么都没计划好，还告诉我别担心！”

“但是现在也弄得挺好的，对吧？”他坏笑着说。

“还不行……”

“你绝对能搞好的。”他漫不经心地摆摆手，说道，“快说你不担心了。”他坚持要我说，突然亲了我一口。他拿起我的一只人字拖，飞快把它扔到了房间的另一头。

“肯尼迪！你干吗？”我大喊起来。

他威胁地冲我晃着十个指头，每次他要挠我痒痒的时候都会这样。他又把手伸向我的另一只脚，拿起拖鞋。

“快说。”他又说。

“把鞋还给我！”

他把鞋扔出去，开始挠我痒痒，我忍不住尖叫起来。我想要躲开，结果和他一起从舞台上滑到了地上。他比我力气大，而且毫不手软，我只好挠他的胳肢窝，他尖叫着躲开了，手里还抓着我的脚。

“别挠了，停下！在我们的文化里，如果你挠一个男人痒痒，他就永远都生不了孩子了！”

“你就是个骗子。每次你想要阻止我，都说这个那个‘违背了你们的文化’。”我咯咯笑着。

他抬起眉毛，假装出一副无辜的表情。

“这在美国很管用啊！”他把手移到了我的脚踝上，“快说你不担心了。”

“好吧，你赢了，行了吧？我会**试着**不再担心。”

他温柔地吻着我，把我放倒在未完工的地面上。我把他拉向我。

“我喜欢和你做这个。”他轻声说。

“我知道。”我说。

“我不是指那个。”他咧着嘴笑了，“我是指，我喜欢和你一起建学校。”

Chapter 16

杰茜卡

教学楼快要完工了，我和乔治复印了几百份招生广告，张贴在基贝拉的每个角落。我们还去电台上宣传了这个机会："我们的幼儿园、学前班和一年级招收四至六岁的女孩。"

我们回肯尼亚之前，人们经常问我们，就算有这样一所学校，那里的父母会不会愿意让女孩子去上学？肯尼迪听到这样的问题总是很激动，他回答说，基贝拉学校里男多女少并不是因为人们重男轻女，主要是由于经济上的原因。在基贝拉，去学校上学的少女有43%，而同年龄段上学的男生只有29%。① 不过，如果父母负担不起两个孩子都去上学，只能从儿子和女儿里选一个的话，他们会选儿子，因为他们把儿子的教育看作一种长期投资。在基贝拉，人们只能找到在工厂或工地干活的工作，因此男人找工作比女人要容易得多。女性几乎没有任何工作机会，因此她们无法给家里带来经济贡献，只能选择嫁人。

---

①《肯尼亚首都内罗毕的基贝拉贫民窟中的青少年调查》，A. 埃拉尔卡，J. K. 玛茜卡（纽约：人口理事会，2007）。——原注

我们招生面试的那天早上，家长们在六点半以前就带着女儿来排队了。我们只招收四十五个学生，幼儿园、学前班和一年级各十五个。我和肯尼迪穿过队伍，他拿出钥匙开门的时候，人们都围了过来。我们迅速地把椅子搬出来，但是椅子的数量远远不够。我让麦克斯做一份报名表，登记报名的家长和孩子的年龄。不一会儿，他就被吵吵嚷嚷的家长们围在中间，每个人都想让麦克斯先写下自己的名字，一片混乱中，他只好冲我嚷嚷起来。

“每个人都说他们的孩子年龄正合适，我怎么知道是不是真的？”

我抬起眉毛看着肯尼迪，等待他的回答。

他摇摇头：“大多数人都没有出生证明，有的人会有诊所的诊疗卡。”招生比我想象的还要复杂。

我和肯尼迪布置好了面试室。我们把几把塑料椅子摞在一起，面朝桌子，这样孩子就能和我们坐在同一高度了。我取出七巧板和复印好的测试题。之前我们思考了很久面试应该使用什么样的方法和规则。现在一想到挤满了家长和孩子的院子，我就庆幸我们设置了清晰的面试标准，尽管如此，这件事仍不简单。我负责第一轮面试“儿童早期评估”，主要通过检测学生的语言能力、精细动作发展、解决问题的技巧、毅力以及创造力来评估学生的综合潜力。在几位早期儿童教育专家的帮助下，我们设计出的评估内容其中一项是七巧板拼图，是根据学生解决问题的速度和毅力来打分的；另一项是请学生画出一个对她来说重要的人。她边画，我边就画中的人提问。有些孩子能够边画画边回答我，而有些孩子则做不到。这一部分，我们根据学生多任务协调的能力以及画出的身体部位的数量来打分。

我们的资金和学校的基础设施都不足以录取基贝拉所有优秀的女孩，因此我们决定用有限的资金发挥最大的影响力。首先，我们要录取来自最底层家庭的女孩，如果没有这个机会，她们就永远不可能去上学。即使在基贝拉，阶级也是存在的。有些家庭有能力送孩子去非正规的本地学校——在贫民窟里，根本就没有政府的公办学校。只有在基贝拉周围的低级中产阶级区才有公办学校，而公办学校面积有限，容纳不了太多学生。按照规定，肯尼亚的小学是免费的，但是因为学校得不到政府的支持，所以很多学校都有自己独创的收费制度。有时候，学校自己设置的费用比以前小学统一收费时的费用更贵。虽然基贝拉的非正规学校不是一流的学校，但是如果一个女孩能去那里上学，至少她就不会混迹街头。

其次，我们要录取最有前途的孩子。我们希望这批女孩子长大之后能成为成功的领导者——律师、医生甚至政府官员，这样我们的学校就能给基贝拉及其他地方带来巨大而长期的影响和改变。设想一下，我们的学生中，也许会有一人在未来给千千万万的人带去影响，比我们能够直接帮助到的人多得多。我们的学生取得的成功很有可能创造出强大的乘数效应[①]。

① 经济学术语，一笔初始的投资会产生一系列连锁反应，从而会使社会的经济总量发生成倍的增加。

第一轮评估结束后，我们挑选出成绩排在前 50% 的学生（这是一个很广的覆盖面），接下来，肯尼迪会去每个学生的家里做家访，了解和评估这些家庭的需求，通过细节来判断他们的经济情况。家里还有几个孩子？他们去上学吗？家里有电吗？房子是用什么盖成的？家里有几件家具？还有什么家庭因素使得这个孩子更需要帮助？没有我们，他们会把女儿送去私立学校吗？通过家访，我们会打出“需求分数”，再把“需求分数”和“潜力分数”相结合，通过排名录取我们的第一批学生。

我们还定下来了几条规则——我们有个“一家录取一孩”的规则，这样可以让尽量多的家庭享受到这个机会。我们还会兼顾民族和宗教信仰的多样性。经历过选举后的暴力事件，我们一致认为，如果孩子们与不同民族及信仰的同学们一起上学，他们就能学会相互包容。

这些规则像是一个冷冰冰的制度，让我在挑选学生时有章可循，说实话，它还能帮我掩盖自己的感情。所有这些女孩都理应获得这样的机会。我忍不住对世界的不公感到愤怒，她们失去了本应拥有的大好的机会。我下楼去麦克斯那里拿到了名单，还不到八点，名单上就已经有五十个女孩了。在家长充满希望的脸上，我清清楚楚地看到，他们明白，想要改变女儿的命运，想要过上更好的生活，教育是最好的道路。希拉里横冲直撞地穿过院子，自信地跑上楼来。他自顾自地坐在了我们给学生安排的面试椅子上面，开始拼七巧板。差不多一分钟，他就完成了。“嗯，我们不用担心他的精细动作技巧和做事的决心了。”我对肯尼迪低声说道，“他整天在这儿我该怎么办？你能带带他吗？”

“杰茜，我今天要先和当地首领开会，然后去见地区长官和教育局官员，你得自己搞定他了。”

他在我脸上亲了一口就走了，他一走，我突然觉得很茫然、很绝望。

“不准出声。”我对希拉里说完，把指头竖起来放在嘴唇上让他明白。他无所谓地耸耸肩，不过他确实从椅子上下来了。他拉了把椅子坐在桌子旁，像是要当助理面试官。

“罗宾·阿丹姆博。”我在楼梯最上面大声叫道。一个小女孩走上来，头上满是整齐的发辫，她的妈妈也跟着她上楼——她看起来比我小得多。我用斯瓦希里语对她说，面试只要孩子自己来，我们稍后再跟家长谈。我们规定学生要自己面试，因为这些父母太渴望孩子能得到这个机会，肯尼迪担心如果他们看到孩子表现不好，回家后可能会惩罚孩子。

罗宾继续向上走，没有回头看妈妈——很明显，她十分自信。她爬上椅子看着我，等着我的下一步举动。对于一个四岁的孩子来说，她的镇定自若令人惊讶。她十分严肃，看起来很可爱。

“你叫罗宾？”我用斯瓦希里语问她。我已经练习了好几天斯瓦希里语的面试，确保自己能够顺利无误地完成。她抬起眉毛，睁大眼睛说“是的”。她完美地完成了面试，然后靠着椅背看着我，就像是现在轮到我考试了一样。接着，我请罗宾的妈妈进来介绍一下自己。罗宾妈妈看起来最多二十出头，她瘦瘦的身材，面容姣好，背上还背着一个婴儿。她愿意一年来学校工作五周换取罗宾的免费教育吗？

“当然愿意。”她说她从没上过学，但是她知道罗宾很聪明、很有潜力，她愿意为女儿得到上学的机会做任何事。

另一个小女孩笔直地站在院子里，身上裹着白色的床单。轮到她面试时，她妈妈解开单子，露出了漂亮的粉色裙子——她把女儿裹起来是为了让裙子保持干净。她叫玛肯子，是一个富有决心的小姑娘，尽管她在拼七巧板上花了些时间，最终还是拼出来了，她的执着令我感动。我们要给每个面试的女孩照一张相，这样我们就能记住谁是谁了。当我们告诉她要照相时，她咧开嘴露出了一个大大的微笑，就像她要咬苹果似的。

一个叫米歇拉的女孩带着最可爱的小辫子和最淘气的笑容走来。我让她画一个人并讲一讲这个人的故事，她画下了她爸爸，讲了爸爸是怎么去世的。她说，虽然已经记不清爸爸的样子了，她还是深爱着他。

另一个小女孩叫伯琳达，她说起话来思路清晰，用词谨慎，表现出一个孩子少有的镇定和冷静，就像她的身体里装着一个小大人一样。伯琳达告诉我们，她的父母死于艾滋病，她和兄弟姐妹都由亲戚抚养。她在基贝拉和叔叔还有继母一起生活。说这些的时候，她非常平静，没有任何感情。这个小姑娘很聪明，很出色。

我爱上了她们每一个人。在这个地方的种种黑暗之下，竟有一丝光明，这是我以前从没见过的。也许每和一个女孩面试完，我都能看到更多光明。

面试了十个女孩之后，我就已经筋疲力尽了，但是楼下还有那么多家长带着孩子耐心地等着，我必须继续下去。孩子之间的发展差异很明显，有的孩子更擅长口头表达，而有的孩子更富有想象力，这让我觉得很有意思。有的孩子轻轻松松就拼出了七巧板，画出的人物有完整的身体部位，并且能边画边讲出关于这个人物详细的故事。有的孩子需要更长时间拼七巧板，但是她们富有创造力，面对困难坚持不懈。我们已经定下了评分标准，每项测试都会根据结果打出相应的分数。

希拉里一点都不让我省心。一个小女孩拼七巧板时遇到了困难，他用手捂住嘴，发出情景喜剧般的“哈哈哈”笑声。另一个小女孩在运动技能的测试中做不到单腿跳，他先站起来做单腿跳，然后指着她说：“**快点做！**”我受不了了，让他立刻出去。他气哼哼地瞪了我一眼，然后跑出去了，等我再看向外面时，他又和等待面试的小女孩们高高兴兴地玩在一起了。

面试持续了五天，每一天都有更多的家长带着女儿来面试，我从没想到过会有这么多人来。最后一天的情况一片混乱，刚刚听说这个机会的人们知道面试会一直持续到下午六点，便抓住最后的时机慌忙赶来。面试结束后，我在办公室里把当天的分数输入 Excel 电子表格，然后整理出肯尼迪明天去家访的名单。

一个小女孩哭着走了进来，看起来不知所措。她个子很小，双唇饱满，长长的睫毛上挂满了泪珠。我朝院子里看去——没有人。就在这时，我想起了她面试的情况。她既聪明又活泼，我让她画一个自己爱的人，她画下的是妈妈，并讲了一个很温馨的故事，描述了很多妈妈带她去散步的细节。

我用斯瓦希里语跟她打招呼，然后问："你妈妈在哪儿？"听到这个问题，她困惑地摇摇头，哭得更厉害了，并且紧张得直打嗝。

"你是不是走丢了？你最后一次看到她是在哪儿？"

她睁大眼睛，还是摇着头。我走进卫生间，扯了一张纸巾："给，擤擤鼻子。"她用纸巾擤了鼻子，我替她擦了擦布满泪痕的脸蛋。渐渐地，她看我的眼神里没有了畏惧，就藏在桌子后面，开始和我玩藏猫猫的游戏。我很配合。她紧紧抓住桌子边，带着淘气的笑容转过去把脸埋进胳膊里。接着，她突然转过来，我假装被她吓了一跳。

她妈妈突然冲进办公室，看到她在这里，喜出望外。

"普莉斯拉！"她叫道，奔过来一把把女儿抱起来。普莉斯拉把脸埋进妈妈的颈窝里，然后又转过来微笑地看着我。

"谢谢你。"她说。她和普莉斯拉手牵着手准备走时，她对我说，"请你有空来我家做客吧，一定要来啊。"

她们走后，我看了看成绩单，普莉斯拉的分数是最高的。一晚上，我的脑海里都是普莉斯拉和妈妈拥抱在一起的场景，这是一幅代表母性的、人类共通的画面。

天刚刚破晓，薄雾笼罩，走在外面凉飕飕的。我裹紧毛衣，尽量跟上肯尼迪和乔治的步子，每走一步都小心翼翼，生怕踩进深至脚踝的泥巴里。这条小路上，飘荡着小河里令人窒息的恶臭——刺鼻的尿液混合着阴沟水的味道。我用上了全部的意志力，才忍住没有用小臂捂住口鼻。肯尼迪和乔治开始了家访，他们叫我也跟着。肯尼迪坚持让我在外面等一会儿，他要先进去做初步的调查——他觉得如果我在场，会影响他做出客观的评估。乔治在外面陪着我。

普莉斯拉的妈妈和肯尼迪在街角见了面，然后走进了一条小路，而我和乔治在路边的几家小商店外走来走去。一位女店主的店里卖着各种各样的白石头。

“那些是什么？”我问乔治。

“是给怀孕的女人的。”我转过脸看着他，他解释道，“她们怀孕的时候吃这些石头。”

“她们**吃这东西**？”

“对，这些石头里有铁。”

我还想问，但是我的手机响了：*搞定。在街角见。*

我把手机给乔治看了看，他点点头说：“走吧。”

肯尼迪尽力想做出一副平静的表情——他要求自己在招生过程中一定要保持公正——但是他面带愁容。

“怎么了？”我问，担心出了什么可怕的事情。

他愤怒地摇摇头。“人们活得太苦了。”他低声说。

普莉斯拉的妈妈犹豫不决地跟着肯尼迪，当她看到我时，她露出了笑容。

"欢迎来喝茶。"她说。

我看着肯尼迪，他点点头，然后示意乔治继续家访。他们要在几天内完成全部家访，因此时间很紧。

我跟着普莉斯拉妈妈走进了一条弯弯曲曲的窄路，右拐，走到一条小巷里，小巷被两排面对面的房子夹在中间，宽度不到半米。横七竖八的绳子上晾着衣服，我低着头躲开，但还是撞到了湿衣服上，潮气沾在了我的脸上。普莉斯拉的家在一长排房子的最后面，她正在外面玩儿，仰起头大笑着。她转过头看到了我，朝我跑来。

普莉斯拉妈妈请我进屋，我在门口脱掉了鞋子，走下一个简陋的台阶，眼睛过了一会儿才适应屋里的黑暗。这个房间小得只够两个成年人站在里面。屋里有一张染成蓝色的小小的木桌子，这是房间里唯一的色彩。她做手势请我坐在小沙发上，沙发看起来是用回收金属做成的。房间实在太小，家里连床或者"厨房角落"都没有，只有一个老旧的金属箱子用来装东西。我轻手轻脚地坐下，普莉斯拉妈妈把一个装满热茶的塑料杯子放在我面前，抱歉地说她家没有牛奶了。我本想把茶给普莉斯拉喝，但是我记起了上次我出于客气拒绝了别人端来的茶，肯尼迪火冒三丈，他告诉我，我的做法伤害了人家的自尊心和慷慨之意。

普莉斯拉妈妈话不多，我也没有主动搭话，但是看得出来，我来她家做客她很高兴。普莉斯拉的小弟弟跟着她在门口跑进跑出，还是在玩藏猫猫的游戏。

"普莉斯拉的爸爸在哪里？"我小声问道，不知道这个问题会不会太唐突。

“他不住这儿，我是他的第二个妻子。”普莉斯拉妈妈说。

我有好多问题想问，却不知该从哪里问起。

“我只上完了八年级，我们家就没钱再供我读书了。我希望普莉斯拉能受更多的教育，长大后能自己养活自己。“

我心里想，*我也这么希望*。我谢过普莉斯拉妈妈。

“再来啊，随时来玩。”她在我身后喊道。

一下午，我看着应聘教师的简历，脑子里却不住地想起普莉斯拉的笑容。

我美国的银行账户里存着整整三千美元，是我花了好几个暑假打工挣来的：在日本餐厅做服务员、替人照看小孩、在日间夏令营工作。心血来潮之时，我拿起手机给肯尼迪发了条短信：*我找到了一个愿意给我们捐赠的人，能帮我们填上空缺*。

过了一会儿，我收到了他的回复：*不可能吧，怎么找到的？*

我知道怎么找到的，但是不知道自己为什么会这样做。由我来捐出这一小笔钱，这个决定看起来既武断又不公。但是这笔钱对学校来说至关重要，因此我觉得这一步没走错。

* * * * * *

半夜两点时，肯尼迪的手机铃声把我惊醒了。

“肯尼迪，你的手机又响了！”我拍拍他。

他的手机随时都会响，虽然我经常求他关掉手机，让我们从无穷无尽的问题和需要中解放出来，缓上几个小时。

“怎么了？”自从开始盖学校，我们每晚都筋疲力尽地倒在床上，沉沉地睡去。他在黑暗中摸到了手机，睡眼惺忪地接了电话。接着，他讲着卢奥语一下子坐了起来，他的语气变得很急切，我知道肯定是出事了。他边打着电话边开灯，穿上裤子和上衣，握紧了拳头。

“怎么了？”我又问。他竖起一根手指，示意我等一分钟，并朝门口走去。挂掉电话后，他没有出门，而是坐在了床上。

“利兹要生了。”他轻声说。我立刻从床上跳起来，穿上套头衫和牛仔裤。

“在哪儿？我们去不去？”

“在圣玛丽诊所，是个奥林匹克的小诊所，我认识开诊所的护士。几周前我在那里交了定金，她有情况随时都可以去。”

如果没有医疗保险，肯尼亚的医院是很贵的，肯尼迪靠他在卫斯理图书馆的工作慢慢存了些钱，给利兹生孩子用。

我坐在他旁边。

“她还好吧？”我用指甲摩挲着他的后背安慰他，这是他喜欢的方式。但是他一言不发，沉浸在思绪中。“我们应该去看看。”我温柔地说。

“我不知道我敢不敢去。”他把头埋进我的胸口，我用胳膊环住他，把他搂紧。

“利兹就像我自己的孩子一样。”他喃喃地说。

“我懂。”我说。

“我一直尽力保护她，让她远离伤害。我把她送进教会学校上学。当我看到她和几个男生天天待在一起玩儿时，我警告了她，也警告了那几个男生。也许是我给她的保护太多了，她根本不知道人在基贝拉堕落起来有多快，那是因为我一直在把她向上托。”

“亲爱的，你为她做的一切她都知道，现在她需要你。”

“你不明白。”他挣脱了我的怀抱，激烈的反应让我措手不及，“我妈妈十五岁就怀了我，杰姬十七岁怀孕，利兹只有十九岁。我们陷进去了。”

他说得没错。他从小到大都在目睹贫穷的怪圈，人一旦陷入其中，就无路可逃。我不是很了解这些，我能做的就是在他心碎的时候陪在他身旁，等待他慢慢地把碎片拼起来。

利兹生下了一个健康、漂亮的女婴。她给孩子取名杰茜卡，这让我很感动。诊所很小，只有四个病房，每个房间里住四个人，不过这里很干净。我坐在利兹的床上，抱着小宝宝杰茜卡。婴儿的手好小，紧紧地握成了小拳头——我以前从没抱过刚出生第一天的婴儿。宝宝小小的五官很美，令人怜爱。她在我怀里哭了起来，阿洁站起来接过她。利兹躺在床上一动不动，像是受到了惊吓一般。

我站在病房门口，尽力把我们复杂的感受与对宝宝和利兹的美好希望调和在一起。我和利兹一样大时，刚刚读完大一，回到丹佛过暑假，自己打工挣钱，和男朋友约会，在外面玩到很晚，每天都自由自在。那个夏天，我觉得自己很成熟、很独立。我离开家在卫斯理大学待了整整一年，大学生活一切顺利，因此我是无所不能的。我满脑子都是政治正确的观点和绝对确定的想法，爸妈看着我的时候总是温和且包容地笑，他们也有过十九岁，也曾像我这样目空一切、惹人厌烦。我正由一个孩子转变为一个女人，在我的世界里，这样的过渡期是被允许的。

我觉得我能理解利兹对于这个孩子、对于做母亲的矛盾心理。在她还没做好准备的时候，就被迫成了女人。她在为自己不完整的童年而哀痛。

“她还好吗？”肯尼迪问，在门口不安地走来走去。

“出去说。”我轻声说。

在院子里，我用脚在地上画着图案。

“她还好吗？”他又问。

“不是很好。”我看着他的眼睛说，“不过我觉得她会好起来的。这个孩子这么漂亮，她从这件事的冲击中缓过来之后，就能看到孩子有多可爱了。她会是一个特别好的妈妈。”

“我得跟她谈谈。”他说。半小时后他出来了，看起来轻松多了。

“她要把孩子留下。”他说。

我点点头，并不知道她有其他的打算。

一周后，我给小杰茜买了一包衣服和玩具带过去，不知道还要多久她才能用得上这些。利兹抱着她坐在外面。

“我希望她像你。在非洲，我们相信给孩子取谁的名字，孩子就会像谁的性格。”

“你最希望她像我哪一点？”

“你的倔强。”

我笑了。

我拥抱了利兹，我们坐在一起看着小杰茜，她的眼睛半张着，正在打瞌睡，显得心满意足。我希望到她十九岁的时候，能拥有和我一样的机会，还能像利兹这么坚强。

录取完成之后，该给孩子们定制校服了。我和乔治来到内罗毕的商业区走街串巷，四处寻找，与各种各样的商人交流。我们去了一家叫“制服批发”的店，看了十种不同的校服。没想到乔治对孩子们该穿什么样的校服很有想法。一种校服是浅黄色的，他说这个不耐脏。另一种是大红色的，他说这个太红了。

“我们的学生要穿最漂亮的校服。”

最后我们看中了带白领子的蓝裙子，配一件红色的毛衫。乔治高兴极了，我们走出商店之后，他几乎是连蹦带跳地走在路上。

“在基贝拉，从来没人见过一群女孩穿着这么鲜艳的衣服。她们一定会很显眼，按照她们本该有的样子脱颖而出。”

我从没想到发校服会让我这么激动，但是真的把校服递到每个女孩的手里时，我能明显地感觉到，对她们来说，这套校服是教育的象征，是美好未来的象征。高大、强壮的乔治站在门口，看着女孩子们走进来，领取校服，再高昂着头走出去，笑得合不拢嘴。

就在学校开学前，肯尼迪接到巴毕的电话，得知他妈妈昏迷了。肯尼迪脸色苍白，我立刻进入危机模式。我们在奥林匹克的 SHOFCO 办公室，而阿洁在基贝拉，所以我们叫了几个肯尼迪的朋友把她抬到了车子能够通行的地方。我叫了一辆救护车。

救护车到的时候，阿洁全身抽搐，已经神志不清了。我和肯尼迪坐上救护车，和她一起去了一家小医院。肯尼迪怕得要命，因此我必须得坚强。在医院里肯尼迪吓呆了，根本没有办法和医生及护士交谈。我从没见他这样过。医生告诉我，阿洁有高血压，血压没有得到控制，因此中风了。

肯尼迪一动不动地坐在她的床边。母亲可能离开人世，这让他恐惧不已。

后来阿洁慢慢地恢复了，恢复得很好。她出院那一天，我们叫了一辆出租车接她回来。我和肯尼迪拿出剩余的一点积蓄，给她在奥林匹克租了房子，好让她住得舒服些。她高兴极了，把房间装饰一新后，请了 SHOFCO 的所有工作人员来家里喝茶。

我的父母要飞到肯尼亚来参加学校的开学典礼。这让我和肯尼迪很紧张，不知道他们对这里的情况会有什么样的想法。看着爸爸妈妈和十一岁的妹妹拉斐尔走出机场，感觉像是我的两个世界突然重合在了一起，成了一个整体。这片土地对我来说意义非凡，他们的到来让我满心欢喜。妈妈拥抱了我，而妹妹面无表情，像个僵尸。

“小家伙，来这儿我真高兴。”爸爸拥抱着我说。

爸妈请我帮他们租了一套公寓，我们从机场先回公寓，让他们睡一会儿，休息一下。醒来之后，我们去了内罗毕的爪哇咖啡屋。妈妈长舒了一口气。

“至少这里能喝到咖啡。”她说。

我翻了个白眼，说：“妈，内罗毕是个很大的城市。你在这儿什么都能找到。”

肯尼迪和麦克斯同时看了我一眼，提醒我**态度好一点**！我闭上嘴，希望自己能对他们耐心一点，他们现在的感受我在一年多以前也有过。

我们带他们去了基贝拉，进去之前，我们先停在了高处可以俯瞰基贝拉的地方。我看着妈妈，观察她的反应。她什么都没说。

“你没事吧？”过了一会儿我问她。

“你到底住在哪儿？”她尽力让语气保持平稳。

我说：“我们得走一阵才能到那儿，还在下面。咱们走吧。”

她摇摇头，一字一句地说：“我再也不相信你的判断力了。”

我不安地看着爸爸。

和爸妈一起走在基贝拉里，我开始注意到那些早已熟视无睹的细节。街上的臭味，干瘪的死鱼躺在炽热的阳光下，热浪从铁皮屋顶上倾泻而下。我想起第一次走去肯尼迪家的时候，眼前的这一切让我觉得这里像一个不可思议的迷宫。两年后的现在，一切都再熟悉不过了。

遇到我们的人用斯瓦希里语问我，这是不是我妈妈。我笑着点头，不住地望向妈妈，渴望得到她的认同。路上的每个人都开心地大叫着我的家人终于来了，他们的“亲家”来了，声音大得所有人都听得到。我在心里庆幸他们讲的是斯瓦希里语，我的家人只能感受到他们热烈的欢迎，仅此而已。

终于，学校出现在我们的眼前。在这一片混乱和肮脏之中，它就像是希望的灯塔。走到学校跟前之后，我的家人停下了脚步，他们出奇地安静。我意识到，我非常渴望他们能和我一起庆祝我们在这里的成就。妈妈是第一个开口的人：“杰茜，这太棒了！”我的脸一下子红了，她的夸奖和认可令我激动不已。

我们的学校看起来并不是一个大工程，只是一个小而简陋的灰泥房子。但是现在看着妈妈，再看看爸爸，我知道他们与我一样，看到了巨大的可能性。站在这里与他们分享这一刻，对我来说意味着一切。

开学前，我们要带爸妈去肯尼迪的老家见一见他的家人，出发前，还有一个小问题需要和他们交涉。我选了一家合适的餐厅，这是内罗毕最好的餐厅之一，落座后，我清了清嗓子。

“同志们，你们知道那个村子吧？”

他们点点头，我爸说他们很想去看看肯尼亚不同的一面。我和肯尼迪目光相对，他冲我点点头。他脸上带着的表情，是每次他觉得事情要出问题时会有的表情。他的眼睛里闪过一丝调皮的目光。

“对，关于这个村子呢，是这样。”我继续说，“按照他们的文化，他出国去卫斯理大学之前，我们必须得盖一个房子。其实说是个小棚屋更合适。如果不盖，他就不能走，因为其他人会说他在故乡没有了根。不过在他们的文化里，这个房子代表，呃，他的家人觉得我们结婚了。”

突然间，所有人都停止了咀嚼。饭桌被突如其来的沉默占领了。

“他们觉得你怎么了？！”我妈不相信自己的耳朵。

我慢慢地解释道：“妈妈，肯尼迪**必须**得盖这个房子。”

她打断我：“我知道，你刚说过了。直接讲这部分，那个房子代表你们结婚了？”

我点点头，假装表现得一切都很正常。

我爸一直没说话，他突然坚定地说：“那我们得跟他们解释，在我们的文化里，你肯定是**没有**结婚。”

我咬牙切齿地小声说：“爸，如果你连假装尊重别人都做不到，那我永远不会带你去了解别人的文化。”

我起身冲向卫生间，留下肯尼迪一个人面对我的家人。我觉得自己深陷困境，不知所措。到底哪个世界才是我的？我理解，在父母不知情的情况下，二十二岁的女儿在异国通过一场奇怪的盖房子婚礼就这么结婚了，他们无法接受。我也能理解，对于肯尼迪和他的家人来说，举行这样的仪式是非常重要的。我属于肯尼迪的世界吗？我仿佛处在一个奇怪的中间地带，既不属于这里，也不属于原先的世界。

我回去坐下了。爸爸看起来非常后悔，而肯尼迪的脸色像是病了一般难看。

麦克斯笑着说："你们这是要弄一出好戏啊。"

"爸，你能不能答应我，对他们客客气气的？"我说。

他点点头，说："只要你告诉我，你不是真的结婚了。"

肯尼迪赶紧说："我们保证这不是真的。如果要结婚，我们一定告诉你们。"

最后，拉斐尔说："我们能回去了吗？"

终于，学校"开张"的日子到了。我们早早就起床了，一早上我都满怀期待，激动不已。教室里已经摆好了小课桌和小塑料椅子。我想象着女孩子们坐在里面，她们讨论问题，学着了解自己和这个世界。老师们受过数周的培训，准备充分。拉斐尔和麦克斯把爸妈带来的几包文具拿去了学校。我和肯尼迪走在基贝拉时，有一种全新的感觉：到处都充满生机，充满希望。

几百人参加了学校的开学仪式，在场的每个人都得到了极大的鼓舞。四十五个小女孩穿着统一的校服，表情严肃，她们是脱颖而出的一批孩子。她们的父母、兄弟姐妹和邻居都站在两边看着她们，脸上写着喜悦和骄傲，因为他们也是优秀的家长和亲朋好友。

"Erokamano——"一个学生的妈妈开始唱歌，她美丽而高亢的嗓音让我浑身一个激灵。很快，大家都拍着手和她一起唱了起来，这首歌的意思是"谢谢你，在我们绝望之时，上帝给了我们希望，给了我们活下去的理由”。这位妈妈高声歌唱，把这首歌表现得淋漓尽致，也让每个人的心都连在了一起。

前来参加仪式的人比肯尼迪预期的还要多，跟这个学校毫无关系的男男女女也来到这里，与孩子和家长一起庆祝。不管是青年领袖，还是村子里的长者，大家都为这所属于女孩的学校而欢呼。孩子们依次走进教室，喧闹嘈杂的环境让她们心烦意乱，对学校的好奇心都没那么强烈了。

肯尼迪站在人群中间拍着手，还跳起了舞。歌曲结束后，他开始讲话。他以去美国前，母亲对他的告诫作为开头：不要忘了她，不要忘了基贝拉，也不要忘了自己的根。

“大家看看我，一年后，我回来了，我和大家一起建成了学校。我们让这件事成为可能。”

我特别喜欢看肯尼迪在众人面前既自信又自如的样子。他能通过听众的反应迅速调整讲话的语气和腔调，说出大家真正要听的东西。我站在一旁看着他。人群中时不时爆发出哄笑。听他讲话，人们都显得轻松愉悦，那些原本对这件事不太确定、不太放心的人，听到肯尼迪的话，完全相信了这所学校是属于他们的。在与人们建立良好的关系上，肯尼迪拥有特殊的天赋。看着他站在学生家长面前，我意识到，尽管爱情将我们紧紧连在一起，但是他不只属于我一个人，他也以很多深刻而复杂的方式属于这片土地和这里的人们。

肯尼迪叫我给大家说几句。我摇头，但是他过来拉起我的手，把我从学生中间拉到了前面。

"我该说哪种语言？"

"斯瓦希里语，"他说，"你可以的。"

我面向人群站定，感到长者的目光、家长的目光和女孩们的目光都投向了我，我开始讲话。我感谢了所有的家长给我们这个机会教育他们的女儿，感谢了基贝拉的居民前来支持我们，感谢了我的父母、哥哥和妹妹不远万里来与我分享这一刻。我感谢了肯尼迪，他让我成为这里的一分子，虽然直到今天，直到我站在这里，站在充满希望的光明中，我仍然有很多困惑。

看到女孩子们都热情地看着我，我说："孩子们，你们一定能实现理想，成为自己希望的样子。"

我知道，这不是一个容易的承诺，但是我已经打定主意，要尽我所能去实现它。

Chapter 17

杰茜卡

我依依不舍地离开了我们的学校，离开了孩子们、老师们，离开了基贝拉。对我来说，现在的基贝拉与大选后的基贝拉完全不同了，而那时我曾发誓再也不会回到这里。

我们回到了康涅狄格州，肯尼迪在卫斯理的第二年开始了。我们远距离地做着基贝拉学校的工作，遇到了不少的挑战。我在卫斯理的写作项目里找到了一份工作，但是我的大部分时间都花在了基贝拉的学校上，要做的事太多了。银行里的运营资金只够学校维持两个星期，因此筹款成了现在的头等大事。

离开肯尼亚之前，肯尼迪想出了一个主意：成立家长委员会来监督家长的工作，确保每位家长都按照约定来学校义务工作。委员会每月开会，给学校的工作人员提供反馈，每年由全体家长选出委员会的主席。乔治也向我们保证他会照看着学校。上飞机时，我们带着两个行李箱，里面整整齐齐地装着SWEP的女性成员做的共五十磅的手工艺品。我们计划卖掉这些手镯和背包，既能帮她们获得收入，也能为学校筹款提供帮助。

在这么远的地方，肯尼迪对于学校的种种仍有着精确的了解，这令我很惊讶。虽然我们在地球的另一边，但是他知道学校里每天发生的一切。几乎每晚他的手机都在半夜响起，那时是肯尼亚的白天。肯尼迪睡觉时就把手机放在枕头边上。

“喂？”他皱起了眉头，“嗯，嗯。”

“怎么了？”我问。他冲我摆摆手，示意我等等，他还在听。

有时候，打来电话的是家长，他们只是为了说，他们太爱这所学校了，他们的孩子非常开心；有时候，基贝拉的居民会来电话向他表示祝贺；其他时候，打来的是乔治，他会说一些学校运行的细节。学校的资金十分紧张，我们连铅笔的数量都要清点清楚，并且要求孩子们一天最多削两次铅笔，好让每支铅笔用得更久。孩子们削铅笔时，得由老师监督。

还有很多电话是反映各种问题的：一位老师上班迟到了，一位家长没有来学校工作，学校运行的前前后后，以及人员管理，如何在没有经济动力时让大家保持工作的积极性等等。我尽量把每件事都协调好。

接着，我们听到了好消息。乔治告诉我们，仅仅过了一个月，孩子们就开始说英语，也能听懂一些英语了。

“这些女孩都是天才。”他在电话里说。

我笑着说：“乔治，所有小孩都是这样的。小的时候，他们就像海绵，能把所有东西都吸进去。”

乔治还说：“我要带我老婆出去吃顿饭。我一直在观察咱们学校的女孩子们。我觉得基贝拉的人现在发现了，他们以前对女性的了解太少了，也不了解女性能做些什么。我也是，我不是很了解我老婆能干什么。我应该带她出去吃饭。”

听到乔治这么坦诚，我笑了。

“乔治，带你老婆去吃点好的。”

肯尼迪

“现在还不够，这个学校还远远不够。”

我想扩大女子学校的影响力，把它变成社区变革的中心。

“我们必须建立一套激励机制，促使整个社区认同这些女孩的价值，认同所有女性的价值。想要达到这个目标，我们唯一的方法就是要同时为男性、为整个社区提供公共服务。如果我们能创办起图书馆、公共卫生间、医疗服务站、净水供应站、就业中心和社区中心，还为人们普及财务知识，指导人们获得经济权，那么大家也一定会支持我们的女子学校的……”

我的脑海中已经有了一个完整的愿景：让我们的女子学校成为大规模变革的起点，成为社区价值体系的核心。

接着，我又想到了管理学校时遇到的种种现实问题——我们究竟要怎样在没多少资金的情况下，开展其他的项目和服务呢?

然而瞻前顾后可不是杰茜卡的本性。她问我：“我们什么时候开始做其他那些项目？”

我笑了："我觉得我们应该先为学校筹钱，等我们弄好了学校的事情再说。"

杰西卡对我说："这就是你的问题了。"

我问她："我的问题是什么？"

"你总是前怕狼，后怕虎，不敢冒险。"

"我只是想要现实一点。那些项目本来就是未来五年里的计划嘛。"我解释道。

"不要这么现实，"杰西卡说，"现实主义者什么都改变不了。"

第二周，杰西卡看到了一个叫"绿色回声"[①]项目的申请通知。想要赢得项目经费，参赛选手需要设计出一个能够改变世界的创新模式。我们希望把女子学校和社区服务相结合，这是一个既美好又不切实际的想法，虽然只有不到百分之一的申请者能够获得项目经费，但是我们的想法看起来倒很符合这个项目的要求。

我们连着熬了三晚上，把我们的想法变成了方案，详细地列出了我们要如何将女子学校与医疗保健、净水资源、就业支持以及预防暴力这些公共服务事业联系在一起。杰西卡的父母还帮我们做了预算，这次的预算比我们以前做的所有文件都更复杂。在申请截止的前一天，杰西卡的爸爸把 Excel 表格里的所有数据都重新修改了一遍。

我们不想把宝全部押在一个比赛上，所以我们又找了其他可以

---

① 绿色回声（Echoing Green）：非营利组织，旨在为全球社会企业家提供资助和战略支持。

提供经费的项目和比赛。杰西卡的头脑太灵活了，她找到了很多资源，令我佩服不已，而她坚定的决心也让我赞叹。

我十分惊奇地问她："你凭什么觉得我们能赢呢？"

她的回答很简短："总有人得赢啊！"

我们提交了戴尔社会创新竞赛的资金申请书，这个竞赛有投票环节，申请人要为自己的计划拉票。我们的项目在学校里很火，在网上获得了数千票。还有一群积极的卫斯理学生不分昼夜地帮我们申请这笔资金。我们的这个想法似乎很有感染力。

我们还申请了"大有作为奖"[①]，这个奖项是为"美国改变世界的二十五岁以下青年"设立的。杰西卡帮我写好了申请书，但就在截止日期前，我们发现只有美国公民才能申请这个奖项。我们立刻重新整理了材料，写上了杰西卡的名字。后来，杰西卡赢得了这个奖项，电视上还直播了颁奖典礼。看到杰西卡获得了她应得的认可，我真为她感到骄傲。我心里明白，正是杰西卡的干劲和魄力让所有这些都变成了现实。

我们的愿景给我们带来了无穷的能量和动力。杰西卡总是干劲十足，一心想着我们接下来要做的事，还有我们的计划的前景。我决定明年夏天回肯尼亚建一所卫生院。虽然我们缺乏医疗方面的经验，但是杰西卡毫不退缩，还一直鼓励我不要担心。

"不管怎么样，我们都要把这个卫生院办起来。我们要找最有经

---

① 大有所为（Do Something）：非营利组织，旨在激励年轻人行动起来，通过运动改善社会。

验的人和我们一起干。”

我点头同意，杰西卡说得没错。她立刻开始学习医疗卫生方面最好的方法和经验。我也开始和基贝拉的居民交流，听取人们在医疗方面真正的需求。

一天，我同和蔼的鲍勃·帕特西里先生在卫斯理吃午餐。罗布教授也来了，因为我在卫斯理获得的奖学金正是鲍勃和他的妻子玛格丽特资助的。鲍勃非常关心我，他想要了解我在卫斯理的所有经历和我对未来的期望。我们的聊天既轻松又自然，我有预感，他会是我生命中的一位贵人。

午饭后，我连蹦带跳地笑着跑去找杰西卡，我要告诉她一件事情。她让我慢点说，我说得太快，她根本听不懂。

“上帝太伟大了，”我说，“它告诉我，时机到了。你听说过一个叫保罗·纽曼[①]的人吗？”

杰西卡大笑起来，说：“保罗·纽曼？所有人都知道保罗·纽曼啊！”

我耸耸肩，说：“好吧，我猜到他是个重要人物，不过我以前从来没听说过他。鲍勃突然想起来，他能帮我们联系保罗·纽曼基金会，也已经安排好了让我们见个面。他们想好好和我们聊一聊。他们想帮助我们，鲍勃他们家也想帮我们。”

杰西卡问：“你说的是纽曼私厨基金会？”

---

① 保罗·纽曼（Paul Newman，1925—2008）：美国著名演员、赛车选手、慈善家。

我回答说："对，就是这个。你怎么知道的？"

杰西卡摇了摇头。"咱们去趟卫斯理商店吧。"她说。

到了校园杂货店之后，杰西卡带我走到一个冰柜前，冰柜里摆满了橙汁和柠檬汁。她拿起一盒柠檬汁说："肯，你看，这个人就是保罗·纽曼。他的公司卖柠檬汁、椒盐脆饼、爆米花和沙拉酱这些，赚到的所有的钱都用来做慈善。我们家常常买纽曼私厨公司的产品。保罗·纽曼还是个电影明星，是很多人心中的偶像。"

我看到盒子上的标签，认出了这个名字，说："就是这个！我们下个星期要和这个机构开会。"

"下周？"杰西卡惊叫一声。她激动地说起开会前我们要准备好的所有东西。我们得做出更详细的各类预算，还要把我们所有的计划和愿景确定下来。

她说："我们有好多事要做。"我点点头，知道她可以做到任何事。"给，"她把那盒柠檬汁塞进我怀里，"你去付钱，我的卡里没钱了。"

我翻了个白眼："我的钱都要被你用完了！"

她微笑着说："是你想让我留在康涅狄格的。"

她说得没错。我亲了亲她，乖乖地用我的校园卡去付了钱。这张塑料卡片对我来说一直很有趣。想象一下，你拿着它刷一下就能买到吃的了，简直是魔法。

我们为了下周的会议紧张地忙活着，一直忙到了我们和纽曼基金会的人见面那天。刚到他们办公室的时候，我俩都很紧张。一位叫帕姆的女士接待了我们，她很热情，同时也很专业。我们跟着她走进了办公室，给她讲了我们的女子学校、我们的学生的情况，还有我们创办卫生院和净水站的计划。我说起了自己的故事，以及我是如何发起这场运动的。帕姆对我们很友好，我们的交流非常顺利，聊了有一个半小时。

我们离开的时候，帕姆紧紧地拥抱了我和杰西卡。她说："一定要把你们现在做的事情坚持下去。你们会成功的。"

在开车回家的路上，我欣喜若狂。

我把头伸出车窗外，让风在我的脸上肆意拍打，我大声地喊着："啊呀咿！啊呀咿！"

杰西卡说："肯尼迪，别人都在看你呢，以为你疯啦！"

"我不在乎！"

几个星期后，纽曼私厨基金会的CEO鲍勃·弗雷斯特和我们见了面。他是一个和善的人，看起来精神饱满，眼神中还带着一丝顽皮。他说如果保罗·纽曼先生在的话，他会当场给我们开支票的。纽曼私厨基金要为我们捐助五万美元。鲍勃说，他愿意冒险，而且保罗总想把自己的幸运带给世界上的其他人。这深深地触动了我——命运如此强大，却又如此残忍。我希望我能见见这位保罗·纽曼先生。他无私地奉献出自己的财富，去改变基贝拉人的命运，改变其他那么多人的命运。鲍勃还为我们提了很多明智、有效的建议。他说保罗·纽曼先生常常把这句话挂在嘴边："做生意有三条法则，幸好我们一条也不知道。"这种精神引起了我的共鸣。鲍勃对我们的充分信任以及他承诺给我们的捐助，就像是一剂强心针一样，让我和杰茜卡真的开始觉得一切皆有可能。后来，只有我们两个人的时候，我们兴奋地跳跃着，相互拥抱，尽管我们并不确定结果会怎么样，我们还是对对方说："我们肯定可以的！"

杰茜卡

我和肯一起度过了一个暑假，见证了我们所有的工作取得的巨大进展，现在我没法离开了。肯必须回卫斯理继续学业，而我决定留下来，继续推动我们的事业向前发展。我们心怀壮志，在纽曼基金会的大力支持下，我们能够实现这些目标了——我们可以把女子学校变成充满活力的社会服务的源头，整个社区都能够直接受益于此。我们获得了"绿色回声"奖金，得到了更多组织的关注和支持。我们可以有更大的梦想了。

不过最主要的是，我想天天都看到孩子们。我把这个告诉肯尼迪时，他亲了亲我。

"你着魔啦。"他说。

"我知道。"

******

一起在基贝拉度过了一个夏天后，肯尼迪该走了，我们乘坐的士来到了内罗毕机场。肯尼迪下车后，交通环岛处还是很拥挤，出租车司机一直在问我问题，我不理他，他仍不罢休。我满脑子都是肯尼迪带着他的新帆布包排队的样子。这个红色的帆布包是在网上买的，在美国，他喜欢上了箱包，这是他的第一次“轻浮的消费”。我在马路牙子上逗留着，虽然出租车司机不太高兴，但是我不想放过能看到肯尼迪的每一秒，好像我会在此刻决定留下还是跟他回美国似的。他紧紧地抱着我，与我吻别，然后他走了，穿过金属探测器，走到了另一头。这种感觉就像是我们把一个很熟练的流程弄反了，就像先刷牙，再挤牙膏。我孤身一人待在他的国家，很快他也会孤身一人待在我的国家。现在是晚上十点，交通依旧繁忙，出租车在车流里穿行时，我猛然想到，交换国家可不比交换棒球卡片那么容易。

待在没有肯尼迪的肯尼亚感觉很奇怪。不管我在这里住过多久，不管我做什么，我的白皮肤总是让我很显眼。不过，除了肤色问题，还有我的特权。

我想起了我们的女孩子们，想起我希望她们长大后成为什么样的人，我希望她们对人生有什么样的想象。肯尼迪在一开始就坚决地提出，不能请外国老师来教孩子们。外国老师可以在教学能力和技巧上帮助我们的老师，但是他们不能给学生上课。他不希望孩子们把外国人、美国人看作榜样。他希望孩子们看到肯尼亚人在为自己的社区做贡献。我独自走在基贝拉时，有时候会想起这些，以及我在这里意味着什么。我会有一天真正地属于这里吗？

不过在某些方面，我感觉到现在正是一个好机会，让自己融入这个社区，融入我们的项目。我明白我不只是在帮助肯尼迪实现梦想，这也成为我的梦想。现在的我，比以往的任何时候都要独立。有一天，我走在去学校的路上，突然觉得自己很勇敢。我能独自住在基贝拉。我越来越强大了。

但是我也有不勇敢的时候。

一天夜里，我听到外面有人说话，在床上直挺挺地坐了起来。他们的声音从窗户传进来，我紧紧抓住床单贴着胸口，吓得连大气都不敢出。肯尼迪走了之后，我经常会在夜里醒来。但是今晚情况不同。我一点一点地伸手，慢慢拿起手机，好像我的动作会引起他们的注意一样。现在是凌晨一点三十一分，通常，没有人这么晚在奥林匹克小区里走动。我闭上眼睛听着，希望能从隐约听到的只言片语中获取信息。

Mzungu anaishi hapa jua，peke yake. 楼上住着一个白人女孩，就她一个人。

我猛地吸了一口气。

我想象着小院子的大门，门里面有一把挂锁，但是他们可以翻墙进来，也可以把锁砸开，再爬上楼外边的这段楼梯，就到我的门口了。我房间的门是坚固的金属门，里面也是用结实的挂锁锁上的。我闭上眼睛，心怦怦跳着，我强迫自己冷静下来，想一想如果肯尼迪在，他会怎么做。我这儿没什么可偷的东西，屋里没放钱，只有一张床、几把塑料椅子、一个小木桌、锅碗瓢盆，还有我的笔记本电脑。不知道楼下的邻居会不会来救我——我不认识他们。在奥林匹克，人们表现礼貌的方式就是与他人保持距离，避免和别人的生活产生交集，不像基贝拉的人们那么亲切友好。

如果他们想进我的房间，肯定能进得来，这只是时间问题。我还是能听到他们低声说话，我摇摇头——他们还站在外面可不是一件好事。如果小偷没得到想要的东西，比如现金，他们会气急败坏，干出更可怕的事情。

我舔舔嘴唇，告诉自己不要朝最坏的方面想。我到厨房拿起唯一的一把刀，刀很锋利，把刀贴在胸前走回卧室，从里面反锁上了门。*妈的。*我听到大门那里传来了金属相撞的声音，看来我的恐惧是有道理的，并不是离家在外的女孩在自己吓唬自己。他们肯定有什么东西能把挂锁切断。我不知道他们有没有枪，我也不希望他们听到我的声音，不过我还是拨了乔治的电话，闭上眼睛，祈祷他会接电话，祈祷坏事不要发生。

“喂？”他迷迷糊糊地说。

“乔治，是我，我遇到麻烦了。我家门口有几个人，他们想冲进来，你得帮帮我。”我压低声音急切地说。

他一下就清醒过来，说：“我五分钟就到。”

*五分钟。*希望这能来得及。我发现自己的手开始不听使唤，我用颤抖、汗湿的手指在手机里翻找一位当地警察的电话，肯尼迪跟他打过招呼，请他照顾我。我从没联系过他，因此我给他发了一条不通顺的短信：*我是肯尼迪一起的杰西卡我有危险救救我。*

我听到外面有激烈的低语声，他们放慢动作，尽量不发出声音，突然，什么声音都没了。大门“嘎吱”响了一声，门打开了，听起来他们已经到了院子里，随时都会来到我家门口。我吓呆了。我不知道外面有几个人，但是用不了多久他们就会想办法进来的——厕所里的小窗户在我脑海里一闪而过。

我不想死——身边没有肯尼迪，在这里我只身一人。我很害怕，此刻我的脆弱和无助，与世界上无数女人一样——因为我们是女人。但此前，我根本想象不到这种巨大的恐惧感和无力感。

我很少向上帝祈祷，但现在我疯狂地重复着：*上帝啊，请你听我说，如果你能保护我，我保证一定会报答你的。*

有人在用身体撞我家的大门，我知道他们随时都可能冲进来，而卧室的门很容易被撞开。

突然，我听到一阵喊叫声，虽然我看不到发生了什么，但是听起来外面一片忙乱。我听到跑下去的脚步声，又听到有人上楼的脚步声，接着手机响了——是乔治。

“给我开门。”乔治气喘吁吁地说。

我深吸了一口气，满心感激，跑到门口打开了锁。乔治站在门外，楼下还站着五个男人，恭敬地等着他。

乔治高大、强壮，至少有一米八二。他高高的额头、坚毅的面容，很少流露出感情。我从未像此刻一样觉得与他如此亲近。

“好险，”他说，“朱里尤斯去追他们，但是他们跑了，一共四个人。”

我打了个寒战：“谢谢你，乔治，谢谢——”

几个月过去，人们见到我时，跟我打招呼的次数越来越多，他们叫我“舍玛吉（shemaji）”，意思是“这里的女儿”或者“弟媳妇”。今天，我感到这里成了我的家。几个学生跑过我的身边，她们红蓝相间的鲜艳校服在灰褐色的基贝拉显得格外耀眼。

罗宾转过来招招手，说：“嗨，杰茜。”

“嗨，罗宾。”想起她最新的壮举，我还是直摇头。

上周，还在上学前班的罗宾，组织了一场静坐示威。她叫全班同学都坐在教室的地上，不要回家。

学前班的老师茱莉亚来走廊里面的办公室找我。

“杰茜，”她边摇头边说，“这些女孩在静坐抗议。她们现在才上学前班，等着看吧，看她们长大以后会成什么样。”

“抗议？为什么？”我问。

“她们只是不想回家。”

“有没有领头的孩子？她们都干吗了？想要谈判吗？”

“罗宾。领头的绝对是罗宾。”茱莉亚又摇摇头。

罗宾只有六岁，但她已经是个组织者了。

我们让她坐好，然后跟她解释，我们也希望她能留在学校里，但是如果她不回家，爸爸妈妈会想她，不论谁的父母都会这样。最后，在一番复杂的谈判之后，她同意了。

看着她鲜艳的红色校服消失在街角，我不禁摇摇头：这么短的时间里，这些女孩们就已经如此大胆自信，充满力量。

在回家的路上，我看到了普莉斯拉的妈妈。她面带愁容地朝我跑过来。

“杰茜，你能跟我来吗？”她用斯瓦希里语对我说。

“当然可以，去哪儿？”我说。

“家里。”她抓起我的手，拉着我走在街上。她走得很快，我跌跌撞撞地跟着。我们走进一条狭窄的巷子里。她推开家里破破烂烂的木门。

普莉斯拉躺在沙发上，熟睡着。

“她病了，很严重。”普莉斯拉妈妈说。

我把手放在这个小姑娘的额头上。她的额头滚烫。

“请坐。”普莉斯拉妈妈说。

我坐下了，敏锐地感到了情况的严重性，这让我有些不知所措。

“你知不知道她得了什么病？”我问。

她点点头：“她是阳性的。”HIV 病毒阳性。

普莉斯拉的嘴唇肿了，看起来像是长了唇疮疹。她在大量地出汗。

“你给她喝水了吗？”我问。

普莉斯拉妈妈点点头，说：“但是她不喝。她除了吐，就是睡觉，一直吐、睡。我今天都没法送她去上学。”

“咱们明天早上第一件事，就是带她去诊所。”我说。我和普莉斯拉妈妈静静地坐在一起，看着普莉斯拉虚弱的样子，担心得不得了。

诊所的医生说，普莉斯拉的CD4细胞[①]计数非常低，只有340，而她的病毒载量特别高。他们告诉普莉斯拉妈妈，普莉斯拉现在不光有HIV病毒，她得了艾滋病。

普莉斯拉一直在咳嗽，医生给她做了胸透。医生出来后摇摇头，普莉斯拉妈妈紧紧抓住床单，准备接受坏消息。

“肺结核，”医生说，“她有肺结核。”

普莉斯拉要吃抗逆转录病毒药物，简称ARV。他们让我们转去附近的一家小医院，这家医院里的人很不友好，我们走进去时，根本没人看我们一眼。普莉斯拉妈妈害怕地紧握着我的手。一个护士出来，说他们很忙，让我们几小时后再来。我们看着普莉斯拉，她的目光呆滞，浑身滚烫，大汗淋漓。

我想起普莉斯拉来面试的那天，她跟我玩藏猫猫的样子。

普莉斯拉妈妈摇摇头说：“求你了，我女儿病得很重。”

“过会儿再来。”护士说。没办法，普莉斯拉妈妈抱着女儿，我们走出了医院。

我们坐在一家小店里喝着冰镇汽水，普莉斯拉妈妈给我讲了她的故事。

“我们是个一夫多妻制的家庭，但是我一个人住。我第一次来内罗毕的时候住在我姑妈家，帮她在基维卡那卖水果。在那里，我认

---

① 人体免疫系统的一种重要免疫细胞。

识了普莉斯拉的爸爸，他告诉我他还没结婚，是单身。”

“三个月后，”她边摇头边说，“我发现他有老婆，还有三个孩子，但是那时我已经怀孕了。我没办法，也没地方可去。我家没钱让我上学，八年级我就辍学了。只有我姑妈愿意帮助我，但是我怀孕后，她也不管我了，说我得靠自己了。我在基贝拉生下了普莉斯拉，然后我丈夫就把我们送到乡下去了。他不想管我们。”

“后来，普莉斯拉病得很厉害，我丈夫说他会把我们接回来，但是他又反悔了。我只能靠给别人挖地干苦力养活自己。我存钱买了车票，把普莉斯拉带回内罗毕，因为我不知道她的病是什么。”

我点点头，不知道她愿不愿意继续说，但是她继续说了下去，想要与人倾诉。

“回来后，我在一个朋友那儿住了三个月。”普莉斯拉妈妈说，“她给我介绍了一份卖水果的工作。我花了很久存了一千先令，然后我搬进了现在的家，你去过那里。那是**我的房子**，不是他的。”她向我强调。

“2007 年 12 月，我知道了我的病。”她继续说，“普莉斯拉当时两岁半，她经常生病，我带她去了医院。医生说我们都是阳性。从医院出来时，我满脑子都在想给她吃毒药，我觉得带着她我就活不下去了。一位顾问建议我去一个儿童的 HIV 小组。杰茜，在那里我看到了很多阳性的孩子。我想，没关系的，我的孩子也会长大。

“2008 年，我又怀孕了，2009 年生下了孩子。我以为这个孩子也会是阳性的，但是我儿子是阴性的。2009 年生完孩子后，我看到了女子学校的海报。我记得那一天，我带着普莉斯拉去奥林匹克，她通过了考试。我和几个邻居一起去的，她们的孩子都没考上。普莉斯拉迷路了，她是最后一个从学校走的。”

我点点头：“我记得。”

“我丈夫是阳性，他的另一个妻子也是。你简直没法想象，他从不负任何责任。有时候我在路上碰到他，他从不会给我一分钱买吃的，我只好去给别人洗衣服赚钱。最近，他又有了一个老婆。他从来都没有钱，他的老婆要拼命赚钱养活孩子。如果他看到你在家做饭，他就会留下来。有一次，他狠狠地打了我一顿，我的眼睛都肿了。那天早上他来我家，我正在洗衣服。我忘了洗他的背心，他问我洗了没有，我说我忘了，他就开始打我。后来我去了医院，医生给我开了涂眼睛的药膏。

“还有一次他打我，因为他半夜来敲门，我没听到。他说：‘这个房子是我的，我想来就来。’”她摇摇头，“他说这话的时候，我就在想，我辛辛苦苦存了一千先令，给自己和孩子找到了房子住。我是养家糊口的人，我付房租，给孩子交学费、买衣服。”

我们慢慢地走回了诊所。她告诉我，她精通裁缝，但是没有做生意的本钱。

普莉斯拉妈妈带女儿进去看病，我坐在外面等她们。她出来时，一脸绝望。我问她怎么样。

“他们说我现在得同意普莉斯拉一辈子都得靠 ARV 治疗，每天早上和晚上各一次。”

我点点头，看着普莉斯拉，她病得太严重了。我们别无选择。

两周后，普莉斯拉还是没有好转，总是呕吐和昏睡。每天早上在学校，普莉斯拉一吃完粥，我们就给她服药。ARV 药效太强，几乎带有毒性，必须和食物一起吸收。家里没钱没吃的，所以她只在学校里吃饭。

我每晚给肯尼迪打电话，告诉他最新的情况。他也很担心，搞不懂为什么普莉斯拉吃了药也没有好转。幸好，他快回来了。我害怕的时候总是不知所措。

暑假，肯尼迪回来修建我们的卫生院。独自在这里待了这么久，再见到他，感觉有些陌生，又激动不已。我们只分开了几个月，但是我觉得我们像是分开了一辈子。第一次见面时，我们在基贝拉的大路上拥抱，他吻了我，周围所有人都盯着我们看。他不在乎，又吻了我一次。在这里，站在他身边，他的光芒投射到我的身上，令我也显得引人注目起来。我们一起走向学校时，很多人对肯尼迪喊着“Telo”，在卢奥语里的意思是“领袖”。有他在，这个地方就变得完整了。

做卫生院的前期准备工作时，每一天都极为忙碌。肯尼迪找到了一位很棒的医生，他帮我们落实了所有的计划，明确了我们提供的医疗服务，在卫生部登记，找到了买实验室设备的厂家，确定了需要的药品，并招到了我们能找到的最好的员工。

我们从当地居民的就医经历中了解到了许多细节信息。人们在就医时，隐私得不到尊重，毫无尊严可言。他们常常得在诊所等待好几个小时，却没人告诉他们得了什么病。有时候，病人会死在候诊室里，SHOFCO 的一位年轻人就是这样。他被大家亲切地叫作“议员”。“议员”是 SHOFCO 的首批足球队员之一，死的时候只是个少年。

我记得肯尼迪给我讲过他是怎么去世的。

“他们到政府医院时，‘议员’已经奄奄一息了。”肯尼迪悲伤地说，“他爸爸求护士赶紧带他去见医生，但是护士坚持让他爸爸先交钱。在肯尼亚的医院，就算是急诊，也得先交钱，拿到收据才能看病。他爸爸求护士说：‘求你了，我有钱。’他甚至把钱掏出来给护士看，求她救救儿子。她拒绝了，他只好冲去交钱。交钱时他排队等了一会儿，拿着收据回来时，儿子已经死了。”

这样毫无意义的损失和不必要的残忍令我愤怒不已。我想起肯尼迪跟我说这件事时的沉重叹息，还有他痛苦和愤怒的泪水。

他的痛苦令我想起，我从没见过一个人死去，也从没想过在没有任何仪式的情况下，一切就会这么结束。我花了很久才振作起来。我忍不住地想，我从没有见过生活的这一面，但是它一直都是存在的。“议员”死了，没有人去救他，没有人为他的生命挺身而出。他的死就这么被人们所接受，甚至是在人们的预料之中。在我的生活里，我知道自己会活下去，而他们却要做好随时死去的准备。对所有人来说，这个世界的规则并不一样。

我也想起普莉斯拉看病的经历。我们在基贝拉的医院时，医生当着满满一候诊室的病人的面，说出了普莉斯拉的 HIV 化验结果。我看到她妈妈的脸一下就红了。医生压根儿没想过，当众宣布此事对普莉斯拉和她妈妈来说意味着什么。

我们在做第二批学生的招生宣传。学校建立的第一年里，远近的人们都知道了这个地方跟传统的肯尼亚学校很不一样——有食物，有校服，有出色的教育。我们的孩子们用英语闲聊，她们的词汇量令我惊奇。我很喜欢在一旁听她们聊天，也很爱看她们学习阅读时高兴的样子。查宾学校持续地派老师来培训我们的老师，我们的课程越来越丰富。女孩们和老师们若无其事地讨论着像“元认知”[①]这样的文学策略。我走进一个二年级的教室，听到我们的孩子们在讨论如何写出生动有趣的句子，还有各种各样的写作技巧，比如“展现，而不是说”[②]、排比和比喻。茱莉亚是我们第一批老师中的其中一位，她的学前班的学生们在科学考试中的最低分是 88 分，而考试的难度跟公立学校三年级的试卷差不多。我们的第一批学生第一次参加政府组织的学区考试时，她们的成绩在全区排第一名，高出平均分五十个百分点。我们惊讶得直摇头。这些女孩们热爱学习，她们就像海绵一样，吸收所有的知识。周末时，她们总是待在图书馆里。

---

① 元认知：个体关于自己的认知过程的知识和调节这些过程的能力。元认知策略是一种典型的学习策略，指学生对自己的认知过程及结果的有效监视及控制的策略。元认知策略控制着信息的流程，监控和指导认知过程的进行，包括计划策略、监控策略（注意策略）和调节策略。

② “Show, don't tell”，让读者自己从文字的描述中体验故事中的含义和情感，而不是被动地接受作者直白的描述和陈述。

她们的决心和对这个机会的珍视都溢于言表。

肯尼迪身上仿佛带着自然的力量。他每天都很早起床，冲去学校，忙活卫生院的事情。

一天，在去学校的路上，我看到了一个巨大的施工项目。我打电话给肯尼迪。

“嗨，肯，有人在盖一座好大的房子，在去学校的半路上。”

“对，那是我们的社区中心。”

“我们的什么？”我说。

“我们的社区中心。他们昨天开工的。”他轻描淡写地说，“你记得我卫斯理的室友耶尔吧，她的家人给我们捐款来盖这个。我都不敢相信，我从没见过她爸爸迈特，但是他给我们捐了两次款了。这些人真的太好了。”他接着说。

“肯尼迪，这种事我们得提前计划好！”我叫起来——既惊讶，又感动，还有些恼怒。

“我们……以后再计划。”他表示同意。

开办卫生院的准备工作正在进行之中，一批来自公益组织“肯尼亚的美国朋友”的志愿者医生给全校的孩子们做了体检。他们发现一年级的一个女孩安妮特被强奸过。他们把我和肯尼迪叫进一间小办公室，给我们讲了情况。肯尼迪一脸绝望，我握住他的手，实在难以想象这种事会发生在我们的小女孩们身上。

“我要跟她妈妈谈一谈。”肯尼迪说。

他给安妮特妈妈打电话，她来到了学校。刚开始，她不愿说话，最后她说安妮特十一岁的哥哥和安妮特睡在一张床上。安妮特不明白发生了什么，只是说她哥哥把她弄得很疼。

安妮特的爸爸在选举暴乱中死了，她妈妈每天都在外面找活儿干，没时间照看孩子们。这位母亲虽然很难过，但是她已经逆来顺受了。

她走后，我对肯尼迪说：“我们得管一管这种事。我们需要给安妮特这样的孩子们找个地方住，他们在自己家里都不安全。”

肯尼迪没说话。看得出来，他很气愤。

“我受够了，真的受够了。就算你做了那么多，你还是阻止不了这种事，你还是没法保护她们。”他说。

他深吸了一口气。

“但是你说得对，杰西，我们得做些什么。我们要让基贝拉的所有人团结起来，阻止这种事情发生。我要让每一个人、每个男人、每个女人、每个孩子都知道，这个诊所——”他指向学校外面的工地，他劝服了那里的二十家人搬走，一座建筑正在有序地建起来，“就是为了这些女孩建的，女孩子是无价之宝。”

体检后我们得知，很多学生都曾被强奸或者遭到虐待。这些女孩们生活在如此可怕的环境里，她们急需一个安全的地方，这是一个不可忽视的问题。如果她们一直生活在危险之中，她们该怎么完成学业，又怎么能从教育中受益？我们五岁的学生莫林，她爸爸在竞选后的暴乱中被杀死，她妈妈因此发疯了，经常把她割伤，一个邻居每天早上都强奸她。她吓破了胆，小便失禁，医生查出她长了瘘管。

还有艾娃，她刚出生不久就被妈妈扔到了垃圾堆，被她的外婆救起。最后外婆也抛弃了她，把她留给只有十六岁的姨姨，这个姨姨经常打她、虐待她，赶她到街上睡觉。还有麦克拉，她妈妈谋生的唯一方法就是在家里酿造*查加*[①]。每天晚上，麦克拉家里都挤满了来喝酒的男人，麦克拉经常遭到侵犯。她的妈妈只能以泪洗面，但是她没有任何其他方法来赚钱养家。

孩子们把她们在家里的遭遇告诉老师，老师们来找我和肯尼迪，问我们应该怎么办，一开始我们也没有答案，后来我们忍无可忍了。

我们决定给她们提供一个安全的家。

肯尼迪联系了鲍勃·帕特西里，鲍勃和玛格丽特同意捐款成立“玛格丽特安全之家”，给那些没有安全住所的女孩提供寄宿。最后我们在奥林匹克找到了一个空房子，这个地方有点远，但在有大门的小区里找到房子确实不容易。

安全之家接受短期和长期借宿，还有一位社会福利工作者会全天住在这里，作为监护妈妈。

第一批住进安全之家的女孩都对房子的二楼很感兴趣，因为她们从没去过“二楼”。她们把这个房子叫作塔楼，看着她们兴奋地站

① 查加（changaa）：一种用谷物酿造的烈酒，在肯尼亚贫民窟很受欢迎。为了加快发酵，酿酒时常常掺入有毒的化学物质，喝私酿的查加酒可致人失明甚至死亡。

在二楼窗户边看着下面的街道，我也打心底里高兴——这是以前无法想象的一种快乐。

一天早上五点半，乔治在学校门口被奥提诺拦住，他的女儿朱莉是我们学校年龄最小的孩子，大家都叫他朱莉爸爸。朱莉爸爸一夜没睡，等着学校开门。

他告诉乔治，他的女儿朱莉被性侵犯了。她只有四岁半，在学校里大家都叫她小朱莉。她的脸蛋圆鼓鼓的，总是带着灿烂的微笑，还有两个小酒窝。朱莉爸爸的眼睛里满是担忧，女儿的遭遇令他无比愤怒、无比沮丧。我们的社会福利工作者和志愿者在医院里陪着朱莉的家人，我们在调查这件事。朱莉被送去了内罗毕医院，接受手术治疗。

我完全不能相信这件事。四岁半的孩子，被严重性侵后正在做手术。医生说："严格地说，她没有被强奸。"朱莉爸爸听完转身就走。施暴者是个十八岁的青年，用的是他的指头。朱莉爸爸一拳砸在自己手上，喊道："那是一样的！"

朱莉在医院住了九天。乔治组织全校的孩子们坐车去看望她，她们排好队，一个个走到她的床边。

我们去警察局报警，但是想要报警非常麻烦。他们告诉朱莉爸爸、乔治和我，我们得有医生写的证明。朱莉爸爸去找医生，但是他们拒绝给他医疗证明。

"贪污。"他摇摇头说。

我和乔治每天都去警察局。

我们和朱莉的家人一起整理出了所有的证据，但是这个案子仍然没有进展。朱莉爸爸经常气喘吁吁地来见我们——他得从建筑工地走一个半小时才能回来。最后这个青年被逮捕了。我和朱莉妈妈在警察局门口的草地上坐了好几天，监督这件事。她不太说话，眼睛一直盯着我们对面的一小片草坪，那个青年的家人也坐在那里。我们害怕如果我们走了，他的家人就能向警察成功行贿，把他捞出来。警察局进进出出的人们都奇怪地看着我，但是几天后就没人注意我了，我们现在成为这里固定的风景，成为这个腐败系统的证明。

我们的努力根本没用。几周后，他就被保释释放了。一辆旧车就足以让他获得自由。

朱莉爸爸问我和乔治能不能见个面。

“我想成立一个委员会，让其他父母不再经历我经受的东西。如果没有你们，”他看着我和乔治，“我可能已经放弃了。但现在，为了朱莉，我永远都不会放弃。”

我们把社区的领导者们组织在一起，大家决定成立 SHOFCO 性别发展委员会。这些社区领导者和长者们来自基贝拉的各个村落。其中一位叫艾迪塔，她美丽、刚强、快人快语。在儿童时期和少女时期，她都遭受过性侵，因此她决心要阻止基贝拉频频发生的性侵，即便绝大多数的受害者不会报警。每天，她都挨家挨户地走访，听人们倾诉发生了什么。委员会成员向人们宣传，像朱莉这样的案子可以报告给他们，他们会尽力支持受害者，受害者不可避免地要面对医疗和法律上的困境，每一步他们都会提供帮助。人们开始向委员会报告，慢慢地，这些案件能够到法院审理了。艾迪塔还培训年轻人宣传计划生育。她说：“当我们打破沉默，我们就阻止了暴力。”她说得没错。

普莉斯拉的病情还是没有好转。这次我和普莉斯拉妈妈去医院拿药时，我们还要问医生要普莉斯拉的医疗记录。普莉斯拉妈妈不知道向医院要女儿的医疗记录还有要求转院都是她的权利。

我们走进办公室，说出我们的要求，但是态度冷淡的医生不肯把普莉斯拉的记录给我们。

我说：“不好意思，但是她是家长，她有权利拿到自己孩子的医疗信息。她想让孩子转院。”

医生摇摇头说：“我们不能把记录调出来，也不能让她转院。”

她没有说为什么，可能只是因为懒。普莉斯拉妈妈很穷，医生就觉得把她打发走也没关系。

他们把普莉斯拉的药开给我们——奈韦拉平、齐多夫定和拉米夫定。普莉斯拉妈妈把药装在棕色小包里带给肯尼迪。他打了几个电话。一小时后，一个年轻人来了，说：“我想找肯。”肯尼迪和乔治把棕色小包给他，他就走了。

“他是谁？”

“一个朋友，”肯尼迪说，“他在实验室工作，他要把这些药带去化验一下。我有种感觉，其中一种药不是真的。”

“不是真的？”

“经常有传闻说我们打的疫苗不是真的。我不相信，但是我相信有时候人们不按规则办事。”

我开始觉得，我们是在某种医疗恐怖中。一个医生怎么能给一个生病的孩子假药呢？我想起普莉斯拉不停地咳咳咳，昏睡，呕吐。第二天，我正在办公室里看老师的教案，肯尼迪来了。

“我就跟你说吧，”他说，把手机扔在桌子上，“在这里根本没人在乎死活的。一个帮助抑制 TB 的药不是真药。”

肯尼迪和普莉斯拉妈妈去医院要求转院。没有转院信，新医院就不会给你开 ARV 药物。肯尼迪坚持要求医院开转院信，直到医院把信给他。在新医院，他们给普莉斯拉换了几种药，几周后，普莉斯拉就不再那么虚弱了。

我们自己的 SHOFCO 卫生院明天开业。这段时间，施工夜以继日地进行着，但是和往常一样，项目的进展落后于计划的时间。虽然我们只能勉强按时准备好各项工作，但是我还是坚持卫生院要在服务中加上 HIV 护理，即便这会加大我们的工作量。肯尼迪很激动，因为昨天他和乔治终于从卫生部请来了一位工作人员，来视察我们的卫生院，这样我们才能拿到许可证。

“没人想来基贝拉，他们都害怕这里。”他摇摇头说。

我一直觉得很惊讶的是，真正走进过基贝拉的肯尼亚人少之又少，这说明肯尼亚的上中层社会和住在这里的人们之间存在着巨大的鸿沟。肯尼迪找了一辆出租车去接地区卫生官员，说如果她不来，他就一直等下去。不知怎么地，他的个人魅力起了作用，我们的许可证得到了批准。

卫生院外面刷成了亮蓝色和亮粉色，我们把它命名为“约翰娜·贾斯汀－金妮可纪念卫生院”，以纪念在卫斯理校园里不幸遭遇枪杀的一位同学。约翰娜的梦想是在女性公共卫生领域工作，以她的名字命名这所卫生院，仿佛她的梦想在这里得到了延续，这让我们觉得很安慰。约翰娜在卫斯理的朋友利亚和阿里，和其他志愿者英斯利、伊拉娜和凯拉，在他们的共同努力下，这座卫生院从无到有，从梦想变为现实。另外，由临床医生、护士、实验室技术员组成的专家小组和我们聘请的社区卫生工作人员给我们提供了可贵的帮助。我们现在有好几箱药物，几件珍贵的实验室器材，还有由社区成员组成的委员会，他们参与了卫生院方方面面的规划。我们在盖卫生院的同时，还修建了一些公共卫生间。纽曼基金会的资助使得建立卫生院的想法成为可能，因此我们用保罗·纽曼的名字给公共卫生间命名。基金会对我们的成果十分赞赏，表示继续捐款支持机构的整体工作。鲍勃·弗雷斯特笑着说，保罗·纽曼会很喜欢自己的名字出现在卫生间上面的。

我把学到的关于健康和卫生的细节告诉肯尼迪。他开心地说：“这就是我擅长的事，找到最厉害的人，真正懂卫生和教育的人，然后把他们聚在一起。这些人才是真正把事情做成的人。”

我爱肯尼迪的这一点：他乐意与他人分享和合作，找到一群优秀的人，请他们一起完成一件事。我们召集了一群专业的肯尼亚人为卫生院提供最高质量的服务。SHOFCO 的员工既有来自基贝拉的当地人，也有来自内罗毕的出色的医生和护士，他们每天乘坐公交来到基贝拉。肯尼迪开玩笑说，这是“颠倒”的上班路程。

卫生院建成后，肯尼迪回到了卫斯理，留给我两项重大任务：修建一个提供清洁水源的牢固的设备，发起大型的经济扶持项目。这些项目都亟须开展，幸亏有几家基金会和很多好心人慷慨解囊，给我们提供了一笔笔大大小小的善款。我每天都勤奋地工作着，确保所有细节的实施，并时常向乔治、肯尼迪的家人、了不起的当地员工，还有乔迪恩寻求帮助，我觉得自己越来越需要他们的支持。乔迪恩是一位来做志愿者的美国人，看到我们有无数的工作，急需人手，因此决定留下来。乔迪恩专注于评估 SHOFCO 各类项目的影响力，并设计创造性的体系，帮助项目继续发展。我们由合作关系很快变成了朋友，对我来说，在没有肯尼迪的肯尼亚，这样的友谊带给我持续的鼓舞，让我很安心——对我们的组织来说也大有益处。我真正地感觉到，我在肯尼亚有自己的家，有自己的社区。除此之外，我每天都可以看到我们的工作成果：来卫生院看病的病人川流不息，学校里的女孩们越来越优秀。

乔迪恩在学校里教美术课，一天做美丽的混凝纸浆面具，一天又把意大利面涂上颜色，做成项链。孩子们周末回家了，回学校后项链只剩下绳子，意大利面不见了。乔迪恩得知，周末她们太饿了，所以把带着颜料的意大利面吃掉了。这给我和乔迪恩带来了很大的震动——她们每天都面对着现实的需求。在给孩子们教课以外，乔迪恩想出了一个办法，给参加我们项目的每一个人发一张有条码的身份证，每上一次学、每看一次病都要扫描一下身份证，这样我们就能实时记录他们参与项目的情况。身份证里有每个家庭的初始社会经济地位信息，这样我们就能看出，他们参与我们的项目之后受到了怎样的影响。肯尼迪意识到，因为基贝拉有正规身份证的人实在太少，所以 SHOFCO 的身份证不仅是一个跟进项目的方法，还会让人们觉得很自豪。

二年级的社会课有一个单元是“社区”，老师带着孩子们去基贝拉社区做实地调查，我跟着她们一起去了。孩子们要在图上标出社区的所有组成部分：商店、住宅，还有宗教场所。今天，她们采访了一位开小商店的店主，他的店算是这里的一个小便利店。一个女孩举手提问：“你好，先生，请问你是从哪里得到启动资金的？”我和茱莉亚老师惊讶得面面相觑。我对孩子们现在的水平十分钦佩，忍不住想起一年前，“启动资金”对我来说都是一个新概念。每天当我走在去 SHOFCO 的路上，我都能看到已经发生的变化，还有以后将要实现的种种计划。SHOFCO 从一个价格二十分的足球开始，已经取得了长足的发展，但是如果没有那个足球，后面的一切都不会发生。

Chapter 18

杰茜卡和肯尼迪

杰茜卡

“我想带你去个地方。”圣诞节前一周的一天早上，肯早早地把我叫醒了。卫斯理放寒假了，他回到了肯尼亚，推动我们的净水计划。如果人们没有洁净的饮用水，那么卫生院起到的作用就会大打折扣。

“别回美国了，”我迷迷糊糊地说，“在这儿陪着我。太难了。你不在的时候，我太想你了。”

“收拾行李。”他说。

“干吗？”

“咱们去海边玩。”他说。

“海边？！”

肯尼迪从来不休假。他从不停止向前走的脚步，也不喜欢暂停他的工作。我们一起马不停蹄地修建净水的设施，其中最大的一个水缸蓄水量可达十万升，是基贝拉最大的水源供应。上周，我和乔迪恩目瞪口呆地听着肯尼迪和乔治讲述，他们是怎么把比大众“甲壳虫”车还大的、容量一万升的塑料桶在基贝拉一排排的屋顶上滚着走的。

“对，咱们去海边吧，”他说，“我们应该放个假，单独待在一起。”

这正是我想听到的话。自从他回来后，我都没怎么见到他——他需要做的事情太多了。在我反应过来之前，他就又要走了。每次他回来，又急匆匆地走，就好像我找到了我的双脚，却又丢失了它们一样。

我们从内罗毕市区坐夜班车来到了蒙巴萨。我们住的是最便宜的旅馆，住在迪亚尼海滩的树屋里。树屋设施简易，但是风景优美，走路去海边只需十分钟。我们在那里读书，聊天，聊我们对SHOFCO的设想，聊他独自在卫斯理的生活，还有我独自在肯尼亚的生活。

在海边的每一天都是炎热而慵懒的。我们光着脚在沙滩上散步，让沙子钻进脚趾之间，享受着我们的二人世界。在蒙巴萨的阳光下，我卸下了肩上的重任，彻底放松下来，这才意识到肯尼迪不在的时候，我面临着多么大的压力。我操心所有的事情，不能浪费我们共同愿景的巨大潜力。

一天清晨，我们手拉手走在沙滩上。大海清澈湛蓝，温柔平静。突然，肯尼迪松开了我的手，单膝跪地。我的心漏跳了一拍。他拿出一张贺卡。

“打开它。”

我的心怦怦地跳着，像是快要爆炸了一样。

亲爱的杰茜卡，你是我生命中的挚爱。今天是我最重要的日子之一。你愿意嫁给我吗？肯尼迪。

贺卡里粘着一枚戒指。

“我愿意，”我说。我蹲下去亲吻他，把贺卡紧紧贴在胸口，然后把他拉向我，“我愿意。”

他把戒指戴在我的手上。

肯尼迪

我以为这封邮件是诈骗邮件，删除之前，我给杰茜卡看了一眼。

这是一封来自克林顿全球行动计划的邀请信，而且是真的。美国前总统怎么可能邀请一个贫民窟小子、一个大三学生参与他的座谈会？

比尔·克林顿在 1993 年成为美利坚合众国的总统。在同一年里，营养不良的我差点死于疟疾。1993 年，我家正挣扎在生死线上。为了生存，我妈妈每天都在贫民窟里找临时的活儿干，我只能从早到晚一个人待在家里。我总是饿着肚子生着病，但是家里没钱喂饱我，更没钱给我看病。

一个在贫民窟里挣扎着活下来的小男孩永远也想不到，他有一天能见到克林顿总统。那时我连上学都不敢想。

和我一起在克林顿全球行动计划大学活动中同台的，还有屡获殊荣的演员肖恩·潘。肖恩·潘在1995年的电影《死囚漫步》中担任主演。就在那一年，我开始在街上流浪。我加入了街头帮派，瑟瑟发抖地睡在路边，为了填饱肚子而偷食物。

我感到自己与克林顿总统有相似之处。他的爸爸在他出生前就去世了，他的继父虐待他们一家。克林顿也出身贫穷，是家里的第一个大学生。他慷慨善良，与他交谈时，我感觉他能完全理解我。

与克林顿和肖恩·潘一起坐在台上就像是做梦一般，刚开始我很紧张。我知道现在是肯尼亚的凌晨四点，但是利兹、乔治和杰西卡正在看活动直播。我不想让他们失望，他们在千里之外的观看也给了我很大鼓舞。不一会儿，我开始讲话，一个黑皮肤的贫民窟男孩开始讲述自己的故事。我甚至越来越兴奋，在克林顿总统致闭幕辞的时候，我不假思索地说："总统先生，我可以再说两句吗？"他看着我，眼里闪过一丝不悦，但是他又微笑着把话筒递给我，说："好吧，请肯尼迪来做最后的总结。"活动结束后，杰西卡打电话告诉我，我妹妹利兹看到我竟敢打断前总统讲话，她吓坏了，大叫起来："天哪，那些人会觉得我们从来没教过他规矩！"

后来在大会上，一位演讲者讲了一个非洲农村的女孩的故事，她十五岁就怀孕，生下了孩子，一直活在痛苦和丈夫的虐待中。我忍不住想起了我的妈妈。

“你肯定很了解他说的事情。”一位看起来很有地位的、穿着蓝色套装的女士对我说。在那一刻，我同时感到了两种强烈的感觉。我，肯尼迪·欧戴德，出身贫寒，在非洲最大的贫民窟里饱受煎熬，现在终于出人头地了。我低头看着我的姓名牌，上面写着“克林顿全球行动计划成员”。我的晚宴座位上准确无误地标着肯尼迪·欧戴德，和我坐在一桌的人们都想和我交谈。现在，我已经进入这个圈子了。但是我也感觉到，在某些方面，我永远都是圈外人。

明天我会给妈妈打电话，告诉她我今天见到和交谈的人们，而她一个都不认识。她还会和往常一样，在我勉强凑钱租下的小屋里入睡。那天晚上我睡不着觉，我忍不住地想，我既属于基贝拉的世界，也属于克林顿全球行动计划的世界，但是最终我并不属于任何一个世界——或者，我也许以一种奇怪的方式同时属于这两个世界。

杰茜卡

看着肯尼迪穿着鲜艳的红色毕业帽和学士服走上楼梯，走向礼堂的讲台，我屏住了呼吸。看得出来，他很紧张。此刻，我百感交集，激动得说不出话来。我想起了今早听到的歌，阿肯的《晴朗的日子》，这句歌词一直在我的脑海里循环：*有谁会想到，我能看到这一天。*

希拉里坐在我右边，喜不自胜地看着他的大哥哥。他现在完全跟我俩在一起生活，这是他第一次来美国。

“肯现在要去当律师了？”他问我。

“不是，”我摇摇头说，“肯尼迪要去改变世界。”

利兹和乔治也在这里，和我们一起分享这一刻。乔治满面笑容。昨天，他给 SHOFCO 的卫斯理团队做了演讲，讲的是来自卫斯理的支持对基贝拉来说有多么重要。我从没见过乔治在公共场合演讲，他的表现太出色了。

肯尼迪开始讲话了，在他和大家分享这不可思议的时刻之时，我看到每个人都深受感动。

“今天，我作为第一批来自非洲贫民窟的美国精英大学毕业生，站在大家面前。从小到大，我从来没想过有一天我能站在这里。

“对我来说，卫斯理就是**希望**。

“2012 届的全体同学，你们，还有我在卫斯理度过的时光，永远改变了我。

“我在基贝拉长大。我家里有八个孩子，我是老大。我家买不起吃的，更不用说学费了。在基贝拉，我梦想着很多东西：食物、干净的饮用水、躲避暴力的安全之地，还有从围绕着我的压迫中解脱出来。

“今天，我想告诉大家三个关于希望的故事。

“在我七岁时，一天大清早，我和妈妈就带着三美元出发了，我们花了好几个月才存下来这些钱。我母亲想送我去贫民窟里的一所非正规学校上学。我们走在基贝拉的路上，我不停地说着，我要学会认字，长大后当老师或者医生。妈妈温和地告诉我，先不要抱太大的希望。到学校后，我高兴得合不拢嘴，为我的美好未来而激动不已。校长告诉我们，虽然他们还在招生，但是学费是每个月五美元——不是三美元。我妈妈，一个自尊心很强的女人，不停地乞求校长，但是没用。我们离开时，我看到穿着鲜艳校服的孩子们在校园里玩耍，我低头看看自己破旧的衣服，眼泪夺眶而出。

“我太想成为他们中的一员了，我看到机会就在我眼前，但是知道我就是得不到它。

“妈妈对我说，她很抱歉，她已经尽力了。爱给了我们希望，我们在座的所有人，没有哪位是只靠自己走到今天的。在我们的人生中，许多人给了我们爱和帮助，我们反过来也把爱和希望传递给这个世界。今天，我的弟弟妹妹和我最好的朋友都从基贝拉来到这里，和我们一起庆祝，我想在这里感谢他们，谢谢他们陪伴我走过我的人生之路。

“我的第二个故事。十八岁的时候，我在一家工厂工作。早上七点上班，下午五点下班，上下班各要走两个小时的路。我付不起十五分的车费。我干的是危险的苦力活，每天挣一美元。有一天我突然意识到，我这辈子就只能这样下去了。

“一天晚上，我回到贫民窟，惊恐地发现我的朋友卡尔文上吊了，他受够了这样的生活——活在无法摆脱的贫困之中，生活唯一的目标就是挣扎着活下去。

“那一刻改变了我。我不想浪费自己的生命。我拿着工作存下来的二十分钱，买了一个足球，在基贝拉发起了一场运动——呼吁年轻人为社会正义而奋斗。在这场运动蓬勃发展时，我遇到了一个来内罗毕交换的卫斯理留学生。

“她告诉我，我应该申请一所学校，而我根本没听说过这所学校。我不知道会发生什么，就直接回答‘**好的**’。我获得了鲍勃·帕特西里与玛格丽特·帕特西里奖学金。我妈妈舍不得我走，我就把卫斯理的奖学金转换成买牛钱，告诉她这笔钱能买到的牛的数量。大家可以想象，这笔钱能买好多好多牛。然后，她几乎是拎着我，把我放到了飞机上。

“刚来卫斯理的时候，我完全是蒙的。幸运的是，我在新生入学培训遇见了你们。

“我不会用打印机，不会用淋浴器，也不明白钱怎么能存进一个叫校园卡的小塑料片里。上课的第一周，我每天都从教室冲向食堂，想要排在最前面打饭。后来我才知道，在这里食物永远不会‘吃完’，阿斯丹大学生活动中心在午饭时间后还会开着。

“2012 届给我印象最深的地方，就是他们给我解释这些事情时表现出的善良。

“来这里以前，我从没被别人重视过。我一直觉得出身贫穷是很丢人的，刚来的时候，我很害怕说起自己的过去。我已经来到了一个梦幻般的好地方。

“我说了‘**好的**’，我的人生就此改变了。我相信，只有我们愿意去冒险改变世界，愿意说‘**好的**’，我们才能拥有一个更好的世界。各位即将毕业的同学们，我希望我们在今天、明天，在我们的一生之中都继续说‘**好的**’。

“最后，是我的第三个故事。当我们敢于希望，我们就能创造更多希望。

“我大学第一年的宿舍在教堂街 200 号，在那里，我和另一位卫斯理学生杰西卡·波斯纳一起发展着非营利组织——为社区点亮希望。

“通过点亮希望，我们修建了基贝拉女子小学，这是贫民窟里第一所为女孩开办的免费的学校。点亮希望之所以能够不断发展，是因为整个卫斯理社区都在支持它。

“我的导师罗布·罗森塔尔教授第一个用卫斯理的方式告诉我，我应该‘放手去做’。从我的导师到每一个买手链的学生，卫斯理的学生、教授、员工和校友一起给我的家乡带来了改变。今年，SHOFCO 盖了一所卫生院，还开始给居民提供洁净的生活用水以及社区服务，有几千人从中受益。

“我们大家一起在世界的另一边播种了希望。我的梦想是，十三年后，再参加一次卫斯理的毕业典礼，坐在家长区，看着一位来自基贝拉女子学校的学生领取她的卫斯理毕业证书。那将再次证明，你来自哪里并不重要，重要的是，你想去哪里。”

肯尼迪

演讲完我激动得哭了。我看着杰茜卡，她浑身颤抖着。她也和我一样，无法相信这一切都是真的。

乔治、利兹和希拉里都在这里。能在这里看到他们闪闪发亮的脸庞，实在是太不可思议了。我和杰茜卡一起抚养我的小弟弟希拉里，他就像是我们的儿子一样。乔治和希拉里首次的签证申请当然没有通过，但是现在我在这边有了关系，能够依靠我的朋友们帮他们顺利拿到签证。毕业典礼前一天，我带着乔治参观了卫斯理大学。这里有很多人都认识我，乔治非常惊讶。他说，这感觉就像是跟我一起走在基贝拉一样。

我对乔治说："在这里我也是市长！"

乔治笑了："你的确是市长大人。"

演讲结束后，我立刻被人群围住了。一个人走到了我的面前，虽然我不认识他，但他给了我一个大大的拥抱。他的眼里闪着泪光，对我说："我叫托德·斯奈德，我想请你去纽约吃晚饭。我想帮助你。"这让我想起来，卫斯理是一个非常特别的地方。几个月前，我和另一个校友蒂姆·迪布尔在一起吃了顿午饭，我们聊了聊，之后，他就带着女儿去了肯尼亚，还加入了SHOFCO的董事会。他在基贝拉跳起了舞，所有女生的妈妈们都开怀大笑。看到世界上有那么多人都支持我们这个小运动，每个人心里都开心极了。

有谁能想到现在的这一切能成真？我是绝对绝对想不到的。我简直不敢相信我的人生。

我走下走道，准备回到座位上等杰茜卡，这时我看到了在我生命各个阶段中最重要的人们：利兹、乔治和希拉里，希拉里要在我们的婚礼上当捧戒指的男孩；我的美国妈妈琳达；杰茜卡所有的亲人和朋友；还有帮助我们建设 SHOFCO 的人们。鲍勃·帕特西里和妻子玛格丽特及他们的女儿艾莉森在丹佛举办了一场精彩的聚会，聚会上吃的是非洲食物，放的是非洲音乐。鲍勃就像是我的父亲一样。不过当杰茜卡向我走来的时候，我的眼里只有她一个人——她是那样地光彩夺目。我对我们即将开始的新生活充满了期待。

第一次见到她的时候，我根本想不到她有一天会把肯尼亚当作自己的家。我们一起建立起了一支不可动摇的强大队伍。如果没有她，仅靠我独自一人，我永远都不会有现在的成就。有一个能够完全了解你、从不随意评判别人、关注超越物质世界的人在你身边是非常幸福的。对基贝拉社区来说，对“为社区点亮希望”的所有工作人员和受益者来说，杰茜卡是一份珍贵的礼物。她深知我对基贝拉的热爱，所以她没有把我从生长的土壤里连根拔起，而是帮助我更深地扎根在这片土壤里。她使我更加贴近我的传统文化，丰富了我的精神世界，带我找到了幸福的真谛。我形容不出来她的样子，因为在我看来，她不是黑人，不是白人，也不是绿人、红人。但是在她身上，我看到了爱，看到了和平。

我感觉我们早已经结过婚了，不过这次，我把我们的婚礼看作向全世界展示我们的爱情的机会。

“肯尼迪，我们的爱情教会了我，只要有足够的信念，没有什么是不可能的。”杰西卡对我说她的结婚誓言。

听了她的话，我觉得自己特别幸运。我也向我爱的女人读了结婚誓言。

在仪式结束后的庆祝派对上，杰西卡的爸爸开玩笑地说：“这是你俩的第几次婚礼了？”“第四次，”杰西卡笑容满面地回答，“如果你算上我事先不知道的那次婚礼。”

我的新任岳父说：“这场婚礼可比肯尼亚那次婚礼要平静多了。”

几个月前，杰西卡的家人来肯尼亚的时候，我们请两家人在我最喜欢的餐厅里吃饭，就是内罗毕那家专门做鱼的餐厅。那次吃饭本来只是一个订婚宴。我的祖母们、姑姑姨姨们还有表亲们都从乡下来到了内罗毕。所有人都把这个场合看得很重要，很快，晚餐从订婚宴一下子升级成了结婚典礼。我的亲戚们又唱歌又跳舞，还要求杰西卡的家人把她交给我们家。杰西卡的爸爸不太乐意了。

他叫停了整场仪式，说：“等等，现在你们得把肯尼迪交给我们家。”

现场一片沉默。我家的男人们看上去又困惑又生气。

我的舅舅丹说：“哪能这么办啊。”

我的比阿特丽斯姨姨私底下是一个女权主义者。她忽然站起来说：“没问题。”

她抓着我的胳膊把我拉过人群，光明正大地把我交给了杰茜卡的家人。

接着，大家开始跳舞和庆祝，场面乱糟糟的，十分热闹。

乔治隆重地交给杰茜卡爸爸一根拴牛的绳子，说他很周到地把牛留在了家里。

后记

杰茜卡

两顶白色的帐篷沐浴在晨光中，站立在一片开阔的地面上，这里是基贝拉唯一的开阔空间。SHOFCO 现在搬到了这里。女子学校的第一座教学楼在新盖起的建筑群里变得很不起眼了。几个月前，差不多有一百户人家自愿搬迁，给我们留出继续发展的空间。帐篷后面，有扩大后的基贝拉女子学校天蓝色的教学楼，有高高伫立的水塔，还有门前人来人往的卫生院。公共卫生间现在已经遍布整个社区。我们把学校第一栋又小又旧的教学楼改成了社区中心，用来发展经济互助项目。清晨，SHOFCO 有着难得的宁静，我坐在外面，惊叹地看着短短六年的时间里，我们修建起来的这一切。我们实现了这里每一个看似不可能的点点滴滴。

人们开始三三两两地来了。身穿蓝色 SHOFCO 衬衫的工作人员站在桌子后面给人们登记，来的有女人，有老人，也有年轻人。所有的椅子上都坐了人，白色的帐篷被点缀得五颜六色。今天是肯尼迪的“SHOFCO 城市网络”（SHOFCO Urban Network，简称 SUN）启动仪式，我们希望通过这个人际网，帮助女性和年轻人站在一起，为自己的权利发声，探讨和平和正义，获取各类服务，学习经济知识，存钱做小生意。几百人路过我们上周刚打的钻孔来到SHOFCO。多亏了乔治，载着重型机器的巨大拖车竟然能神奇地走在这条狭窄的主路上。看到大家聚集在这个五年前根本不存在的地方，这种感觉太奇妙了。人们围在匆匆摆好的桌子前面登记，我们的工作人员尽职尽责地接待他们。SHOFCO的团队扩大到了二百三十五人，乔治和乔迪恩，还有许多和我们一起开启这趟旅途的人们，仍然全心全意为SHOFCO的发展奋斗着。

我走在空空荡荡的教学楼里，看着走廊里色彩鲜艳的绘画和海报，创作的主题是生态系统。楼下是低年级，有一面墙用来展示孩子们对于人权的看法。每个女孩都写下了自己的一项权利：言论自由的权利、集会的权利、住房的权利，还有一个写的是梦想的权利。现在我们的班级比以前大多了，每个班从最开始的十五个学生扩大到了四十个学生。

在“经济互助组”办公室里，有一面墙被大家称为“魔法墙”。人们在这里存钱、贷款，目前为止，存款数额共有九百万先令，超过了十万美元，这些存款再由我们受过培训的负责人借贷给基贝拉居民，一年可以帮助人们开办四百多项生意。这个方法彻底改变了一些家庭所处的绝望境地，比如，伊芙琳就做起了花生酱生意；玛丽妈妈刚开始卖西红柿，后来还卖甘蓝和鳄梨。现在，她的蔬菜摊生意越做越大。

我在走廊里看到一个展板，上面贴着一个背着双肩包，身穿基贝拉女子学校校服的女孩的照片，照片下面写着“2034 年最高法院法官，来自基贝拉女子学校”。另一张照片下面写着“姓名：玛莎·阿钦。年龄：10 岁。理想：成为总统。为实现理想所做的准备：积极进取，努力学习，做事乐观、公正，练习做一名领导者。”我吃惊得直摇头。

在制止性别暴力办公室，墙上挂着另一幅图。去年，这里收到了 273 起性侵案件的报告。以前，想要让这些案件得到法院的审理是极其困难的，因此受害者往往选择沉默。现在我们有 55 个案子正在诉讼中，其中一个案件的受害者是四岁的孤儿南希。她被亲生父母遗弃后，和叔叔婶婶住在一起，但是他们从不看管她。她被一个十四岁的邻居强奸了。现在她住在安全之家，刚住进来时她很害羞，而现在她总是带着甜甜的微笑，并且喜欢骄傲地展示她每天新学到的英语单词。我们新加入的社会工作者马里奥，同仍在性别部门工作的朱莉爸爸有一次听说了一件可怕的事情：一个九岁的女孩整个周末都被关在一所房子里，多次被人强奸。他们不顾个人安危，冲进了那所房子，找到了被绑在床上的卡洛琳。她当时无法走路，马里奥抱着她穿过贫民窟，来找我们。现在，卡洛琳茁壮成长，她和肯尼迪的弟弟妹妹们上的是同一所寄宿学校；我妹妹拉斐尔筹钱帮助肯尼迪的弟弟妹妹们进入了这所寄宿学校读书。

朱莉爸爸还是没有在女儿的案子上看到公正的影子。我们往法院跑了十几次，找了无数个律师，但是总有地方出问题。罪犯有钱，可是我们怎么都找不出到底是哪个审判员、法官或者书记员被他收买了。朱莉爸爸并没有灰心，他下定决心，要为所有受害的女孩讨回公道。朱莉健康地成长着，她再也不喜欢被叫作小朱莉了，她说她已经长大了。她说得没错。

普莉斯拉的身体恢复情况良好，已经和妈妈回到了家中。普莉斯拉妈妈做起了裁缝，现在她的收入足以养活自己和孩子，再也不用依靠丈夫了。

今年，我们的卫生院将会给超过六千名患者提供服务。我们的营养项目拯救了许多生命。有一个婴幼儿项目负责帮助孕妇安全地生产，给婴幼儿打疫苗、驱虫，让他们健康成长。肯尼迪全权负责安装的净水设施坚固耐用，SHOFCO 没有一天会出现缺水的情况。现在我们正在计划利用一种架空管道系统在整个基贝拉推广净水项目。我们已经开办了一所提供日托服务的社区幼儿园，让孩子们能够从最开始就享有他们应得的机会。

我们拥有了一片曾经梦寐以求的开阔空间。这里容纳了扩建后的学校、大量的水资源、一间面积足够举办大型社区集会的会议室。我走到室外，看到肯尼迪的城市网络启动仪式正在顺利进行。他站在人群前面，那里正是属于他的地方。

他庄重地说："单打独斗，我们什么都做不到；团结协作，我们就会变得非常强大！"人们开始疯狂地欢呼。

2014 年夏天，我们发起了一场和平集会。有传言称，2007 年大选时的种族冲突将会再次出现，暴力事件正在酝酿之中。肯尼迪邀请了五十位不同民族的领导者坐在一起，他们是最有可能发动暴力冲突的人。最重要的是，肯尼迪还邀请了他们的妻子。他邀请他们在基贝拉一起吃午餐。在 SHOFCO 最大的会议室里，每个人都站起来做自我介绍。这是在几十年间一直相互仇恨的一群人——他们来自努比亚族、基库尤族，还有卢奥族——而现在，他们和平地坐在一起，坐在同一间屋子里。所有人都同意签署公共和平宣言。领导人一个接一个地站起来，他们的妻子在一旁为他们鼓掌叫好。

在场的很多女性站起来说："我也是领导，我也要签字。"

我们还是担心有可能出现暴力事件，不过在和平聚会的那一天，我们在基贝拉举行了游行，参与者多达一千人，堵住了通往基贝拉的主干道。没想到的是，我们走过时，连马他图都愿意配合我们。最后，我们到达了铁轨前面的一大片空地，这片地方叫卡姆昆季。有五千多人来到了这里，表达他们对和平的支持，表示他们愿意共同生活在一个社区里。当天没有发生任何暴力事件。游行结束后，我和肯尼迪看着对方，长长地松了一口气。就是在那个时候，他说："我们应该发起我们自己的城市运动，团结就是力量。"有几百人参加了城市网络启动仪式，我们已经计划好，接下来要举办一个几千人规模的活动。

2014 年 9 月，我们在内罗毕第二大贫民窟马萨瑞办了一所女子学校，还要在那里继续修建卫生院和净水设施——这些都是由来自马萨瑞的年轻人发起和领导的。一位叫高蒂的年轻人听说了肯尼迪的故事后深受启发，在他的社区马萨瑞也创办了制止性别暴力和经济互助项目。内罗毕各个贫民窟的年轻人都来找肯尼迪，他们受到了草根变革精神的鼓舞，都想要在自己的社区建立SHOFCO。我们希望，有一天我们也能帮助蒙巴萨和基苏木，帮助全国甚至全非洲建设健康、自力更生的社区，发起寻求改变和公正的城市运动，培养下一代的女性领导者。

肯尼迪演讲完毕后，我扭头找希拉里——他跑去和利兹的女儿小杰茜玩儿了。利兹准备去上学，她想成为一名议员，而小杰茜是基贝拉女子学校的学生。几周前的一个周末，我带希拉里去爪哇屋吃他最喜欢的早饭——鸡肉玉米卷，他告诉我他现在的梦想是成为一名科学家，那样就能研发出药物，治疗基贝拉人面临的各种疾病。九岁的他思虑重重地说："我觉得我的信仰一部分是基督教，一部分是犹太教，还有一部分是科学。"我吃惊地看着他。这个孩子成了我和肯尼迪的生命中奇迹般的一部分，他身上既有我们两个人的特点，同时他又是一个极为独特的个体。

几周前，我带着我们的一群捐赠者参观基贝拉，我们去看了SHOFCO修建的一个"纽曼私厨基金会卫生间"，那个地方以前从没有过卫生间。一位我从没见过的老人跟着我走了出来，告诉我的客人们："她看起来跟我们不一样，但是她是我们这里的人。她嫁到了这里。"

又一个忙碌的工作日结束了，晚上我站在铁轨旁，突然觉得也许这就足够了。我不仅嫁给了自己爱的男人，我还拥有了一个新的家乡、一个目标，拥有了在全国的贫民窟建立女子学校的希望，而这些女子学校还会与社会服务联系在一起。肯尼迪正和几位家长站在一起谈话，我走过去，把手放进他的手里。他紧紧地握住了我的手。“咱们回家吧。”我悄悄对他说。

“我们已经在家了。”他也悄声对我说。

如果您想更多地了解和支持为“社区点亮希望（SHOFCO）”的工作，请访问 www.shofco.org。

来自您和其他热心人的支持，能够帮助SHOFCO实现目标：改变千千万万生活在城市贫民窟中的人们的命运。

作者附言

本书的部分内容基于同时期的日记和众人的口述，而大部分内容是基于我们的记忆完成的。因此，书中的对话不一定与人们真正说过的或者转达的话一模一样，而是最大限度地接近真实内容。为了压缩篇幅，书中的某些人物是我们认识的人们的结合体，书中的某些事件经过缩写，并且按照精确的时间顺序呈现出来。为了保护隐私，书中许多人物的名字使用了化名。

致谢

一路走来，我们真的很幸运，借用肯尼迪妈妈的说法是遇到了许许多多个“小神”。我们对那些支持、援助和信任我们的人永怀感恩之情。希望在你们不断的关心和支持下，我们能沿着这条路继续走下去。

在 Ecco 出版社，我们的编辑希拉里·雷德蒙一直坚信这本书拥有很大的潜力，正是她敏锐的洞察力和她的耐心把这本书打造成了最终的样子。丹·哈尔佩恩对这个项目充满了信心。克雷格·扬为这本书付出了无数的精力和友谊。索尼娅·休斯、凯特·埃斯蒙德和蒂娜·安德烈亚蒂斯帮助我们大力地推广和宣传，而蒂娜常常让我们露出笑容。还有艾玛·贾纳斯基，她把这个项目的各个环节都安排得井然有序。感谢你们给这个故事赋予了新的生命。

斯图尔特·克里切夫斯基先生是我们的出版经纪人，也是我们的朋友。如果没有他的辛勤工作和坚定信念，这本书就无法顺利出版。斯图尔特帮我们一起赶终稿的时候，他厨房的桌子上总是放着给我们准备的巧克力；斯图尔特一直精益求精，他操心着这本书相关的一切小细节。我们要感谢我们的老师安妮·格林尼，因为一个偶然的机会，她给我们介绍了出版经纪人，她的影响和鼓励给这本书的写作和 SHOFCO 的发展都带来了帮助。

我们的密友辛西娅·瑞安自始至终都全力地支持我们的项目，她还把我们介绍给了阿丽亚娜・康拉德。正当我们觉得，我们永远都写不完这本书了（当时我们已经花了两年的时间），阿丽亚娜牵着我们的手，给我们指明了方向。她为这本书设计了宝贵的结构，提出了精彩的见解和编辑方面的建议，在她的帮助之下，这本书最终圆满完成了。一句“谢谢你”实在不足以表达我们对她的感情。感谢麦克道尔・科勒尼先生为我们提供了安静的创作空间；感谢福特基金会及其项目官员萝丝玛丽・奥凯洛 – 奥尔拉勒女士为我们的出版项目提供了保障。

我们要深深地感谢乔丁・韦尔斯，没有她对 SHOFCO 的热情和奉献，SHOFCO 就不会有今天的成就，她的友谊对我们两个人来说都意义非凡。我们永远感激乔治・奥克瓦，他是 SHOFCO 的核心与灵魂，是一位鼓舞人心的领袖，也是我们亲密的朋友。乔治，你真的把不可能变成了可能。我们还想对 SHOFCO 目前的二百三十五位极为敬业和优秀的工作人员们说，你们的热情和奉献每一天都在激励着我们，我们非常荣幸能与你们中的每一位相识和共事。感谢你们，正是你们推动着 SHOFCO 的运动带来改变。

我们两个人都很有福气，身边的良师益友一直在支持我们，并且帮助我们成为最好的自己。卫斯理大学和整个卫斯理社区给我们俩带来了太多的希望和机会——再也没有像卫斯理这样的地方了。罗布・罗森塔尔教授，肯尼迪被分配去做你的学生，简直是奇迹一般的运气。罗森塔尔教授是我们的首任董事会主席，也是我们亲密的朋友，他甚至还上网受任成为证婚牧师为我们主持婚礼。如果没有你，所有这些都不可能实现。感谢卫斯理大学的爱丽丝·海德勒老师、安·杜希尔老师、安妮·格林尼老师、乔纳森·卡特勒老师和勒尼·罗马诺老师，在你们的悉心教导下，我们在写作和其他方面都获得了进步，为此我们永远感激你们。感谢达芙妮·施蒙，你是第一个鼓励杰茜卡出国交换的人，肯尼迪来到卫斯理的时候，你给了他热情的欢迎，从那之后，你就一直陪伴着我们。感谢我们的朋友艾尔莎·陈和彼得·弗兰克，谢谢你们帮助我们建立网站、设计建筑，更为重要的是，在我们最需要放松的时候，你们带来了欢乐，让我们开怀大笑。感谢你们对这个项目和对我们两个人的支持。

一路走来，有太多热情慷慨的人们挺身而出，给我们提供指导和建议，他们为 SHOFCO 的成长倾注了无数的时间和精力。SHOFCO 能够有今天的规模，完全离不开他们的贡献。我们想对曾经和现任的董事会成员们说，我们向你们学到了很多东西，也惹得你们恼火和生气过，不过我们非常开心能成为你们的朋友。目前的董事会成员包括：托德·斯奈德（我们的现任主席；我们完全没想到，在肯尼迪毕业演讲之后，他给肯尼迪的那个热烈拥抱后会来到这里，对此我们感到特别高兴）；蒂姆·迪布尔（我们敬佩的好导师，基贝拉的荣誉元老，热心帮助他人的有爱大哥，他将再次成为我们的董事会主席）；艾比·迪斯尼（她通过女儿恰琪的介绍认识了我们，恰琪是肯尼迪在卫斯理的写作课导师。她的家人成了我们的家人，她的友谊是我们非常珍惜和看重的）；理查德·坎宁安（伟大的首领和大师）；迈特·查侬夫（他的女儿耶尔和肯尼迪在大学时住同一栋宿舍楼，他给我们捐赠了我们的第一笔个人捐款，并提供了持续的帮助）；安迪·斯奈德（他在尼克的专栏里看到了我们的故事，和他的家人一起加入了我们）；马特·西诺维奇（他和家人勇敢地跨越了大半个地球来看望我们，他深深的共情和支持让我们十分感动）；比尔·福特（感谢他带有战略性的眼光和智慧）；鲍勃·帕特西里（我们已经成为他的家人）；莱斯利·布鲁姆（她相信女性和女孩的力量）；还有大卫·鲁萨（他是肯尼迪在基贝拉以外的第一位肯尼亚朋友）。你们每个人是如何从了解我们到加入我们，这样的故事对我们来说无比珍贵。我们不仅爱你们，还爱着你们的家人，并且感激你们把我们当作家人。

感谢SHOFCO领导委员会帮助我们把这场运动带到了新的地方。因为你们的活力、热情和敬业，我们得以给全世界的女孩们带去更多希望。感谢你们做出的巨大贡献。

SHOFCO的第一次飞跃发展得益于“纽曼私厨基金会”的慷慨相助。一直以来，“纽曼私厨基金会”都对我们的发展充满信心，并且大力支持我们。保罗·纽曼常常说起运气的力量，他的基金会的慷慨使我们能够为世界另一边的人们创造改变命运的机会。我们对整个纽曼私厨集团都充满了感激。鲍勃·弗雷斯特和琳达·弗雷斯特，你们持续不断的友谊和指导对我们来说十分珍贵。

我们幸运地遇到了一群拥护者和声援者，他们的关注对于我们的工作有极大的帮助。感谢尼古拉斯·克里斯托弗和雪莉·邓恩，谢谢你们对我们工作的深切关心，你们把希望之光照向世界的角角落落，让人们看到了更多的可能性。我们想感谢所有参与《天空的另一半》[1]和《走的人多了，就有了路》创作和出版的工作人员，尤其是工作时势不可当的马洛·沙玛耶夫，还有亲爱的朋友迈卡拉·比尔兹利和杰米·戈登，我们非常珍视你们的友谊。感谢志同道合的人们利用他们的平台宣传正义和善良。我们会永远感谢切尔西·克林顿、比尔·克林顿总统、米亚·法罗和洛南·法罗夫妇、玛利亚·曼努诺斯、碧昂斯和奥利维亚·王尔德，谢谢你们的关注和支持。

在这趟征程中，有一些支持者和导师陪伴着我们一路同行，包括我们的朋友大卫·伊斯洛夫和丽萨·伊斯洛夫夫妇，他们在很早以前就对我们充满了信心；艾米·赫斯科维兹从一开始就认为我们的事业很有潜力；绿色回声（特别感谢导师谢里尔·多尔西）；西格尔家族基金会；科德斯基金会；古驰的“希望响钟”运动和克里斯托弗·普斯；马蒂·卡普兰和阿尔纳·卡普兰夫妇，感谢他们教育方面的专业知识和其他帮助；查宾学校；乔迪·卡恩和弗莱德·博斯特。我们真诚地感谢黛比·麦克劳德和杰伊·西尔斯，感谢他们带给我们的宁静周末让我们得以放松，还有他们的友谊和不懈的支持。感谢瑞塔·罗伊对我们的信任，以及在重要时刻总是和我们站在一起。感谢温迪·科普为我们铺平道路。感谢比尔·卫兹一直惦记着我们。感谢萨拉·威廉姆斯和杰里米·明迪奇（还有他们的家人）给我们的建议，以及对我们工作的深深的信念。

---

① 《天空的另一半》：〔美〕尼可拉斯·D. 克里斯多夫、〔美〕雪莉·邓恩著，吴茵茵译，浙江人民出版社，2014 年 5 月版。

最后，感谢我们的女孩们：你们鼓舞和激励了我们，让我们坚信梦想的力量。我们的目标就是看到你们实现你们的梦想！感谢 SHOFCO 在基贝拉、马萨瑞还有未来其他地方的全体成员，你们向全世界展示了改变可以始于内部。你们想让家乡、让下一代的明天更美好，正是你们的坚韧和决心推动着这场运动向前进步。

如果没有家人对我们的爱、支持和耐心，这本书以及我们的事业都是不可能完成的。感谢我们的希拉里，你诊断出我们得了 TB 病（too busy 的缩写，意为太忙），却对我们十分耐心，感谢你的精神和无私的心。感谢杰茜的家人：大卫、海伦、麦克斯和拉斐尔，感谢你们无尽的爱和支持、温暖的拥抱、耐心和在深夜帮助我们校订稿子。感谢肯尼迪的家人：阿洁、杰姬、利兹、维克多、杰斯敏、科林斯和沙得拉克，感谢你们对我们两个人的接纳，还有鼓励我们克服困难。感谢斯图德一家：琳达、雷伊、艾米莉、阿莉莎和莫丽，因为拥有真正的信仰，他们才会把我看作家人。感谢肯尼迪的“美国爸爸”鲍勃·帕特西里和他的妻子玛格丽特还有他们的一群朋友，感谢你们不离不弃的帮助，还有你们带来的很多个第一次——包括肯尼迪的教育。

SHOFCO 是一场真正的运动。我们的发展要归功于许许多多个人和组织的帮助，包括所有的赞助者、捐赠者和志愿者。我们对你们每一个人都充满了感激。我们要特别感谢以下的支持者们，他们的支持是这场运动的奠基石，如果没有他们的慷慨相助，我们就不可能有今天的成绩：科林·阿卜杜拉和露丝·沃伦，非洲艺术公司和伊丽莎白·班纳特、萨拉·路德，罗伯特·艾伦和雪莉·艾伦夫妇，科乔·安南，多里斯·贝克，巴克莱银行，约翰·伯恩斯坦，伯莎基金会，科妮莉亚和迈克尔·贝西基金会，斯蒂芬·布朗和嘉文·布朗夫妇，苏珊·布克斯鲍姆和卡尔·弗莱登，阿尔纳·卡普兰和马蒂·卡普兰夫妇，丽萨·钱诺夫和马特·钱诺夫夫妇，查宾学校，莎兰·克莱顿和麦克·克莱顿夫妇，国际儿童救济会，克林顿全球计划，英联邦基金会，科德斯基金会，理查德·坎宁安和罗斯林·坎宁安夫妇，马克·科里，迪尔菲尔德基金会，提摩太·迪布尔和莫林·迪布尔夫妇，“女性的晚餐”计划，阿比盖尔·迪士尼和皮埃尔·豪泽尔，罗伊和帕特里夏·迪士尼家庭基金会，蒂姆·迪士尼，史蒂芬妮·多德森，马修·多诺和，詹姆斯·多诺万和玛丽·多诺万夫妇，DoSomething.org，ELMA 慈善基金会，范恩和格林沃尔德基金会，芬斯家庭基金会，比尔·福特，福特基金会，金氏弗兰克家庭基金会，塞缪尔·弗里曼慈善信托，马克·伽罗格里，GE 基金会，朱迪斯·吉莱斯皮，“伸出援手”计划，全球儿童基金会，赋予我智慧基金会，黛比·麦克劳德和杰伊·西尔斯，戈林鲍姆基金会，古驰的“希望响钟”，约翰逊·哈夫林基金会，哈森菲尔德家庭基金会，莱斯利·布鲁姆和大卫·赫尔凡德，康拉德·希尔顿基金会，卡比·霍尔兹曼，阿莫斯·霍斯泰特和芭芭拉·霍斯泰特夫妇，IDEO，纽约犹太妇女基金会（JWFNY）的爱莎·科阿驰，丹·金尼驰和凯茜·金尼驰夫妇，莫伊塞斯·金尼驰和鲁斯·金尼驰夫妇，凯莫勒家庭基金会，金伯利·基维尔和布拉德·基维尔夫妇，妮可·莱斯比和达斯汀·加斯帕瑞，莱夫科夫斯基家庭基金会，莱斯特基金会，布拉德·林登鲍姆和杰米·戈登，喜鹊捐赠中心，万事达卡基金会，杰克·梅耶，非洲移动技术公司（MoDe）和朱利安·库拉，布莱尔·米勒，史蒂芬·摩根，母亲节行动计划，莫里斯家庭基金会，纽曼私厨基金会，罗克珊娜·尼克尤，特雷西·尼克松，奥莱利基金会，橡树基金会，罗伯特·帕特西里和玛格丽特·帕特西里夫妇，滨特尔基金会，潘兴广场创新实验室/潘兴广场基金会，史蒂芬·菲利普，美国科学生育联合会（和塞西尔·理查德），乔什·波斯纳和艾琳·鲁登，普罗拜耳资本和明迪奇一家，萨拉·瑞夫林，凯里·罗森布鲁姆和凯文·史密斯，玛丽·肖尔，斯科皮亚资本，西格尔家庭基金会，女性教育计划，SHOFCO 领导委员会，SHOFCO 卫斯理团队，展现力量——力电影基金会，马特·西诺维奇和梅雷迪恩·埃尔森，莫丽·斯奈德和安德鲁·斯奈德夫妇，菲比·博耶和托德·斯奈德，斯塔尔国际基金会和佛罗伦斯·戴维斯，约翰·斯特拉托，塔夫脱基金会，好莱坞行动和马丽娅·曼努诺斯，TCI 咨询公司和蒂尔登·卡茨，贝特西·托伊奇及家人，三女神基金会，汤森出版社，亚当·尤斯丹，克里斯蒂安·威特及家人，莱斯·沃克和梅拉尼·沃克夫妇，克莱格·威特，内森·伊普基金会，齐默尔曼家庭基金会和‘百佳和平项目’。

在我们的人生旅途中，还有很多重要的人与我们相伴同行。我们对没有出现在名单里的人们说一声抱歉。也许这份名单无法包括所有人，但是他们会一直被我们记在心中。